Mayr

•

Grundlagen der finanziellen Unternehmensführung

Band II: Kosten- und Leistungsrechnung

Grundlagen der finanziellen Unternehmensführung

Band II: Kosten- und Leistungsrechnung

von

FH-Prof. Mag. Dr. Albert Mayr

3. Auflage

Bibliografische Information der Deutschen Nationalbibliothek

Die Deutsche Nationalbibliothek verzeichnet diese Publikation in der Deutschen Nationalbibliografie; detaillierte bibliografische Daten sind im Internet über http://dnb.d-nb.de abrufbar.

ISBN 978-3-7073-3278-0 (Print)
ISBN 978-3-7094-0676-2 (E-Book-Pdf)
ISBN 978-3-7094-0677-9 (E-Book-ePub)

Es wird darauf verwiesen, dass alle Angaben in diesem Fachbuch trotz sorgfältiger Bearbeitung ohne Gewähr erfolgen und eine Haftung der Autoren oder des Verlages ausgeschlossen ist.

© Linde Verlag Ges.m.b.H., Wien 2015
1210 Wien, Scheydgasse 24, Tel.: 01/24 630
www.lindeverlag.at

Druck: Hans Jentzsch & Co. GmbH., 1210 Wien, Scheydgasse 24

Vorwort zur 3. Auflage

Liebe Leserinnen und Leser,

unser Grundlagenwerk zur finanziellen Unternehmensführung erscheint nun bereits in der dritten Auflage. Mehrere tausend Exemplare der vorhergehenden Auflagen stehen mittlerweile in den Bibliotheken von Studierenden, Praktikern und Lektoren und dienen – so hoffen wir – nach dem Erststudium nach wie vor als verlässliches Nachschlagewerk bei so mancher Fachfrage.

Das Konzept der Kombination aus Buch und webbasiertem Lernguide gilt nach wie vor als aktueller „Stand der Technik" modernen Lernens und ganzheitlichen Verstehens. Während in den Bänden II, III und IV in der dritten Auflage lediglich kleinere Änderungen und Aktualisierungen durchzuführen waren, wurde der Band I zur „Externen Rechnungslegung" aufgrund des Rechnungslegungs-Änderungsgesetzes 2014, das für Jahresabschlüsse ab 1.1.2016 wesentliche Neuerungen mit sich bringt, von Grund auf neu gestaltet.

In Summe umfasst unser Fachbuch in der dritten Auflage 1135 Seiten und zeigt mit mehr als 280 Übungs- und Fallbeispielen sehr anschaulich die konkrete Anwendung der theoretischen Ausführungen. Oder anders formuliert: Wer die Beispiele lösen kann, hat in aller Regel auch die dahinterliegende Theorie verstanden. Natürlich enthält das Buch in bewährter Manier wieder viele aktuelle Studien und veranschaulicht damit, ob und wie die dargestellten Methoden und Instrumente in der Unternehmenspraxis tatsächlich angewendet werden.

Wir wünschen unseren Leserinnen und Lesern viel Erfolg bei ihrem Einstieg in die Welt der finanziellen Unternehmensführung und allen Lektorinnen und Lektoren gutes Gelingen beim Einsatz des Buches in der Lehre!

Steyr, im August 2015

Ihr Autorenteam

FH-Prof. Dr. Christoph Eisl (Hrsg.)
FH-Prof. Dr. Heimo Losbichler (Hrsg.)
Mag. Josef Arminger, CPA
Mag. Christa Hangl
FH-Prof. Mag. DI Peter Hofer
FH-Prof. Dr. Albert Mayr

Sämtliche personenbezogenen Bezeichnungen in diesem Buch sind geschlechtsneutral zu verstehen. Sie werden aus Gründen der Kürze und besseren Lesbarkeit verwendet und drücken damit keinerlei Geschlechterpräferenz aus.

Inhaltsverzeichnis

Didaktisches Konzept

Mit diesem Lehrbuch haben wir eine mehr als 15jährige Lehr- und Trainingserfahrung aus unserer Tätigkeit als Professoren an der FH Oberösterreich, Fakultät für Management in Steyr, der Johannes-Kepler-Universität Linz sowie als Vortragende in Seminaren und Inhouse-Trainings zu Papier gebracht. Mehr als 1.000 Seiten aufgeteilt auf vier Bände bieten geballtes Know-how für Ihren optimalen Einstieg in die Welt der finanziellen Unternehmensführung.

Der Sammelband konzentriert sich nicht wie viele andere Lehr- und Fachbücher auf einen ausgewählten Teilaspekt der finanziellen Führung, sondern deckt alle Themen – von der Finanzbuchhaltung und Jahresabschlusserstellung über die Kosten- und Leistungsrechnung, Investition und Finanzierung bis zum Controlling – in einem integrierten Ansatz ab. Dies entspricht der Entwicklung in der Unternehmenspraxis, in der die Bereiche Rechnungswesen, Controlling und Treasury immer mehr zusammenwachsen. Zudem soll der integrative Ansatz beim Leser das Verständnis für das finanzielle Gesamtsystem eines Unternehmens fördern.

Mehr als 280 Übungsbeispiele und Tutorials unterstützen bei der konkreten Anwendung des Gelernten und sichern damit den Lernerfolg. Von einfachsten Beispielen, die für das grundlegende Verständnis wichtig sind, bis zu komplexen Übungs- und Fallbeispielen ist alles enthalten. Mehr als 400 Abbildungen tragen zur Veranschaulichung der beschriebenen Sachverhalte bei.

Der Aufbau des Buches folgt einem durchgängigen didaktischen Konzept, wobei jedes Kapitel nach dem gleichen Muster aufgebaut ist:

1. Die *Lernziele* zeigen, welche Kompetenzen der Leser nach dem Durcharbeiten des Kapitels aufweisen sollte, und ermöglichen damit eine Lernkontrolle bzw. Wissensüberprüfung.

2. Die *Hinführungen* leiten in die Thematik ein, werfen Fragen auf, regen zu ersten Diskussionen an – kurz, sollen zum (Weiter-)Lesen motivieren. Sie sind ganz unterschiedlich gestaltet: Von der sachlich gehaltenen Einleitung über Zitate aus Studien, Zeitungsartikeln bis hin zu Geschichten aus dem Controller-Leben.

3. Die eigentlichen *Inhalte* werden in kompakter, praxisbezogener Weise und mit vielen Beispielen beschrieben. Besonderes Augenmerk wird auf das Verständnis der Zusammenhänge (über die Kapitelgrenzen hinweg) gelegt. Die Inhalte sind so beschrieben, dass sie Lesern den Einstieg auch ohne Vorkenntnisse ermöglichen, ohne dabei an der Oberfläche stehen zu bleiben. Schritt für Schritt werden die Inhalte mit Tiefe, Anwendungsbeispielen und kritischen Diskursen angereichert, sodass der Leser am Ende einen profunden und tiefen Einblick in die Materie erhält. Wenn es dem Erreichen der Lernziele dient, wird der „begründeten Vereinfachung" Vorrang vor theoretischer Exaktheit und in der Praxis anzutreffender Komplexität eingeräumt. Dabei gehen die Autoren auch neue Wege und brechen mit mancher Tradition klassischer Lehrbücher.

4. Im *Blick in die Praxis* werden Ergebnisse empirischer Erhebungen, konkrete Unternehmensbeispiele oder kontroverse Diskussionen zu den behandelten Themen präsentiert.

5. Die *Zusammenfassung* bietet in komprimierter Form einen abschließenden Rückblick auf die wichtigsten Inhalte eines Kapitels.

6. *Tutorials* sind Beispiele, für die auf der Lernplattform eine „geführte" Lösung verfügbar ist. „Geführt" bedeutet, dass sich der Leser ein Video ansehen kann, in dem die Autoren das Beispiel lösen

und kommentieren. Die Textangaben zu den Tutorials befinden sich im Buch, die Videos auf der Lernplattform. Alle Tutorials sind mit einem Schwierigkeitsgrad versehen, wodurch das Erreichen unterschiedlicher Lernniveaus ermöglicht wird. Die Schwierigkeitsgrade sind folgendermaßen eingeteilt: • einfach, •• mittel, ••• schwierig.

7. *Übungsbeispiele* sind zusätzliche Beispiele, für die lediglich Lösungswerte („Endresultate") abgedruckt werden, jedoch nicht der gesamte Rechengang. Sie dienen der eigenständigen Problemlösung durch den Leser. Auch die Übungsbeispiele sind mit einem Schwierigkeitsgrad versehen. Professoren/Lektoren können die Lösungen inklusive Rechengang unter LERNGUIDE@fh-steyr.at anfordern.

8. *Wissens-Checks* auf der nachstehend beschriebenen Online-Lernplattform ermöglichen Lesern, ihren Wissensstand in Hinblick auf die definierten Lernziele zu überprüfen. Sie schließen damit den Lern- und Lehrkreislauf.

Zielgruppe des Buches sind Studierende an Fachhochschulen und Universitäten und interessierte Praktiker, die sich eine fundierte Grundlagenausbildung im Finanzbereich aneignen wollen. Die multimedial aufbereitete, interaktive Online-Lernplattform unterstützt die Bildungs- und Weiterbildungseinrichtungen bei ihren e-Learning-Aktivitäten.

Unterstützt wird die Wissensvermittlung durch eine interaktive und multimediale Online-Lernplattform. Die Lernplattform dient dazu, das Gelernte in Übungen und Aufgaben selbstständig zu vertiefen und durch unterschiedliche Medienformate andere Zugänge zum Themengebiet zu erhalten. Sie ist wie das Lehrbuch in vier Teile gegliedert:

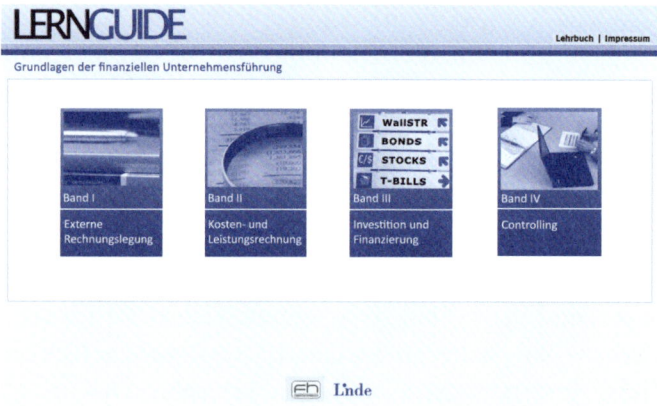

Die Navigation auf der Lernplattform ist denkbar einfach. Jeder Band hat eine eigene „Startseite" – eine Matrix –, über die die gesamte Navigation erfolgt. Die folgende Abbildung zeigt als Beispiel Band IV. Hier gibt es nun für jedes der drei Kapitel des Teils

- einen Foliensatz für die zu präsentierenden Inhalte
- Facts and Fun mit Wissenswertem, aber auch Lustigem zum Thema, Lernspielen, Simulationen und Rätseln
- die Lösungen zu den bereits erwähnten Tutorials
- einen Wissens-Check mit Multiple-Choice, Drag&Drop-Aufgaben und ähnlichen Übungen zur Wissensüberprüfung

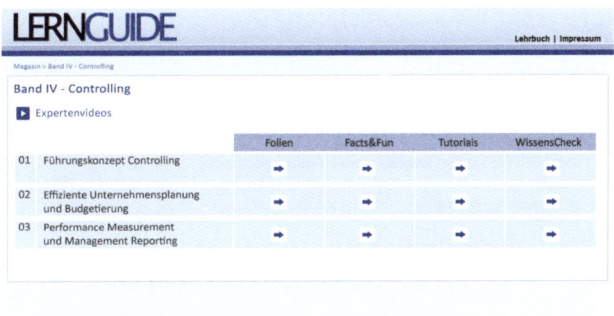

Videobeiträge und Diskussionsrunden mit renommierten Experten untermauern die Praxisrelevanz der vorgestellten Inhalte und eröffnen Raum für kontroverse Diskussionen.

Screen-Shots aus der Lernplattform

Expertenvideos: (im Bild Dr. Blazek – Controller Akademie, Gauting)

Experten erklären wichtige Sachverhalte und geben Einblicke in ihre Unternehmen.

Facts and Fun:

Interaktive Elemente wie Simulationen, Lernspiele oder Grafiken, die Sie selbst vervollständigen, unterstützen den Lernprozess. Artikel aus Printmedien verstärken den Praxisbezug.

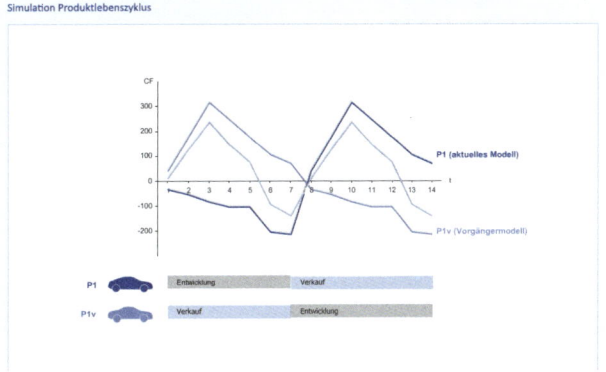

Tutorials (Beispiel zur integrierten Planungsrechnung)

Tutorials führen Sie bei Beispielen Schritt für Schritt zum richtigen Ergebnis.

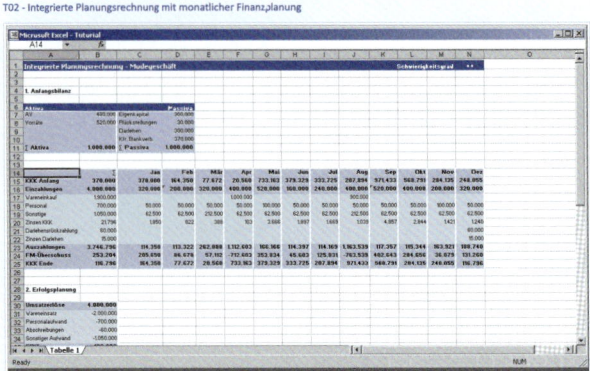

Wissens-Check (im Bild Multiple Choice und Drag&Drop-Aufgabe)

Im Wissens-Check können Sie jederzeit Ihren Wissensstand zum Themengebiet überprüfen und Sie erhalten unmittelbar Feedback zu Ihren Antworten.

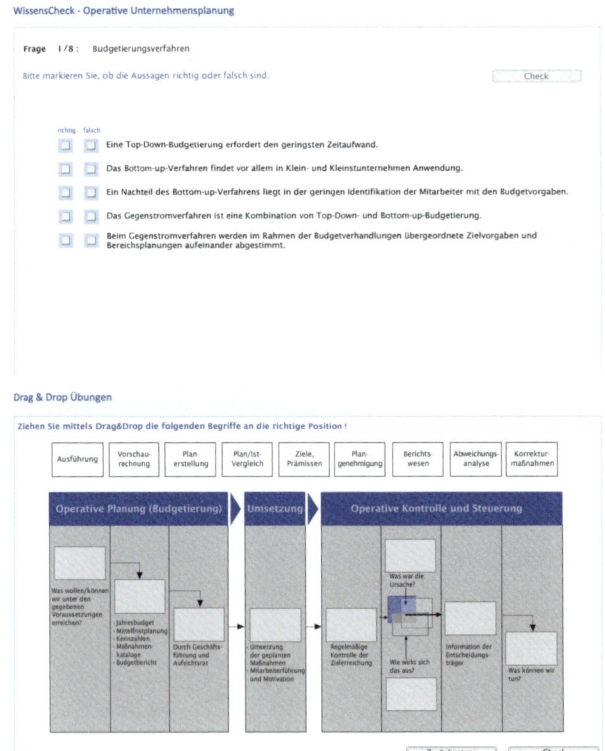

Die Welt der Finanzen ist heute allgegenwärtig. Damit werden die Kenntnis und das Verständnis der Grundlagen der finanziellen Unternehmensführung und des Controllings eine zentrale Basis für die berufliche, aber auch persönliche Entwicklung jedes Einzelnen. Wir hoffen, dass wir Ihre Neugierde wecken können und Sie einen anhaltenden Lernerfolg erzielen!

1. Grundlagen Kosten- und Leistungsrechnung

> *Wer zu spät an die Kosten denkt, ruiniert sein Unternehmen. Wer immer zu früh an die Kosten denkt, tötet die Kreativität.*
> *Philip Rosenthal (1916-2001), dt. Unternehmer u. Politiker*

Lernziele

Wenn Sie dieses Kapitel durchgearbeitet haben, sollten Sie

- wesentliche unternehmerische Zielgrößen und die dazugehörigen Rechengrößen kennen
- die Begriffe Einzahlungen – Auszahlungen, Einnahmen – Ausgaben, Ertrag – Aufwand, Leistungen – Kosten verstehen und voneinander abgrenzen können
- den Kosten- und Leistungsbegriff kennen
- Aufwand in Kosten überleiten können
- wesentliche Ziele und Aufgaben der Kosten- und Leistungsrechnung kennen
- die vier Hauptprinzipien der Kostenverrechnung kennen und erklären können
- den organisatorischen Aufbau einer Kostenrechnung darlegen können
- die wesentlichen Kostenrechnungssysteme kennen und in Grundzügen erklären können

Kosten spielen in vielen Unternehmens-bereichen eine wichtige Rolle!

Mercedes-Benz: Bernhard bläst bei Kosten zum Angriff

Mercedes-Benz will die Kosten deutlich drücken. Die Herstellungszeiten pro Fahrzeug sollen erheblich gesenkt werden. Neben dem Kostensenkungspro-gramm sollen aber auch durch neue Modelle die Umsätze gesteigert werden.

Mercedes-Benz hat beim Wettrennen um die Gewinnspannen gegenüber den Rivalen AUDI und BMW derzeit eindeutig das Nachsehen. Mercedes-Benz erwirtschaftete Ende 2011 eine Rendite vor Steuern und Zinsen von 7,5% und liegt damit gleichauf mit VW. BMW kam hingegen auf 11,9% und AUDI sogar auf 13,1%. 2012 und 2013 sollen deshalb die Kosten um jeweils zehn Prozent gedrückt werden. Produktionsvorstand Wolfgang Bernhard möchte dies durch eine Verbesserung der Kennziffer Produktionszeit pro Auto errei-chen. Ein Personalabbau sei als Kostensenkungsmaßnahme nicht angedacht, sagt der Betriebsratchef Nieke bei Mercedes-Benz. Dieser kritisiert auch das Programm des Produktionsvorstandes – insbesondere deshalb, weil in den ver-gangenen Jahren bereits sechs oder sieben Optimierungsprogramme durchge-führt wurden. Nieke stellt sich die Frage: „Wo soll denn noch gespart werden?" Faktum – wird von mehreren Mercedes Verantwortlichen betont – ist jedoch, dass an Kostensenkungsprogrammen keine Weg vorbei führt.

Austrian Airlines, Lufthansa: AUA schreibt im ersten Quartal 2012 Rekordverlust

Laut Mitteilung der deutschen Lufthansa schreibt ihr Tochter-Unternehmen AUA im ersten Quartal 2012 einen operativen Verlust von 67 Millionen Euro. Damit lag das Defizit in einem Vierteljahr höher als im gesamten Jahr 2011, in dem das Defizit 60 Millionen Euro betrug. Die Gründe für den Rekordver-lust liegen bei den zu hohen Kosten.

Hauptfaktoren hierbei sind die gestiegenen Treibstoffkosten, die österrei-chische Flugsteuer und vor allem die im Vergleich zum Wettbewerb viel zu hohen Personalkosten. Österreichische Piloten weisen gegenüber der anderen österreichischen Fluggesellschaft „Tyrolean" ein wesentlich höheres Durch-schnittsgehalt auf. Bei der AUA verdient ein Pilot im Schnitt 10.200 Euro bei der TYROLEAN hingegen nur 7.000 Euro. Hinzukommt, dass aufgrund di-verser Altregelungen pro Jahr die Kostenvorrückungen sieben Prozent betra-gen. Dies führt dazu, dass eine vor drei Jahren durchgeführte Reduktion des Personalstandes um ein Fünftel heuer bereits wieder zu denselben Personal-kosten geführt hat wie damals.

Die Kosten für Treibstoff und Gebühren machen rund 50 Prozent der Gesamtkosten aus. Diese betragen im ersten Quartal 257 Millionen und damit um 28 Millionen mehr als im Vorjahr.

Insgesamt soll durch ein 220 Millionen schweres Sparpaket der „Break-even-Point" im Jahr 2013 erreicht werden. Eine der wichtigsten Maßnahmen dabei ist die Kündigung des derzeitigen Kollektivvertrages und eine Umstufung auf die rund ein Viertel günstigeren Tyrolean-Verträge. Neu verhandelt werden aber auch die Fluggebühren mit dem Flughafen Wien und diverse Verträge mit der Austro Control sowie mit Lieferanten.

Wie sehr die hohen Kosten am negativen Quartalsergebnis Schuld sind, verdeutlichen zwei durchaus positive Nachrichten: Die operativen Gesamterlöse der AUA lagen im Erstquartal mit 463,3 Millionen Euro um 3,8 Prozent über dem Vorjahresniveau – dies vor allem durch die um 10,1 Prozent gestiegenen Passagierzahlen gegenüber dem Vorjahr. In Summe flogen bis März 2,3 Millionen Passagiere mit der AUA.

1.1 Grundbegriffe der Kostenrechnung bzw. des betrieblichen Rechnungswesens

Im gewöhnlichen Sprachgebrauch wird mit den Begriffen des Rechnungswesens häufig sehr schlampig umgegangen. So sagt man zum Beispiel „Das neue Auto hat € 32.000,– gekostet", wenn man diesen Betrag dafür bezahlt hat. Dabei werden Auszahlungen und Kosten gleichgesetzt. Betriebswirtschaftlich betrachtet existieren zwischen diesen Begriffen jedoch beträchtliche Unterschiede.

Vom finanziellen Standpunkt betrachtet, ist der Autokäufer tatsächlich um € 32.000,– weniger liquid, d.h. seine Geldmittel haben sich um diesen Betrag reduziert. Die Kosten richten sich jedoch nach der Fahrzeugnutzung bzw. dem Wertverlust in der Betrachtungsperiode, d.h. die Kosten fallen erst im Zeitablauf an. Richtig wäre es gewesen, von Anschaffungsauszahlungen oder Anschaffungsausgaben (wenn das Auto auf Kredit gekauft wurde) zu sprechen.

Auszahlungen sind nicht gleich Kosten!

Für den Nichtbetriebswirt mag die Unterscheidung zwischen Auszahlungen, Ausgaben, Aufwand oder Kosten unerheblich sein, für Unternehmen bzw. das Rechnungswesen ist dies sehr wohl relevant. Vor allem deshalb, weil damit wesentliche Konsequenzen verbunden sind. Um dies zu verstehen, muss man sich jedoch vorerst mit ein paar grundlegenden Fragestellungen auseinandersetzen.

Unternehmensziele bzw. Unternehmenszielgrößen

Das Mindestziel eines jeden Unternehmens ist die langfristige Existenzsicherung.

Dafür ist es aber zumindest kurzfristig notwendig, dass ausreichend Geldmittel (Liquidität) vorhanden sind und mittelfristig auch Gewinne (Erfolg) erzielt werden. Langfristig müssen Bedingungen (Erfolgspotentiale) geschaffen werden, dass Liquidität und Erfolg stimmen. Diese drei Zielgrößen bilden einen Kreislauf, der ständig in Gang bleiben muss.

Liquidität, Erfolg und Erfolgspotentiale bilden einen Kreislauf, der ständig in Gang gehalten werden muss.

Unternehmen müssen deshalb:

- kurz- und mittelfristig auf
  - Liquidität und
  - Erfolg,
- langfristig auf
  - Erfolgspotentiale

achten. In einem Werbespot einer österreichischen Bank wurde dies einmal sehr treffend ausgedrückt:

„Rechtzeitig darauf schauen, dass man's hat, wenn man's braucht."

19

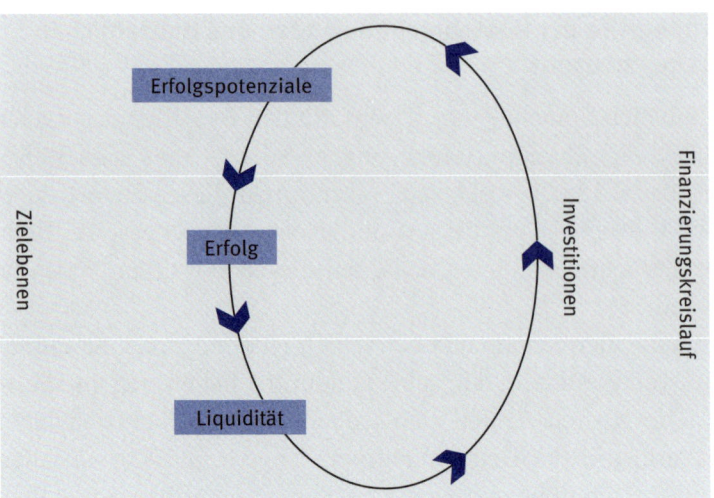

Abbildung 1: Unternehmenskreislauf

Zahlungsunfähigkeit und/oder Überschuldung begründen ein Insolvenzverfahren (§§ 66, 67 österreichische Insolvenzordnung und §§ 17, 18, 19 deutsche Insolvenzordnung)

In Österreich und Deutschland kennt man im Wesentlichen zwei Tatbestände, die als Voraussetzungen für ein Insolvenzverfahren gelten:

- Zahlungsunfähigkeit (Illiquidität) und/oder
- Überschuldung (Aufzehrung des Eigenkapitals, d.h. dauerhafte Verluste)

Ein Unternehmen sollte deshalb immer im Auge behalten, dass genug Liquidität im Unternehmen vorhanden ist und zusätzlich die Eigenkapitalsituation beobachten.

Entsprechend diesen Zielgrößen benötigt man unterschiedliche Rechensysteme und Rechengrößen.

Unternehmerische Rechensysteme haben unterschiedliche Rechengrößen.

Zielgröße	Rechengröße	Teilsysteme Rechnungswesen
Erfolgspotenziale	Stärken, Schwächen	Strategische Analysen
	Chancen, Risiken	
Liquidität	Einzahlungen	Investitions- und Finanzrechnung
	Auszahlungen	
	Einnahmen	Finanzierungsrechnung
	Ausgaben	
Erfolg	Erträge	Gewinn- und Verlustrechnung, Bilanz
	Aufwendungen	
	Leistungen	Kosten- und Leistungsrechnung
	Kosten	

Abbildung 2: Unternehmerische Zielgrößen und dazugehörige Rechensysteme bzw. Rechengrößen

1.1.1 Steuerungsebene Liquidität – Rechengrößen

Die kurzfristige Liquidität hängt von der Veränderung des Barvermögens ab.

Liquidität oder Zahlungsfähigkeit hängt davon ab, wie sich in einem Unternehmen das **Barvermögen**, mittelfristig das **Geldvermögen** entwickelt.

Barvermögen oder Zahlungsmittelbestand beinhaltet alle Kassenbestände und jederzeit verfügbare Bankguthaben. → Wie viel Liquidität habe ich kurzfristig?

Geldvermögen beinhaltet das Barvermögen plus Forderungen abzüglich Verbindlichkeiten. → Wie viel Liquidität habe ich mittelfristig?

1.1.1.1 Einzahlungen – Auszahlungen

Diese Rechengrößen kennt fast jeder, da man mit ihnen täglich in Berührung kommt. Sowohl bei Einzahlungen als auch bei Auszahlungen fließt Geld. Dabei ist unerheblich, ob bar bezahlt wird oder es in Form von Banküberweisungen geschieht. Jeder Geldzugang erhöht das Kassa- oder Bankkonto, jeder Geldabgang führt das Gegenteil herbei.

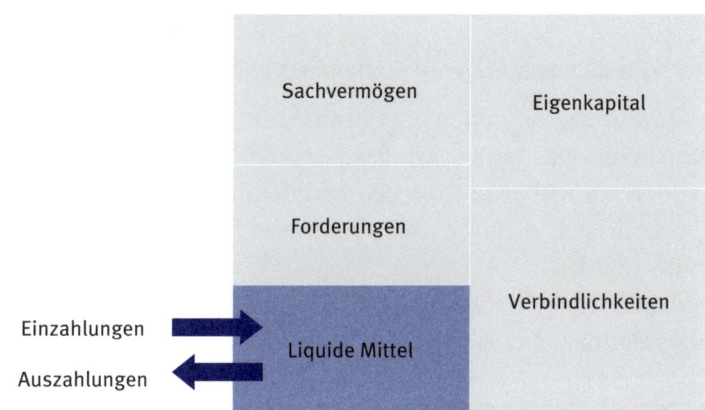

Das Barvermögen ändert sich durch Ein- und Auszahlungen.

Abbildung 3: Veränderung des Barvermögens durch Ein- und Auszahlungen

1.1.1.2 Einnahmen – Ausgaben

Diese beiden Begriffe werden in der Praxis sehr oft mit Ein- und Auszahlungen gleichgesetzt, obwohl es dazwischen erhebliche Unterschiede gibt.

Einnahmen und Ausgaben haben einen längeren Betrachtungshorizont. Eine Einnahme ist auch schon dann gegeben, wenn zwar noch kein Geld in das Unternehmen geflossen ist, aber eine Kundenforderung besteht. Umgekehrt fällt auch schon eine Ausgabe an, wenn eine Lieferantenverbindlichkeit existiert, obwohl noch keine Zahlung erfolgt ist.

Man fokussiert dabei auf das *Geldvermögen* und nicht auf das *Barvermögen*. Das *Geldvermögen* erhöht oder vermindert sich nicht nur durch Ein- und Auszahlungen, sondern auch durch Forderungen und Verbindlichkeiten.

Aus der Saldierung der Einnahmen und Ausgaben erhält man die *mittelfristige Veränderung der Liquidität,* weil dabei auch „Beinahe-Einzahlungen" in Form von Forderungen und „Beinahe-Auszahlungen" in Form von Verbindlichkeiten berücksichtigt werden.

Die mittelfristige Liquidität hängt von der Veränderung des Geldvermögens ab.

Das Geldvermögen ändert sich durch Einnahmen und Ausgaben.

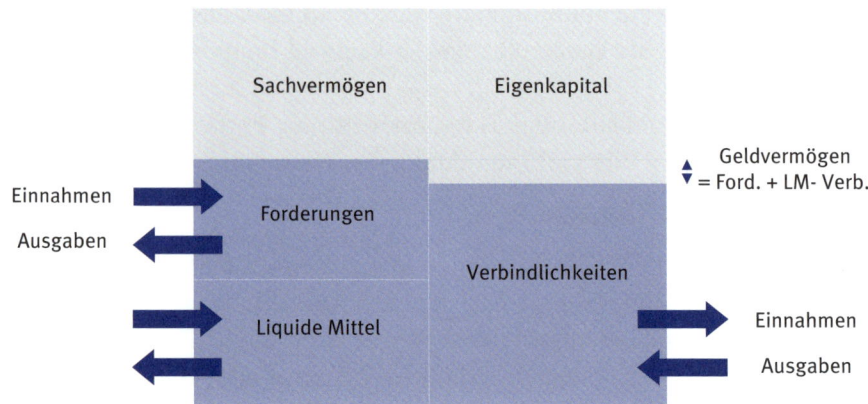

Abbildung 4: Veränderung des Geldvermögens durch Einnahmen und Ausgaben

1.1.1.3 Unterschied Einzahlungen – Einnahmen und Auszahlungen – Ausgaben

Nicht jede Einzahlung ist jedoch eine Einnahme, so erhöht die Aufnahme eines Bankdarlehens zwar kurzfristig das Barvermögen, mittelfristig muss das Darlehen jedoch zurückbezahlt werden und damit fließt das Geld wieder ab. Kurzfristig erhöht sich dadurch zwar das Barvermögen, das Geldvermögen bleibt aber unverändert.

Schematisch kann man die Abgrenzung zwischen Einzahlungen und Einnahmen folgendermaßen darstellen:

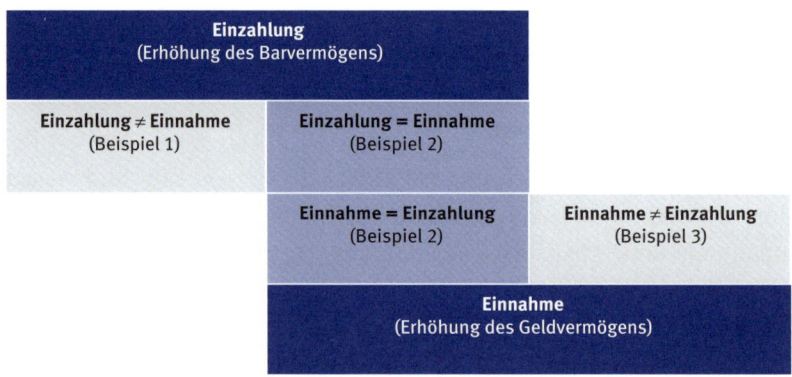

Abbildung 5: Unterschied zwischen Einzahlungen und Einnahmen

Beispiel 1: Aufnahme eines Bankdarlehens
Beispiel 2: Barverkauf von Waren
Beispiel 3: Verkauf von Waren auf Ziel

Bezogen auf Auszahlungen und Ausgaben ist der Unterschied wie folgt:

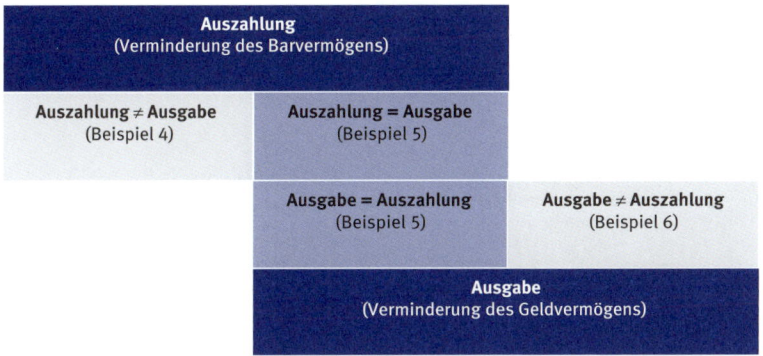

Abbildung 6: Unterschied zwischen Auszahlungen und Ausgaben

Beispiel 4: Gewährung eines Darlehens
Beispiel 5: Barkauf von Waren
Beispiel 6: Kauf von Waren auf Ziel

1.1.2 Steuerungsebene Erfolg – Rechengrößen

Liquidität ist eine nicht zu vernachlässigende Steuerungsgröße in Unternehmen, da Investitionen oder ein Unternehmenswachstum nur durch entsprechende Geldmittel möglich werden. Manche formulieren dies etwas überspitzt „Nur Bares ist Wahres!"

Bezogen auf unser Autobeispiel würde das aber bedeuten, dass wir zum Zeitpunkt der Auszahlung € 32.000,– benötigen und damit eine stark verringerte oder möglicherweise sehr schlechte Liquidität hätten und in den Jahren darauf eine sehr gute, da man ja für die Anschaffung des PKWs dann keine Mittel mehr benötigen würde. Das „dicke Ende" kommt erst wieder nach ein paar Jahren, wo wiederum eine beträchtliche Summe Geld benötigt werden würde. D.h. man hat große Schwankungen in der Liquidität. Ein Unternehmer, der sich nur an der Geldvermögensänderung orientiert, unterliegt analog dazu ziemlichen „Stimmungsschwankungen". Zu Beginn „pfui" und die nächsten Jahre „hui".

Einen anderen Weg beschreitet ein Unternehmer, der nicht liquiditätsorientiert, sondern erfolgsorientiert rechnet. Die Anschaffung des PKWs stellt für ihn trotz Liquiditätsverschlechterung noch keinen Misserfolg dar, da er dann zwar weniger Geld hat, dafür aber einen Zuwachs an Sachvermögen. Für den Unternehmer ist dieser Vorgang *erfolgsneutral*, da sich seine Gesamt-Vermögenslage nicht verändert hat (Aktivtausch). D.h., dieser Unternehmer orientiert sich nicht nur an der Geldvermögensänderung, sondern an der Veränderung des sogenannten *Reinvermögens*. Dabei gilt:

> Der Erfolg orientiert sich an der Änderung des Reinvermögens.

	Geldvermögen (liquide Mittel + Forderungen – Verbindlichkeiten)
+	Sachvermögen (Wertansätze Finanzbuchhaltung)
=	**Reinvermögen (Nettovermögen)**

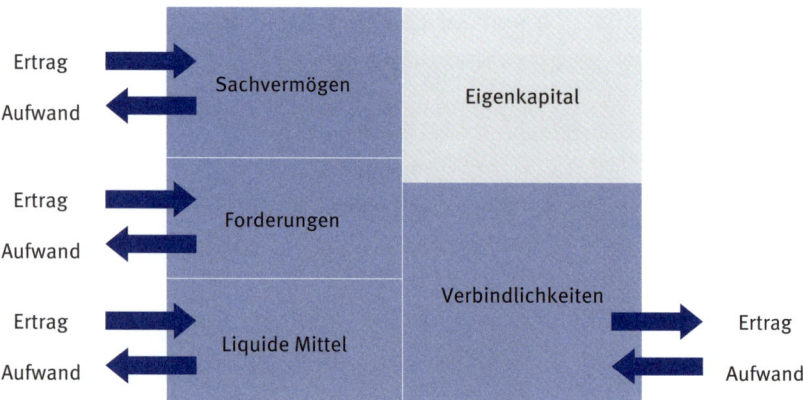

Abbildung 7: Veränderung des Reinvermögens durch Ertrag und Aufwand

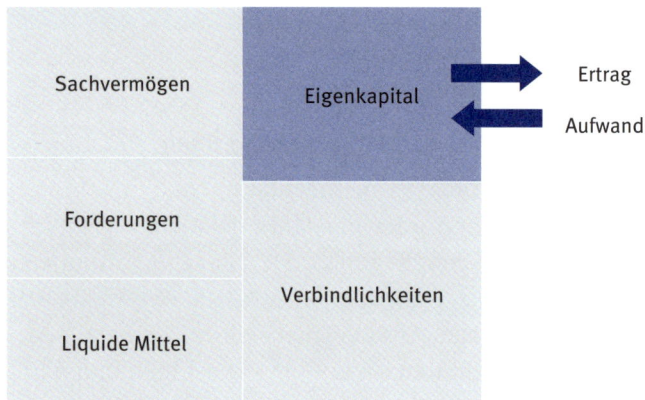

Abbildung 8: Veränderung des Eigenkapitals durch Ertrag und Aufwand

Reinvermögensänderung kann auch als Eigenkapitaländerung betrachtet werden.

Ein Unternehmen ist dann erfolgreicher geworden, wenn sich das Reinvermögen der aktuellen Periode gegenüber der Vorperiode erhöht hat. Dies kann man auch als Zuwachs des Eigenkapitals darstellen.

1.1.2.1 Erträge und Aufwendungen

Das Reinvermögen ändert sich durch Ertrag und Aufwand.

Jeden Vorgang, der zu einer Erhöhung dieses Reinvermögens führt, nennt man *Ertrag*.

Jeden Vorgang, der zu einer Minderung des Reinvermögens führt, nennt man *Aufwand*.

Etwas anders formuliert:

Ertrag ist Wertschaffung.

- *Ertrag* ist die *Entstehung* von Werten (ein Produkt, eine Leistung wird *geschaffen*).

Aufwand ist Wertverbrauch.

- *Aufwand* ist der *Verbrauch* von Werten (Material, Maschinenleistung wird *verbraucht*).

Bezogen auf unser PKW-Beispiel bedeutet das, dass die Anschaffung noch keine Reinvermögenserhöhung ist, da einerseits zwar Geldvermögen verbraucht wird (€ 32.000,–), andererseits aber Sachvermögen geschaffen wird (1 PKW, Wert € 32.000,–).

Trotzdem weist der Unternehmer am Ende der Periode weniger Reinvermögen auf, da durch den Gebrauch des PKWs ein Vermögensverbrauch entsteht (Abschreibung € 4.000,– pro Jahr bei einer angenommenen Nutzungsdauer von 8 Jahren). Bei kluger Verwendung des PKWs werden aber zusätzliche Vermögenswerte geschaffen (z.B. Geld aus Beratungsleistung oder Taxihonorar), die den Wertverlust des PKWs (€ 4.000,–) übersteigen. Wenn der Saldo aus Wertverbrauch (Aufwand) und Wertschaffung (Ertrag) positiv ist, hat sich das Reinvermögen erhöht oder anders ausgedrückt, das Unternehmen hat Gewinn erwirtschaftet und sein Eigenkapital gesteigert.

1.1.2.2 Unterschied Einnahmen – Ertrag und Ausgaben – Aufwand

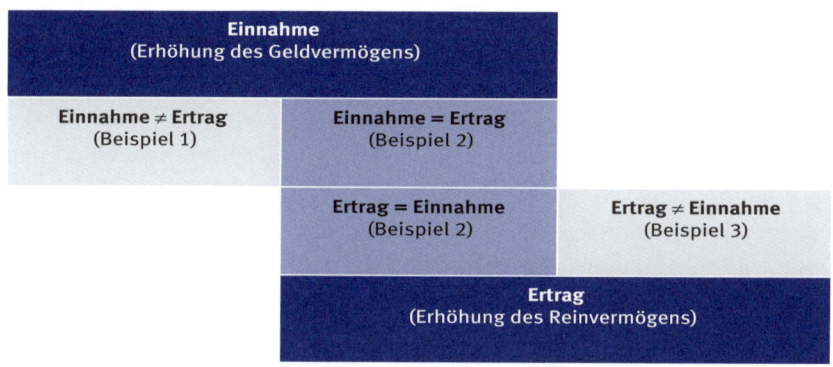

Abbildung 9: Unterschied zwischen Einnahme und Ertrag

Beispiel 1: Verkauf von Vermögensgegenständen zum Buchwert
Beispiel 2: Forderungen aufgrund erbrachter Leistungen; Verkauf auf Ziel
Beispiel 3: Zuschreibung (Wertaufholung) von Vermögensgegenständen

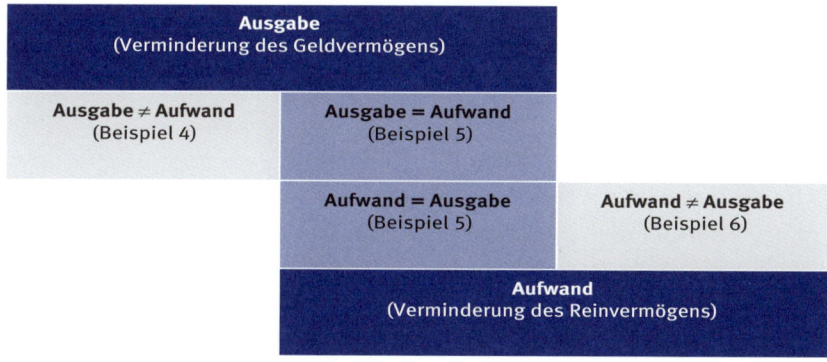

Abbildung 10: Unterschied zwischen Ausgaben und Aufwendungen

Beispiel 4: Anschaffung (Kauf) von Vermögensgegenständen
Beispiel 5: Mietzahlungen
Beispiel 6: Abschreibung von Vermögensgegenständen

1.1.2.3 Kosten und Leistungen

Der Unternehmenserfolg ändert sich mit Aufwand und Ertrag.

Außerordentlicher, betriebsfremder bzw. periodenfremder Aufwand und Ertrag sind keine Kosten bzw. Leistungen.

Aus der Saldierung von Aufwendungen und Erträgen lässt sich der Unternehmenserfolg ermitteln. D.h. jeder *Wertverbrauch* vermindert und jede *Wertschaffung* erhöht den Unternehmenserfolg.

Auch die Kostenrechnung versucht, mittels Wertverbrauch und Wertschaffung den Unternehmenserfolg zu ermitteln. Man achtet dabei aber – im Gegensatz zur Finanzbuchhaltung – ganz genau darauf, ob der Wertverbrauch auch für die Erstellung einer betrieblichen Leistung erfolgt oder ob dieser z.B. für eine betriebsfremde Leistung getätigt wird. Beispiele hierfür sind Spenden, Personal- und Sachaufwand für nichtbetriebsnotwendige Vermögenswerte (Forstbesitz eines Industrieunternehmens, Palais von Banken etc.).

Als Aufwendung gilt in der Finanzbuchhaltung auch periodenfremder oder außerordentlicher Wertverzehr. In der Kostenrechnung werden diese Wertverbrauche entweder eliminiert oder normalisiert (Ansatz durchschnittlicher Werte).

Grundsätzlich kann man davon ausgehen, dass zwischen Kosten und Aufwendungen bzw. Erträgen und Leistungen zum Großteil eine Übereinstimmung existiert. Die Werte für die Kostenrechnung kommen deshalb auch überwiegend und beinahe unverändert aus der Finanzbuchhaltung (Fibu). Aufgrund der speziellen Informationsinteressen ist aber bei einigen Positionen eine Änderung notwendig, weil:

- Abweichungen bei der Mengenbasis (beim Volumen) des Güterverbrauchs (Güterentstehung),
- Abweichungen im Wertansatz (Bewertung in der Fibu ist anders als in der Kostenrechnung),
- Abweichungen zum Zeitpunkt des Ausweises

existieren.

„Abweichungen bei der Mengenbasis" meint die bereits erwähnten „betriebsfremden" Aufwendungen, aber auch sogenannte Zusatzkosten. Das sind Werte, die es in der Fibu gar nicht gibt, wie z.B. kalkulatorische Zinsen und kalkulatorischer Unternehmerlohn.

„Abweichungen im Wertansatz" meint, dass die Aufwendungen und Erträge „umbewertet" werden müssen. So wird beispielsweise die Abschreibung in der Bilanz *anders* ermittelt als in der Kostenrechnung. Man spricht deshalb auch von „*Anderskosten*".

„Abweichungen im Zeitpunkt des Ausweises" betreffen vor allem außerordentliche Ereignisse, wie z.B. nicht versicherte Brandschäden oder periodenfremde Aufwendungen, die nicht schon im Rahmen der Rechnungsabgrenzung berücksichtigt wurden.

1.1.2.4 Unterschied Ertrag – Leistungen und Aufwand – Kosten

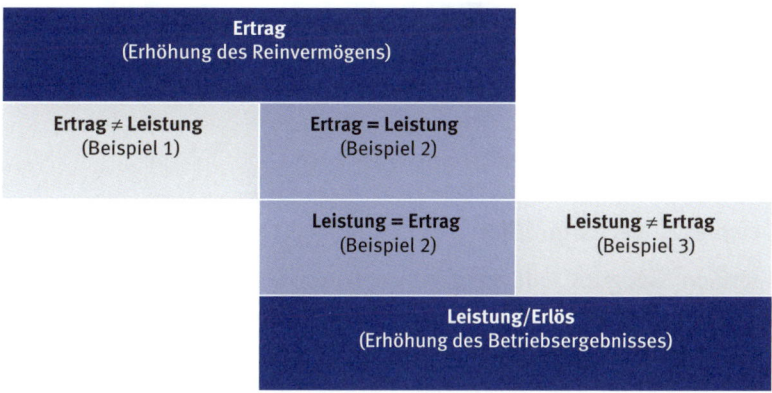

Abbildung 11: Unterschied zwischen Erträgen und Leistungen

Beispiel 1: Mieterträge für ein nicht betriebsnotwendiges Gebäude

Beispiel 2: Gewinne aus dem Verkauf von Waren

Beispiel 3: Gratisreparatur

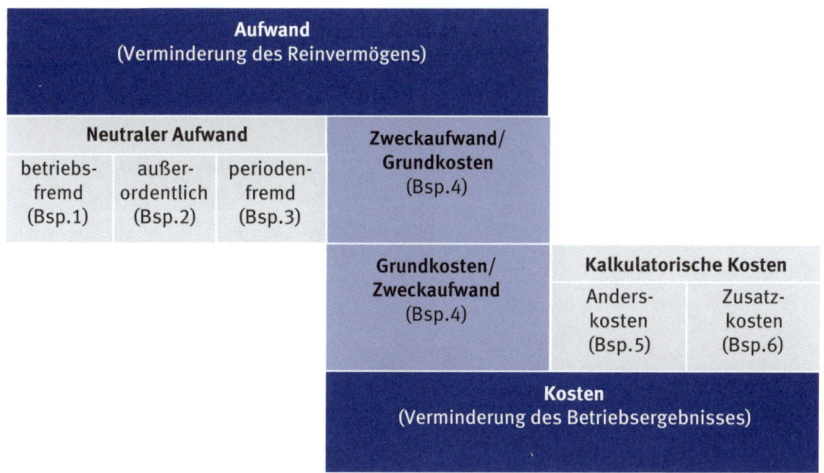

Abbildung 12: Abgrenzung Aufwendungen und Kosten

Beispiel 1: Spende an das Rote Kreuz

Beispiel 2: Kursverluste bei Wertpapieren des Anlagevermögens, Katastrophenschäden

Beispiel 3: Betriebssteuernachzahlungen

Beispiel 4: Typischer Material- und Personalaufwand

Beispiel 5: Abschreibungen, die auf Basis von Wiederbeschaffungswerten anstatt von Anschaffungswerten kalkuliert wurden

Beispiel 6: Kalkulatorischer Unternehmerlohn, kalkulatorische Eigenkapitalzinsen

Zusammenfassend ergibt sich daraus folgende Kosten-/Leistungsdefinition

Kosten und Leistungen
sind bewertete(r), sachziel-
bezogene(r), betriebs-
zweckbezogene(r) Güter-
verbrauch bzw. Güter-
erstellung einer Abrech-
nungsperiode.

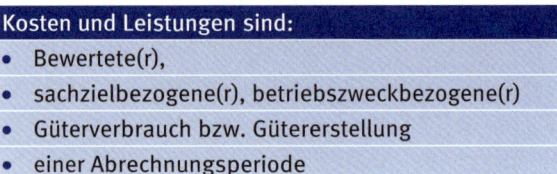

Kosten und Leistungen sind:
- Bewertete(r),
- sachzielbezogene(r), betriebszweckbezogene(r)
- Güterverbrauch bzw. Gütererstellung
- einer Abrechnungsperiode

1.1.3 Beispiel zu Rechengrößen

Im folgenden Beispiel soll veranschaulicht werden, wie die einzelnen Rechengrößen entstehen bzw. worin die Unterschiede bestehen.

Es handelt sich dabei um einen metallverarbeitenden Betrieb, der Stahlrohr einkauft und daraus diverse Metallteile erzeugt und verkauft.

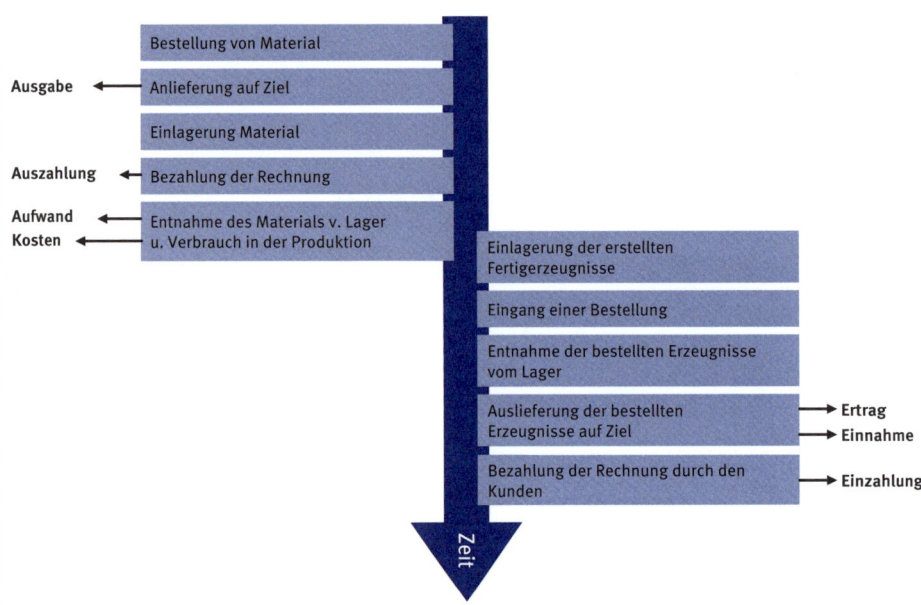

Der „Order-to-Cash"-
Prozess

Abbildung 13: Der „Order-to-Cash"-Prozess

Die Darstellung zeigt die wesentlichen Begriffe des Rechnungswesens.

Vorgang 1: Bestellung von Material

Dieser Vorgang ist für das Unternehmen rechtlich bindend, hat aber keine Wirkungen auf Liquidität oder Erfolg des Unternehmens.

Vorgang 2: Anlieferung auf Ziel

Dadurch entsteht gegenüber dem Lieferanten eine Verbindlichkeit (wenn eine Rechnung mitgegeben und diese in der Fibu erfasst wird). Diese stellt eine „Fast-Auszahlung" dar, verringert noch nicht das Barvermögen, aber das Geldvermögen, und ist deshalb eine *Ausgabe*.

Vorgang 3: Einlagerung des Materials
Dies ist ein rein innerbetrieblicher Vorgang, der möglicherweise im Warenwirtschaftssystem erfasst wird, für das Rechnungswesen aber unbedeutend ist.

Vorgang 4: Bezahlung der Rechnung
Durch diesen Vorgang wird aus der Lieferverbindlichkeit eine Barzahlung (in Form einer Banküberweisung). Der Bestand an Zahlungsmitteln verringert sich, deshalb liegt eine *Auszahlung* vor.

Vorgang 5: Entnahme des Materials vom Lager und Verbrauch in der Produktion
Durch den Materialverbrauch in der Produktion liegt ein *Aufwand* vor. Da dieser Vorgang auch ein betriebsbedingter Güterverzehr ist, entstehen neben dem Aufwand auch *Kosten*.

Vorgang 6: Einlagerung der erstellten Leistungen
Durch die Fertigstellung ist die Wertschöpfungsaufgabe erfüllt. Im Rechnungswesen könnte bereits ein Ertrag verbucht werden. Da noch kein Käufer existiert, ist eine Bewertung zum Absatzpreis nicht sinnvoll und gesetzlich auch nicht erlaubt. Der Wertansatz muss zu sogenannten Herstellkosten erfolgen. Im konkreten Fall erfolgt jedoch der:

Vorgang 7: Eingang einer Bestellung
Dieses Ereignis ist für das Unternehmen zwar sehr wichtig und hat auch rechtliche Wirkungen, im Rechnungswesen wird dieser Vorgang aber nicht erfasst. Im Controlling ist der Auftragseingang jedoch eine wichtige Größe.

Vorgang 8: Entnahme der bestellten Erzeugnisse vom Lager
Diese stellt wie die Materialeinlagerung einen innerbetrieblichen Vorgang dar, der im Rechnungswesen weder als Ertrag oder Einnahme noch als Einzahlung erfasst wird.

Vorgang 9: Auslieferung der bestellten Erzeugnisse auf Ziel
Mit der Auslieferung auf Ziel entstehen für das Unternehmen eine Kundenforderung und ein *Ertrag*. Da noch kein Geldeingang vorliegt, erhöht sich zwar das Geldvermögen, aber nicht das Barvermögen, d.h. es liegt eine *Einnahme* vor. Da der Warenverkauf betrieblich veranlasst ist, liegt außerdem eine *Leistung* vor.

Vorgang 10: Bezahlung der Rechnung durch den Kunden
Mit diesem Vorgang wird aus der Kundenforderung eine *Einzahlung*, die liquiditätsverbessernd ist.

Insgesamt betrachtet handelt es sich beim dargestellten Vorgang um einen sogenannten *Order-to-Cash-Prozess*. Dabei ist die Zeitdauer zwischen erstma-

Die Zeitdauer zwischen erstmaliger Auszahlung

und spätester Einzahlung ist für die Liquidität maßgeblich.

liger Auszahlung und späterer Einzahlung dafür entscheidend, wie viel Liquidität in diesem Prozess gebunden ist. Unter der Annahme, dass für die meisten Unternehmen Liquidität eine kritische Größe darstellt, ist das unternehmerische Handeln danach auszurichten, diese Zeitdauer möglichst kurz zu halten, d.h. zu trachten, dass bspw. der Produktionsprozess möglichst schnell abläuft, die Produkte sehr rasch verkauft werden, Zahlungsziele für den Kunden eher kurz sind oder sogar bar bezahlt wird.

1.2 Ziele und Aufgaben der Kostenrechnung

Kostenrechnung ist ein Hauptbestandteil des betrieblichen Rechnungswesens. Das Rechnungswesen bildet die wirtschaftliche Situation eines Unternehmens in Form von Zahlen ab.

Vielfach neigen Unternehmer dazu, ihre Unternehmenssituation mit Attributen wie: „sehr gut", „stark wachsend", „schrumpfend", „stagnierend" oder manchmal auch „konkursreif" zu erklären. Im Rechnungswesen begnügt man sich nicht mit derlei Umschreibungen, sondern versucht die „Unternehmensperformance" quantitativ exakt zu beschreiben. Quantitativ bedeutet:

- eine mengen- und
- wertmäßige Darstellung

des Unternehmensgeschehens.

Kostenrechnung nennt man auch internes Rechnungswesen („managerial accounting")

Die Kostenrechnung wird auch als internes Rechnungswesen bezeichnet („managerial accounting"), im Gegensatz zum externen Rechnungswesen („financial accounting"). Die Hauptunterschiede liegen in den Informationsinteressenten (stakeholder) und in den gesetzlichen Grundlagen.

Beim externen Rechnungswesen sind die Interessenten überwiegend externer Natur, wie z.B. Banken, die Finanzbehörde, andere Kapitalgeber und auch Lieferanten. Die Gestaltung des externen Rechnungswesens ist in Gesetzen exakt geregelt (Formvorschriften für den Jahresabschluss, Grundsätze ordnungsmäßiger Buchführung etc.).

Hauptinteressenten der Kostenrechnung sind das Unternehmen bzw. deren Führungskräfte.

Beim internen Rechnungswesen sind die Hauptinteressenten das Unternehmen bzw. deren Führungskräfte. Die Art und Weise der Durchführung unterliegt keinen bzw. nur wenigen gesetzlichen Regeln. In Lehrbüchern existiert aber so etwas wie ein normiertes Vorgehen, an das sich viele Unternehmen halten.

Entsprechend diesen Freiheitsgraden hat sich auch im Laufe der letzten Jahrzehnte das Aufgabenspektrum der Kostenrechnung verändert bzw. an wirtschaftliche Notwendigkeiten angepasst. Oftmals genannte Aufgaben der Kostenrechnung sind:

a) Dokumentationsaufgaben

Mit Hilfe der Kostenrechnung muss genau nachweisbar sein, in welcher Menge und mit welchem Wert welche Kosten wo angefallen sind. Dies bildet sozusagen das Fundament für weiterführende Berechnungen. Je besser und exakter diese Rechnung ist, desto gehaltvollere Auswertungen und Analysen sind dann möglich.

D.h., eine zentrale Aufgabe ist zu dokumentieren:

Welche Kosten *wo* und in *welcher Höhe* angefallen sind.

b) Planungs- und Kontrollaufgaben

Entsprechend dem Controllinggedanken ist die Dokumentation für die Unternehmenssteuerung nur bedingt ausreichend. Je größer ein Unternehmen ist, umso eher wächst die Gefahr, dass der Überblick über mögliche Kostenverursacher verloren geht bzw. dass nicht mehr wirtschaftlich gehandelt wird. Kostenrechnung im Sinne einer Kostenbudgetierung und Kostenkontrolle soll verhindern, dass ineffizient gehandelt wird.

Eine weitere Aufgabe ist daher, herauszufinden:

Welche Kosten sind für welche Leistungen notwendig und können diese noch optimiert werden?

c) Informations- und Entscheidungsaufgaben

Für viele Management-Entscheidungen sind Informationen notwendig, die nur mit Hilfe der Kostenrechnung vernünftig getätigt werden können. Ziel ist dabei das „Bauchgefühl", um rational nachvollziehbare Handlungen zu ergänzen. Grundlage hierfür ist die Kostenrechnung und zwar für:

- Make-or-Buy-Entscheidungen – soll selbst produziert oder zugekauft werden?
- Entscheidungen über mögliche Produktionsverfahren – welches Verfahren verursacht welche Kosten?
- Produktprogrammentscheidungen – welche Produkte soll man forcieren, welche eliminieren?
- Vertriebsentscheidungen – in welchen Ländern ist das Ergebnis besonders gut?
- Und nicht zuletzt Preisentscheidungen – wo liegen die Preisobergrenzen für Zukaufsgüter und die Preisuntergrenzen für Absatzgüter?

Zur Informationsaufgabe der Kostenrechnung gehört insbesondere, über Bestandteile des Unternehmensergebnisses zu informieren, die aus dem Jahresabschluss in diesem notwendigen Detaillierungsgrad nicht erhältlich sind, wie z.B.:

- Produktergebnisse
- Spartenergebnisse
- Ergebnisse gegliedert nach Deckungsbeiträgen
- Profit-Center-Ergebnisse
- Ergebnisse einzelner Produktmanager

Die Breite an diversen Kostenrechnungsaufgaben erschließt sich oft aus Stelleninseraten. Bei AUDI wurde z.B. ein(e) Mitarbeiter(in) gesucht, der/die folgende Aufgaben zu erfüllen hat:

- Erarbeiten von Kostentargets für Aggregatbauteile (EK und Aufwand)
- Vorgabe von technischen Zielwerten auf Basis technischer Information
- Kostenverfolgung von Projekten über MLK (mitlaufende Kalkulation)
- Abweichungsanalyse, Reporting
- Mitarbeit in der SE-Organisation
- Vorbereitung von Gremien
- Beurteilung von Kaufteilepreisen und Werkzeugkosten
- Herstellkostenkalkulation, Benchmarking, Investitionsrechnung

Aus diesem Beispiel ist gut erkennbar, dass sowohl die Kostenkontrolle als auch die Kostenplanung mit konkreten Zielvorgaben für Aggregatbauteile von großer Bedeutung sind. Wichtig sind aber auch die Kalkulation der Herstellkosten und das Benchmarking, bei dem es zu einem Vergleich mit Wettbewerbern kommt.

BOSCH hingegen beschreibt auf seiner Web-Seite unter der Kategorie „Einsteigen bei BOSCH" das Aufgabenspektrum des Funktionsbereichs Controlling, Accounting u.a. wie folgt:

- Planung von Budgets und Ressourcen und Überwachung der Einhaltung.
- Erstellung von Wirtschaftlichkeitsrechnungen mit der Erstellung von Soll-Ist-Vergleichen
- Kalkulation von Preisen, Angeboten, Deckungsbeiträgen und Transferpreisen
- Erstellung von Ergebnis- und Erfolgsrechnungen oder auch Forecasts
- Durchführung von Make-or-buy-Analysen

1.3 Prinzipien der Kostenverrechnung

Zentrale Fragestellung der Kostenrechnung ist: „Wer hat welche Kosten verursacht und wem werden diese zugerechnet?"

Fundamentale Bedeutung in der Kostenrechnung hat die Frage, wie entstandene Kosten zugerechnet werden. D.h., wer hat die Kosten verursacht und wem werden diese zugerechnet. In der Fachsprache meint man die Ursache-Wirkungs-Beziehung zwischen Kosten und *Bezugsobjekt*.

Bezugsobjekte sind klassischerweise die erbrachte Leistung bzw. das erzeugte Produkt. In diesem Fall ist der Kostenverursacher das Produkt und diesem sind alle Kosten zuzurechnen. Bezugsobjekte können aber auch Abteilungen (Kostenstellen), Prozesse oder sonstige Objekte sein (gefahrene Kilometer, Lagermenge) etc.

Für verschiedene Kosten ist die Zurechnung auf das Bezugsobjekt (Produkt) relativ einfach, da diese *direkt* von diesem verursacht werden. Man braucht hier nur an die Materialkosten (Gangschaltung beim Fahrrad, Blech beim Auto, Mehl bei der Semmel etc.) zu denken. Diese Kosten nennt man deshalb auch *direkte Kosten* oder auch *Einzelkosten*. Wenn man darüber allerdings etwas genauer nachdenkt, bemerkt man schnell, dass die Zurechnung nicht aller Materialien so einfach ist. Kleinteile (Schrauben, Nägel, Dübel, Dichtringe) oder diverse Zutaten im Lebensmittelbereich (Gewürze, Aromastoffe etc.) können dem erzeugten Produkt allein schon aus Zeitgründen nicht exakt zugeordnet werden. Wer macht sich schon die Mühe, genau aufzuschreiben bzw. rechnet genau aus, wie viele dieser kostenmäßig eher unwichtigen Materialien – man bezeichnet diese auch als *Hilfsmaterial* – in die Produkte einfließen? Üblicherweise werden diese Hilfsmaterialien in großen Mengen gekauft und pauschal den erzeugten Produkten zugerechnet.

Wie man anhand des vorherigen Beispieles gesehen hat, ist die Zurechnung so mancher Kostenart auf das Bezugsobjekt gar nicht so einfach. An einem einfachen Beispiel soll dies noch einmal illustriert werden. Für die Metallbearbeitung sind Kühl- bzw. Schmierflüssigkeiten unabdingbar, außerdem wird dabei sehr viel Strom benötigt. Wie sollen diese beiden Kostenarten dem Produkt zugerechnet werden? Es ist zwar noch möglich, sie eventuell einer Kostenstelle zuzuordnen, eine Produktzuordnung wird allerdings schon recht schwierig, wenn nicht sogar unmöglich.

Um Kostenrechnung verstehen zu können, muss man sich daher unbedingt mit dem Problem der Kostenverrechnung auseinandersetzen. Hierzu existieren im Wesentlichen vier Grundprinzipien:

1.3.1 Verursachungsprinzip

Dieses wohl bekannteste und auch dem Laien leicht verständliche Kostenverrechnungsprinzip ist dadurch charakterisiert, dass einem Bezugsobjekt nur jene Kosten zugerechnet werden, die auch durch dieses verursacht wurden. Das Bezugsobjekt muss nicht nur ein Produkt sein, sondern kann auch eine Produktgruppe oder ein Betriebsbereich sein. Klassischerweise verwendet man dieses Prinzip jedoch für ein Produkt oder eine Leistung, auch *Kostenträger* genannt.

Dem Kostenträger werden somit nur jene Kosten zugeordnet, die bei der Erstellung einer zusätzlichen Kostenträgereinheit (Stück, Arbeitsstunde, ein gefahrener Kilometer etc.) entstehen bzw. auch wieder entfallen, wenn man eine Einheit weniger erzeugt. Diese Kosten werden *variable* oder auch *Grenzkosten* genannt. Beispiele sind die Treibstoffkosten beim Auto oder Milch bei der Käseerzeugung.

Andere Kosten wie z.B. Bereitstellungskosten für Infrastruktur (Maschinen, Gebäude etc.) werden sich bei einer Änderung der Produktmengen kaum verändern. Deshalb nennt man diese Kosten *Fixkosten*, man kann sie aber auch als *Strukturkosten* bezeichnen. Diese Kosten werden vom Kostenträger nicht oder nur indirekt verursacht und sind deshalb sehr schwer zurechenbar.

Wenn man das Verursachungsprinzip etwas weiter fasst und als Bezugsgröße nicht nur das Produkt ansieht, sondern eine Kostenstelle oder eine Produktgruppe, dann wird schnell erkennbar, dass nun auch Fixkosten dem Verursacher zugeordnet werden können. D.h. aus Fixkosten werden dann verän-

Beim Verursachungsprinzip werden einem Bezugsobjekt nur die von ihm verursachten Kosten zugerechnet.

derbare Kosten. Der Leiter einer Kostenstelle – umgangssprachlich auch „Meister" genannt – ist auf das Produkt bezogen ein Fixkostenfaktor, da sich bei einer Veränderung der Bezugsgröße „Produkt" nicht mehr „Meisterkosten" ergeben. Bei einer Veränderung der Bezugsgröße „Kostenstelle", z.B. durch die Errichtung einer zusätzlichen Kostenstelle, benötigt man einen zusätzlichen Kostenstellenleiter. Damit verändern sich aber auch die Fixkosten.

Resümee:

Das Verursachungsprinzip besagt, dass dem einzelnen Kostenträger nur jene Kosten zugerechnet werden dürfen, die dieser verursacht hat.

1.3.2 Durchschnittsprinzip

Beim Durchschnittsprinzip werden Kosten dem Bezugsobjekt pauschal zugeordnet.

Grundsätzlich sollten Kosten immer dem Verursacher zugeordnet werden. Wie jedoch vorher ersichtlich, sind gewisse Kostenbestandteile, wie z.B. Gebäudekosten oder Hilfsmaterialien, dem Produkt nur sehr schwer direkt zurechenbar. Deshalb darf man aber nicht auf die Zurechnung dieser Kosten verzichten.

Eine Möglichkeit, diese Kosten dem einzelnen Produkt anzulasten, ist die Summe aller nicht direkt zurechenbaren Kosten (Gemeinkosten) durch die Anzahl der Kostenträger zu dividieren und diese *durchschnittlichen Gemeinkosten* dem Produkt oder der Leistung zuzurechnen.

Eine zweite Möglichkeit ist, zwischen den vom Kostenträger verursachten Kosten – den Einzelkosten – und den Gemeinkosten eine proportionale Beziehung herzustellen und jeden Kostenträger mit dem gleichen Prozentsatz an Gemeinkosten zu belasten. Rechnerisch löst man dies durch Verwendung eines Verrechnungs- oder Zuschlagssatzes:

$$Verrechnungssatz = \frac{Gemeinkosten}{Anzahl\ Kalkulationsobjekte}$$

$$Zuschlaggssatz\ (\%) = \frac{Gemeinkosten}{Einzelkosten} * 100$$

Der Unterschied zum Verursachungsprinzip ist, dass die Kosten nicht mehr nach tatsächlicher Verursachung verrechnet werden, sondern ein anderer Weg gesucht wird, die restlichen Kosten (Gemeinkosten) zuzuordnen. Dies geschieht durch eine Pauschalverrechnung der Gemeinkosten.

1.3.3 Tragfähigkeitsprinzip

Beim Tragfähigkeitsprinzip werden die Kosten nach der Leistungs- bzw. Tragfähigkeit des Bezugsobjektes verrechnet.

Beim Tragfähigkeitsprinzip werden die Kosten weder verursachungsgerecht noch nach dem Durchschnittsprinzip verrechnet. Stattdessen wird die Leistungsfähigkeit bzw. Tragfähigkeit für die Kostenzurechnung herangezogen. Tragfähigkeit heißt, dass Produkte, die teurer verkauft werden können, mit überproportional mehr Gemeinkosten belastet werden als Produkte, die z.B.

preissensibler sind. Antialkoholische Getränke sind in der Gastronomie im Verhältnis zum Einkaufswert relativ teuer. Bei der Kalkulation kommt hier sicherlich kein Verursachungsprinzip zur Anwendung.

Die Tragfähigkeit eines Produktes kann über verschiedene Rechengrößen festgestellt werden. Dies können sein:

- Marktpreise
- Erlöse (Marktpreise x Mengen)
- Deckungsbeiträge (Preis abzüglich der variablen Kosten), auch Bruttogewinne genannt

Die Tragfähigkeit eines Bezugsobjektes orientiert sich z.B. an den Marktpreisen, den Erlösen oder auch den Deckungsbeiträgen.

Je größer die Tragfähigkeit, umso mehr Kosten werden zugerechnet. Preispolitisch betrachtet versucht man sich dadurch an den im Markt maximal erzielbaren Preis heranzutasten.

Hauptproblem bei dieser Vorgehensweise ist, dass keine sinnvollen Aussagen über die tatsächlichen Kosten eines Produktes gemacht werden können. „Gute" Produkte mit hohen Deckungsbeiträgen werden durch eine höhere Zuweisung an Fixkosten geradezu „bestraft".

Ein Beispiel für die Anwendung des Tragfähigkeitsprinzips sind die unterschiedlichen „Aufschlagsspannen" in der Handelsbranche.

$$\text{Aufschlagsspanne} = \frac{(\text{Nettoverkaufspreis} - \text{Einstandspreis})}{\text{Einstandspreis}} * 100\%$$

Nettoverkaufspreis .... Verkaufspreis eines Produktes ohne Umsatzsteuer
Einstandspreis .... Preis um den das Produkt eingekauft wurde

Beispiel: Milch im Lebensmitteleinzelhandel

$$\text{Aufschlagsspanne} = \frac{(0,89 - 0,73)}{0,73} * 100\% = 21,9\%$$

Beispiel: Bäckersemmel im Supermarkt

$$\text{Aufschlagsspanne} = \frac{(0,27 - 0,15)}{0,15} * 100\% = 80\%$$

Die Handelsspanne dient zur Abdeckung der Restkosten (Kosten ohne Einstandskosten) und des Gewinnes für das Handelsunternehmen.

Im obigen Beispiel ist allerdings nur schwer erklärbar, warum für eine Bäckersemmel, bei der der Bäcker die meiste Arbeit hat – er ist für das Einsortieren und das Abholen der übriggebliebenen Semmeln aus dem Supermarkt verantwortlich –, eine Aufschlagsspanne von 80% verrechnet wird, während für Milch, wo erhebliche Kühlkosten anfallen, nur 22% zugeschlagen werden.

1.3.4 Identitätsprinzip

Beim Identitätsprinzip werden die Kosten nur jenen Leistungen zugeordnet, die durch dieselbe (identische) Entscheidung ausgelöst werden, die auch die Erstellung der Leistung erwirkt hat. Kalkulationsobjekt ist die jeweilige Ent-

Beim Identitätsprinzip werden Kosten nur jenen Leistungen zugeordnet, die

35

durch dieselbe (identische) Entscheidung ausgelöst werden.

scheidung. Die Kalkulationsobjekte können vielfältig sein. So kann dies eine zusätzliche Einheit eines Produktes sein, eine neu zu produzierende Produktgruppe, aber auch eine neu zu öffnende oder zu schließende Filiale. Kosten für die jeweilige Entscheidung können für die eine Entscheidung direkt zurechenbar sein – also Einzelkosten sein, für die andere Entscheidung aber Gemeinkostencharakter aufweisen. So können z.B. die Maschinenkosten für eine Produktgruppe Einzelkosten, für das einzelne Produkt aber Gemeinkosten sein. Der Filialleiter ist, bezogen auf die Entscheidung Filiale ja oder nein, eindeutig Einzelkostenfaktor. Auf die Produkte in der Filiale bezogen hat er jedoch Gemeinkostencharakter.

1.4 Organisatorischer Aufbau der Kostenrechnung

In Grundzügen ist aus den Kostenverrechnungsprinzipien schon ersichtlich geworden, dass die Kostenermittlung bzw. Kalkulation für ein Produkt nicht nur durch die Summierung von Einzelkosten erfolgen kann. Vielmehr fallen in Unternehmen eine Fülle von Kosten an, die nur auf indirektem Wege dem Produkt zugerechnet werden können. Diese Gemeinkosten lassen sich in Unternehmen entweder als Gesamtblock erfassen und den Produkten durch Anwendung des Durchschnittsprinzips zuordnen. Man kann aber auch versuchen, die Kalkulation etwas zu verbessern, indem man überlegt, welche Abteilung die Gemeinkosten in welcher Höhe verursacht hat. Für die Produktkalkulation werden die Kosten dieser Abteilungen dann je nach Inanspruchnahme dem Produkt oder damit Kostenträger zugeordnet.

Im Folgenden werden zwei gängige Organisationsformen der Kostenrechnung gezeigt: Für diese beiden Formen der Kostenrechnung sind je nach Ausführungsgrad mehrere Arbeitsschritte notwendig.

Kostenrechnung kann sehr einfach organisiert sein, die Kostenverrechnung erfolgt dabei aber meistens sehr pauschal.

> Kostenrechnungsvariante 1:
> Einfache, aber sehr ungenaue bzw. pauschale Kostenverrechnung

Arbeitsschritte:
1. Erfassung der Kostenarten unterteilt nach:
   a. Einzelkosten (dem Produkt direkt zurechenbar) und
   b. Gemeinkosten (nur indirekt zurechenbar)
2. Direkte Zurechnung der Einzelkosten auf das Produkt (nach dem Verursachungsprinzip)
3. Indirekte Zurechnung der Gemeinkosten auf das Produkt (nach dem Durchschnittsprinzip)
4. Kalkulation der Produktkosten durch Summierung der Einzel- und Gemeinkosten je Einheit

Beispiel zu Variante 1:

Ein Handwerksbetrieb hat noch kein Kostenrechnungssystem eingeführt, es gibt keine Unterteilung nach Kostenstellen. Der Unternehmer ist aber in der Lage, seine Kosten der letzten Abrechnungsperiode getrennt nach Einzel- und Gemeinkosten auszuweisen. Es sind folgende Kosten angefallen:

Schritt 1: Erfassung der Kosten im Unternehmen

	Einzelmaterial	10.000
+	Einzellöhne	18.000
+	Sondereinzelkosten der Fertigung (Spezialwerkzeuge, Lizenzen etc.)	2.000
=	**Einzelkosten Periode**	**30.000**

	Hilfs- und Betriebsstoffe	2.500
+	Gas, Wasser, Strom	500
+	Reparaturen	200
+	Abschreibungen	2.000
+	Soziale Aufwendungen	2.000
+	Werbung und Vertrieb	635
+	Sonstige Kosten	2.165
=	**Gemeinkosten Periode**	**10.000**

$$\frac{\text{Gemeinkosten Periode}}{\text{Einzelkosten Periode}} = 33\%$$

Schritt 2: Zurechnung der Einzelkosten auf das Produkt bzw. den Auftrag

Ein bestimmter Auftrag verursacht folgende Einzelkosten:

Einzelmaterial	300
Einzellöhne	180
Sondereinzelkosten der Fertigung (Versicherung, Frachtkosten)	20
Einzelkosten total	**500**

Wenn man nur die Einzelkosten berücksichtigt, ergeben sich Kosten von 500,–.

Das entspricht allerdings nicht der Kostenwahrheit, da anteilige Gemeinkosten zu berücksichtigen sind.

Schritt 3 und Schritt 4: Indirekte Zurechnung der Gemeinkosten bzw. Produktkalkulation

	Einzelmaterial	300
+	Einzellöhne	180
+	Anteilige Sondereinzelkosten Fertigung	20
=	**Einzelkosten des Auftrages**	**500**

Berücksichtigung der Gemeinkosten durch Anwendung des Durchschnittsprinzips!

	Einzelkosten Produkt	500
+	Gemeinkostenzuschlag 33%	167
=	**Selbstkosten je Produkteinheit**	**667**

Bei dieser Art von Berechnung wird unterstellt, dass mit steigender Höhe der Einzelkosten auch die Gemeinkosten mitwachsen, was wohl kaum auf alle Teile der Gemeinkosten zutreffen wird.

D.h. bei dieser Art von Kostenrechnung wird versucht, durch Anwendung des Durchschnittsprinzips die Summe der Gemeinkosten gleichmäßig im Verhältnis der Summe der Einzelkosten zuzuschlagen. Man spricht deshalb auch von summarischer Zuschlagskalkulation. Dieses Verfahren wird sehr häufig in kleinen Unternehmen bzw. in Gewerbe- und Handwerksbetrieben angewendet.

Bei diesem Verfahren ist allerdings kritisch anzumerken, dass sein Aufbau kaum geeignet ist, eine verursachungsgemäße Beziehung zwischen bestimmten Teilen der Einzelkosten und den gesamten Gemeinkosten herzustellen. Es können auf diese Art nur sehr grobe Kalkulationsergebnisse geliefert werden. Am ehesten kommen noch vernünftige Ergebnisse bei Kleinunternehmen mit Einzel- oder Auftragsfertigung und hohem Anteil an Einzelkosten zustande.

Die pauschale Gemeinkostenverrechnung liefert sehr grobe Kalkulationsergebnisse, sie kommt bei Kleinunternehmen zur Anwendung.

Wenn die Kosten differenzierter verrechnet werden, nimmt der Rechenaufwand zu, das Ergebnis wird aber genauer!

> **Kostenrechnungsvariante 2:**
> **Aufwendige, aber dafür genauere bzw. differenziertere Produktkostenerrechnung**

Arbeitsschritte:

1. Erfassung der Kostenarten unterteilt nach:
   a. Einzelkosten (dem Produkt direkt zurechenbar) und
   b. Gemeinkosten (nur indirekt zurechenbar)
2. Aufteilung bzw. Zuordnung der Gemeinkosten auf Kostenstellen (Anwendung des Verursachungsprinzips – welche Kostenstelle hat welche Gemeinkosten verursacht?)
3. Direkte Zurechnung der Einzelkosten auf das Produkt (nach dem Verursachungsprinzip)
4. Indirekte Zurechnung der Gemeinkosten auf das Produkt (Anwendung des Durchschnittsprinzips) – je nach Inanspruchnahme der Kostenstelle. Kostenstellenkosten, die für die Produkterzeugung nicht benötigt werden, belasten das Produkt damit auch nicht mit Kosten → differenzierte Kostenzuordnung.
5. Kalkulation der Produktkosten durch Summierung der Einzel- und Gemeinkosten je Einheit.

Dementsprechend besteht eine Kostenrechnung damit aus drei Teilbereichen:

Kostenartenrechnung
(Welche Kosten sind entstanden?)

Kostenstellenrechnung
(Wo sind die Kosten entstanden?)

Kostenträgerrechnung
(Wofür sind die Kosten entstanden?)

Ausführlicher dargestellt hängen diese drei Teilgebiete folgendermaßen zusammen: (Quelle: Weber/Weißenberger, S. 368)

Kostenrechnung besteht aus drei Teilbereichen:

Kostenartenrechnung – welche Kosten sind entstanden?

Kostenstellenrechnung – wo sind die Kosten entstanden?

Kostenträgerrechnung – wofür sind die Kosten entstanden?

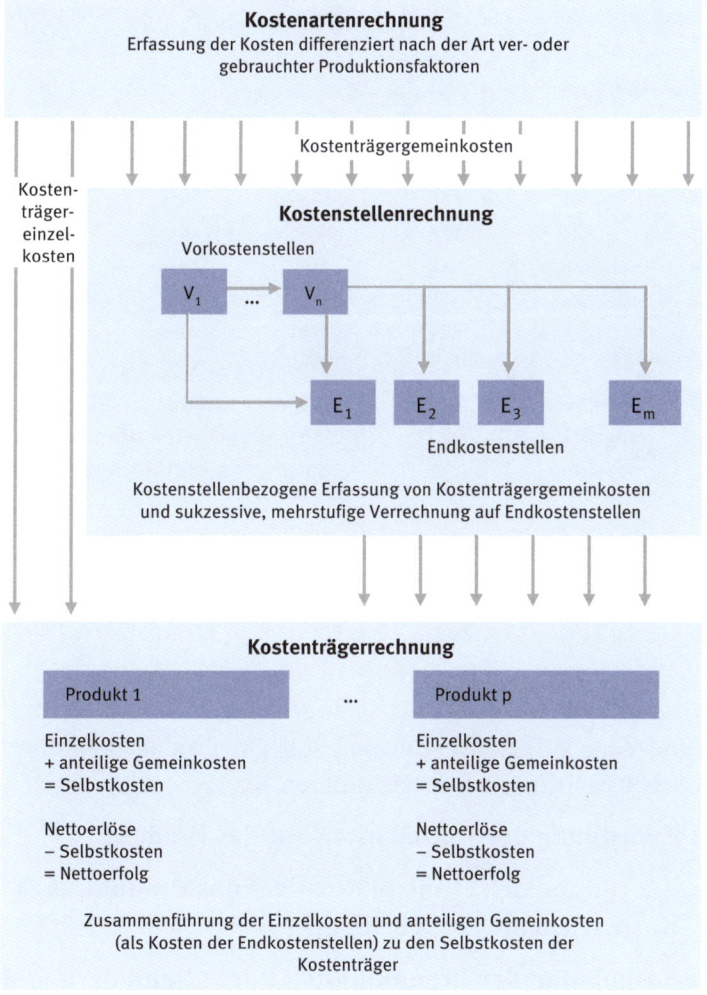

Abbildung 14: Kostenrechnung – Teilbereiche

Beispiel zu Variante 2:

Die Einzel- und Gemeinkosten dieses Unternehmens sind gleich hoch wie im vorherigen Beispiel. Es wurde jedoch untersucht, in welchen Kostenstellen die Gemeinkosten angefallen sind. Das Unternehmen wurde dafür in 6 Kostenstellen unterteilt. Die gesamten Gemeinkosten sind in den Kostenstellen wie folgt entstanden:

Schritt 1 und 2: Erfassung der Einzel- und Gemeinkosten nach Kostenarten und Zuordnung auf die Kostenstellen

Kostenarten	Kostenstellen						Summe
	Material	Fert.1	Fert. 2	Fert. 3	Verwalt.	Vertrieb	
Einzelmaterial	10.000						10.000
Einzellöhne 1		9.000					
Einzellöhne 2			3.000				
Einzellöhne 3				6.000			18.000
Sondereinzelkosten 2			2.000				2.000
Einzelkosten	**10.000**	**9.000**	**5.000**	**6.000**	**-**	**-**	**30.000**
Hilfs- und Betriebsstoffe	xxx	xxx	xxx	xxx	xxx	xxx	2.500
Gas, Wasser, Strom	xxx	xxx	xxx	xxx	xxx	xxx	500
Reparaturen	xxx	xxx	xxx	xxx	xxx	xxx	200
Abschreibungen	xxx	xxx	xxx	xxx	xxx	xxx	2.000
Soziale Aufwendungen	xxx	xxx	xxx	xxx	xxx	xxx	2.000
Werbung und Vertrieb	xxx	xxx	xxx	xxx	xxx	xxx	635
Sonstige Kosten	xxx	xxx	xxx	xxx	xxx	xxx	2.165
Gemeinkosten	**2.000**	**2.400**	**600**	**3.000**	**1.200**	**800**	**10.000**
Bezugsbasis	**Einzelmat.**	**Löhne F1**	**Löhne F2**	**Löhne F3**	**Herstellk.**	**Herstellk.**	
	10.000	**9.000**	**3.000**	**6.000**	**38.000**	**38.000**	

Anwendung
Durchschnittsprinzip:

						= Summe EK+GK	= Summe EK+GK
$\dfrac{\text{Gemeinkosten Kostenstelle}}{\text{Einzelkosten Kostenstelle ohne Sondereinzelkosten}}$ =	20%	27%	20%	50%	3,2%	2,1%

Entsprechend dem vorherigen Beispiel soll ein Produkt kalkuliert werden. Folgende Arbeitsschritte sind durchzuführen:

Schritt 3: Zuordnung der Einzelkosten auf das Produkt

Schritt 4: Zuordnung der Gemeinkosten auf das Produkt nach Kostenstellenbeanspruchung

Schritt 5: Kalkulation der Produktkosten durch Summierung der Einzel- und Gemeinkosten

Einzelmaterial	300	
Einzellöhne Fertigung 1	90	
Einzellöhne Fertigung 2	30	
Einzellöhne Fertigung 3	60	
Sondereinzelkosten der Fertigung 2	20	
Einzelkosten total	**500**	Schritt 3

Die beiden Kostenrechnungsvarianten ermitteln unterschiedliche Produktselbstkosten!

Produktkalkulation:

Einzelmaterial		300	
Materialgemeinkosten	20%	60	
Summe Materialkosten			360
Einzellöhne Fertigung 1		90	
Gemeinkosten Fertigung 1	27%	24	
Einzellöhne Fertigung 2		30	
Gemeinkosten Fertigung 2	20%	6	
Einzellöhne Fertigung 3		60	
Gemeinkosten Fertigung 3	50%	30	
Sondereinzelkosten der Fertigung 2		20	
Summe Fertigungskosten			260
Herstellkosten			**620**
Gemeinkosten Verwaltung	3,2%		20
Gemeinkosten Vertrieb	2,1%		13
Selbstkosten je Produkteinheit			**653**

Schritt 4 und 5

Die errechneten Selbstkosten für das gleiche Produkt wie in Variante 1 betragen nun € 653,– statt € 667,–. Der Unterschied begründet sich in der differenzierten Zuweisung von Gemeinkosten. So wird bei Variante 2 die Fertigungskostenstelle vergleichsweise wenig (€ 60,– Einzellohn) in Anspruch genommen. Gerade in dieser Kostenstelle ist der Gemeinkostenanteil aber sehr hoch (50%). Folglich werden hier auch analog zu den geringen Einzelkosten weniger Gemeinkosten weiter belastet.

Eine differenziertere Gemeinkostenverrechnung eignet sich vor allem für Betriebe, die einen mehrstufigen Produktionsprozess aufweisen. Dabei werden der unterschiedlichen Kostenstellenbeanspruchung je Produkt Rechnung getragen und die Selbstkosten wesentlich differenzierter und genauer ausgewiesen.

Eine differenziertere Gemeinkostenverrechnung eignet sich vor allem für Betriebe, die einen mehrstufigen Produktionsprozess aufweisen.

Folgende Aspekte sind allerdings kritisch zu beurteilen:

• Man geht von einer Proportionalität zwischen Kostenstelleneinzel- und -gemeinkosten bzw. den Herstellkosten aus. Ob mit steigenden Einzelkosten auch die Gemeinkosten zunehmen, ist zumindest zu hinterfragen bzw. periodisch zu überprüfen.

- Je höher der Gemeinkostenanteil, desto problematischer wird die Kalkulation, wenn Einzelkosten die Basis bilden. Bei bspw. 600% Gemeinkostenanteil müssten mit jedem Euro mehr Fertigungslohn € 6,– Gemeinkosten verrechnet werden.
- Produkte mit hohen Gemeinkostenanteilen geraten durch eine derartige Rechnung zunehmend unter Druck, da sie wesentlich geringere Margen aufweisen als Produkte mit hohen Einzelkostenanteilen. Folglich werden diese Produkte weniger gefördert bzw. sogar eliminiert. Dies fördert Outsourcing, bringt gleichzeitig aber die Gefahr, dass der Betrieb zunehmend weniger ausgelastet ist und damit das Problem noch größer wird (self fulfilling prophecy).

1.5 Kostenrechnungssysteme

Kostenrechnung lässt sich grundsätzlich nach zwei Kriterien unterscheiden.

Entsprechend den Aufgaben der Kostenrechnung haben sich verschiedene Kostenrechnungssysteme entwickelt. Diese verschiedenen Systeme werden in der betrieblichen Praxis teilweise nebeneinander geführt bzw. miteinander kombiniert.

Die Systeme lassen sich anhand von zwei Kriterien voneinander unterscheiden:

Unterscheidung nach dem Zeitbezug

- Nach dem Zeitbezug der verrechneten Kosten
  - Istkostenrechnung
  - Normalkostenrechnung
  - Plankostenrechnung

Unterscheidung nach dem Umfang der verrechneten Kosten

- Nach dem Umfang der verrechneten Kosten auf den Kostenträger
  - Vollkostenrechnung
  - Teilkostenrechnung

Kostenrechnungssysteme	Vollkostenrechnung	Teilkostenrechnung
Istkostenrechnung	Istkostenrechnung auf Vollkostenbasis	Istkostenrechnung auf Teilkostenbasis (Deckungsbeitragsrechnung bzw. Einzelkostenrechnung)
Normalkostenrechnung	Normalkostenrechnung auf Vollkostenbasis	Normalkostenrechnung auf Teilkostenbasis
Plankostenrechnung	Plankostenrechnung auf Vollkostenbasis	Plankostenrechnung auf Teilkostenbasis (Grenzplankostenrechnung)

Abbildung 15: Kostenrechnungssysteme

Istkostenrechnung

Istkostenrechnung rechnet mit bereits entstandenen Kosten.

Bei dieser Kostenrechnung werden in allen Teilbereichen – von der Kostenarten- über die Kostenstellen- bis zur Kostenträgerrechnung – die tatsächlich angefallenen Kosten der Periode verrechnet.

Die Kostenbetrachtung ist vergangenheitsbezogen. Es werden für die Kostenberechnung Ist-Preise und Ist-Verbrauchsmengen herangezogen. Eine reine Istkostenrechnung gibt es jedoch nicht, da für bestimmte Kostenarten, wie z.B. kalkulatorische Kosten, Durchschnittswerte verwendet werden.

Vor- und Nachteile:

- Nachkalkulationen, die anzeigen, wie viel eine erbrachte Leistung oder ein Produkt tatsächlich gekostet hat, lassen sich nur mit der Istkostenrechnung durchführen.
- Eine Wirtschaftlichkeitskontrolle im Sinne, welche Kosten hätten sein sollen, ist bei reiner Istkostenrechnung nicht möglich. Es können maximal Zeitvergleiche bzw. innerbetriebliche Vergleiche durchgeführt werden (möglicherweise wird „Schlendrian mit Schlendrian" verglichen).
- Die Kalkulationssätze aller Kostenstellen sind für jede Periode neu zu errechnen, damit eine sinnvolle Produktkalkulation möglich wird.

Kostenarten	Kosten	Verteilung	*Raumstelle*	Materialstelle	Fertigung	Verwaltung	Vertrieb
Materialkosten				652.000			
Fertigungslöhne					39.000		
Gehälter	73.000	Gehaltslisten	*1.000*	3.000	4.000	20.000	45.000
Werkzeuge	3.000	Rechnung	*0*	0	3.000	0	0
Hilfslöhne	21.000	Mitarbeiter	*2.000*	8.000	10.000	1.000	0
Abschreibung	69.000	Kapital	*20.000*	10.000	30.000	5.000	4.000
Kalk. Zinsen	35.000	Kapital	*10.000*	5.000	15.000	3.000	2.000
Primäre Gemeinkosten	**201.000**		*33.000*	**26.000**	**62.000**	**29.000**	**51.000**
Verteilung Hilfskostenstelle		Raum - m²	*1.000 m²*	200 m²	500 m²	200 m²	100 m²
Umlage Hilfskostenstelle			*−33.000*	6.600	16.500	6.600	3.300
Gemeinkosten nach Umlage			*0*	**32.600**	**78.500**	**35.600**	**54.300**
Bezugsbasis				Materialeinzelko.	Fert. Stunden	Herstellko.	Herstellko.
				652.000	2.000	802.100	802.100
Ist-Zuschlagssatz				**5,0%**		**4,4%**	**6,8%**
Ist-Verrechnungssatz					**58,75**		

Abbildung 16: Betriebsabrechnungsbogen Istkostenrechnung (vgl. Stahl, 2006, S. 109)

Normalkostenrechnung

Bei der Normalkostenrechnung wird ein Hauptproblem der Istkostenrechnung – die häufig stark schwankenden Istkosten – dadurch entschärft, dass man für die Preise und Mengen der Kostenarten Durchschnittswerte heranzieht – sogenannte Normalkosten.

Normalkostenrechnung arbeitet mit durchschnittlichen Kosten.

Für die Durchschnittsbildung werden einerseits Werte aus der Vergangenheit, andererseits aber auch schon bekannte künftige Kostenänderungen, wie z.B. erkennbare Lohnerhöhungen oder Verfahrenswechsel, herangezogen. D.h. man verwendet nicht nur statistische, sondern bereits aktualisierte Mittelwerte.

Normalkosten = Normalmenge x Normalpreis

Vor- und Nachteile sind:

- Das Problem der Istkostenrechnung, dass man theoretisch jeden Monat neue Kalkulationssätze ermitteln müsste und damit auch jedes Mal eine neue Produktkalkulation, wird durch die Verwendung von Normalkostensätzen entschärft.
- Zufallsschwankungen werden geglättet und die Abrechnung vereinfacht.
- Eine ungefähre Kostenkontrolle durch den Vergleich von Ist- und Normalkosten ist möglich, jedoch keine exakte Kostenkontrolle im Sinne von „was hätte sein sollen" und „was ist angefallen" (Soll-Ist-Vergleich).

Kostenarten	Kosten	Verteilung	*Raumstelle*	Materialstelle	Fertigung	Verwaltung	Vertrieb
Materialkosten				652.000			
Fertigungslöhne					39.000		
Gehälter	73.000	Gehaltslisten	*1.000*	3.000	4.000	20.000	45.000
Werkzeuge	3.000	Rechnung	*0*	0	3.000	0	0
Hilfslöhne	21.000	Mitarbeiter	*2.000*	8.000	10.000	1.000	0
Abschreibung	69.000	Kapital	*20.000*	10.000	30.000	5.000	4.000
Kalk. Zinsen	35.000	Kapital	*10.000*	5.000	15.000	3.000	2.000
Primäre Gemeinkosten	**201.000**		***33.000***	**26.000**	**62.000**	**29.000**	**51.000**
Verteilung Hilfskostenstelle		Raum - m²	*1.000 m²*	200 m²	500 m²	200 m²	100 m²
Umlage Hilfskostenstelle			*−33.000*	6.600	16.500	6.600	3.300
Gemeinkosten nach Umlage			***0***	**32.600**	**78.500**	**35.600**	**54.300**
Bezugsbasis				Materialeinzelko.	Fert. Stunden	Herstellko.	Herstellko.
				652.000	2.000	802.100	802.100
Ist-Zuschlagssatz				**5,0%**		**4,4%**	**6,8%**
Ist-Verrechnungssatz					**58,75**		
Normal-Zuschlagssatz				6,0%		5,0%	6,0%
Normal-Verrechnungssatz					56,00		
Bezugsbasis				652.000	2.000	803.120	803.120
Verrechnete Kosten				39.120	112.000	40.156	48.187
Über-/Unterdeckung				**6.520**	**-5.500**	**4.556**	**−6.113**

Abbildung 17: BAB Normalkostenrechnung mit Verrechnungsdifferenz

Wie das Beispiel zeigt, weichen die Normalkostensätze von den Istkostensätzen ab. In der Kostenstelle „Material" wird mit 6% Normal-Zuschlagssatz gerechnet, während der Ist-Zuschlagssatz nur 5% beträgt. Bezogen auf eine Einzelkostensumme von € 652.000,– werden dadurch 6% von € 652.000,– = € 39.120,– Gemeinkosten verrechnet. In Wirklichkeit sind aber nur € 32.600,– angefallen. Die Differenz beträgt € 6.520,–. Die Schlussfolgerung daraus ist, dass um € 6.520,– zu viel Gemeinkosten verrechnet wurden, somit eine sogenannte Gemeinkostenüberdeckung vorliegt.

Plankostenrechnung

Diese Rechnung ist eine Weiterentwicklung der Normalkostenrechnung. Die Kostenvorgaben sind darin allerdings keine Durchschnittswerte, sondern sogenannte Plankosten. Dabei werden Überlegungen angestellt, welche optimalen Mengenverbrauche erreicht werden können. Hierfür sind Verbrauchsstudien, technische Berechnungen und vielfach auch nur Erfahrungen notwendig. Das Resultat sind Planmengen, die mit Planpreisen bewertet werden, sogenannte Plankosten.

Plankosten = Planverbrauchsmengen x Planpreise

Vor- und Nachteile sind:

- Auf Basis von angestrebten Kosten (Plankosten) sind Kostenkontrollen möglich, wenn den Plankosten Istkosten gegenübergestellt werden. Damit ist dieses Instrument gut für Wirtschaftlichkeitsverbesserungen geeignet.
- Schon die Notwendigkeit, Überlegungen anstellen zu müssen, welche Kosten erreicht werden sollen, bringt Erkenntnisse für die Verbrauchsoptimierung.
- Vorkalkulationen basieren auf Zukunftswerten und nicht auf bereits vergangenen Werten.
- Die Plankostenrechnung ist jedoch sehr zeit- und arbeitsintensiv.
- Bei der Einschätzung der Zukunftswerte existieren eine Reihe von Problemen, wie z.B. zu optimistische, pessimistische Planwerte, schwierige Planbarkeit etc.

Plankostenrechnung verwendet geplante Kosten.

1.6 Blick in die Praxis

Beispiel 1: Betriebsvergleich „Lebensmittel-Einzelhandel"

Die Ausgestaltung der Kostenrechnung kann in der Praxis sehr unterschiedlich sein. In Konzernen ist ein Kostenrechnungssystem durchaus komplex mit vielen unterschiedlichen Kostenrechnungsinstrumenten, die in den folgenden Kapiteln beschrieben werden.

Vielfach begnügen sich kleine Betriebe aber auch mit einer systematischen Darstellung der Kostenarten. Diese Art der Kostendarstellung ist der GuV-Rechnung sehr ähnlich, sie unterscheidet sich jedoch hinsichtlich der verwendeten Bezeichnungen, aber auch inhaltlich.

Das folgende Beispiel zeigt einen Betriebsvergleich im deutschen Lebensmittel-Einzelhandel. Diese Darstellung ist in mehrerlei Hinsicht bemerkenswert:

- Sie zeigt sehr gut, wie sich die einzelnen Kostenarten im Zeitablauf verändert haben.
- Es werden zwei Arten von Ergebnis dargestellt, nämlich ein „Steuerliches Betriebsergebnis" und ein „Betriebswirtschaftliches Betriebsergebnis". Dies liegt daran, dass Aufwendungen nicht gleich Kosten sind. In den Kosten sind Bestandteile enthalten, die in einer Aufwandsrechnung auf-

grund gesetzlicher Vorschriften nicht angeführt werden dürfen, wie z.B. Unternehmerlohn und Eigenkapitalzinsen.

- Folglich ist das „Betriebswirtschaftliche Ergebnis" als „Kostenrechnungsergebnis zu interpretieren und das „Steuerliche Betriebsergebnis" als Ergebnis der externen Rechnungslegung.
- Die Gruppierung der Kosten folgt nicht der klassischen GuV-Rechnung, sondern kostenrechnerischen Bedürfnissen.
- Es ist gut erkennbar, dass die Betriebshandelsspanne nicht gleich Gewinn ist und dass daraus noch die sogenannten Handlungskosten (Kosten des Unternehmens ohne Wareneinsatz) gedeckt werden müssen.
- Das nachfolgende Beispiel dient zur Veranschaulichung, leider sind aktuellere Daten laut Auskunft des „Bundesverbandes des Deutschen Lebensmittelhandels e.V. (BVL) nicht mehr erhältlich.

Erfolgsrechnung	1971	1980	1990	2000	2002	2003	2004	2005
Bruttoumsatz nach Abzug der Rabatte	100,0	100,0	100,0	100,0	100,0	100,0	100,0	100,0
./. Vereinnahmte MwSt.	6,6	7,8	8,5	8,5	8,5	8,5	8,5	8,6
Nettoumsatz	93,4	92,2	91,5	91,5	91,5	91,5	91,5	91,4
./. Wareneinsatz	77,0	74,8	72,7	72,1	71,7	71,6	71,4	71,1
= Betriebshandelsspanne	16,4	17,4	18,8	19,4	19,8	19,9	20,1	20,3
./. Handlungskosten	17,5	20,6	21,0	24,2	24,8	24,1	24,3	23,7
= Betriebswirtschaftliches Betriebsergebnis	−1,1	−3,2	−2,2	−4,8	−5,0	−4,2	−4,2	−3,4
+ Unternehmerlohn	5,7	5,4	4,2	3,8	4,3	4,1	4,0	3,6
+ Eigenkapitalzinsen	0,2	0,4	0,3	0,6	0,5	0,5	0,5	0,5
= Steuerliches Betriebsergebnis	4,8	2,6	2,3	-0,4	-0,2	0,4	0,3	0,7

Detaillierte Aufgliederung der Handlungskosten

Handlungskosten	1971	1980	1990	2000	2002	2003	2004	2005
Personalkosten	10,3	12,2	12,1	13,8	14,8	14	13,9	13,5
– Direkte Löhne	4,6	6,8	7,9	10,0	10,5	9,9	9,9	9,9
– Unternehmerlohn[1]	5,7	5,4	4,2	3,8	4,3	4,1	4,0	3,6
Miete oder Mietwert	1,4	1,8	2,1	3,1	3,0	3,0	3,1	3,0
Sachkosten	0,8	1,2	1,4	1,3	1,3	1,4	1,4	1,5
Kosten für Werbung	0,4	0,5	0,6	0,7	0,7	0,7	0,7	0,7
Gewerbesteuer	0,5	0,2	0,2	0,1	0,1	0,2	0,2	0,2
Kfz-Kosten	0,6	0,6	0,5	0,4	0,3	0,3	0,3	0,3
Zinsen für Fremdkapital	0,7	0,7	0,7	0,7	0,6	0,6	0,6	0,5
Abschreibungen	1,2	1,1	1,1	1,1	1,0	0,9	1,0	0,9
Übrige Kosten	1,6	1,9	2,0	2,4	2,5	2,5	2,6	2,6
Gesamtkosten[2] (Handlungskosten)	17,5	20,6	21,0	24,2	24,8	24,1	24,3	23,7

Abbildung 18: Betriebsvergleiche im deutschen Lebensmittel-Einzelhandel 1971–2005[3]

[1] Entgelt für nicht entlohnte Tätigkeit des Inhabers und der mithelfenden Familienangehörigen.

[2] Einschließlich Eigenkapitalzinsen

[3] Quelle: Bundesverband des Deutschen Lebensmittelhandels e.V. (BVL), http://www.lebensmittelhandel-bvl.de

Beispiel 2: Abwasserbeseitigung – Kameralistische versus kostenrechnerische Betrachtung

In Gemeinden ist für die Ermittlung der wirtschaftlichen Gebarung das System der Kameralistik vorgeschrieben. Das ist ein Rechnungswesensystem, das weitgehend auf Einnahmen und Ausgaben beruht, während Kostenrechnungssysteme Kosten und Leistungen beinhalten.

Im folgenden Beispiel soll gezeigt werden, welch unterschiedliche Informationen mit den beiden Systemen generiert werden.

In einer oberösterreichischen Gemeinde ergaben sich 20xx für Abwasserbeseitigung folgende Beträge (Beträge fiktiv):

Summe der Einnahmen	€ 710.000,00
Summe der Ausgaben	€ 700.000,00
Kameraler Überschuss	**€ 10.000,00**

In den Ausgaben sind Gewinnentnahmen von 130.000,– enthalten, die aufgrund verpflichtender Umbuchungen von Überschüssen (oder Abgängen) nicht sofort erkennbar sind. Wenn man diesen Betrag noch berücksichtigt, ergibt sich ein „neuer kameraler Überschuss" von 140.000,–.

Kameraler Überschuss	**€ 10.000,00**
Gewinnentnahmen	€ 130.000,00
Tatsächlicher kameraler Überschuss	**€ 140.000,00**

Bei einer angenommenen Abwassermenge von 100.000 m^3 im Jahr 20xx könnte man deshalb argumentieren, dass je m^3 Abwasser um € 1,40 zu viel Kanalgebühr eingehoben werde.

Eine kostenrechnerische Betrachtung zeigt aber Erstaunliches! So sind in den Ausgabenpositionen auch Ausgaben für Kanalisationsbauten, Maschinenanschaffungen, Darlehenstilgungen enthalten. Auf der Einnahmenseite wurden analog dazu reine Finanzierungseinnahmen aufgelistet. Für eine kostenrechnerische Betrachtung müssen diese Beträge eliminiert werden, da sie keinen sachzielbezogenen Güterverbrauch *einer* Periode darstellen, sondern für mehrere Perioden gelten.

Nach einer Eliminierung dieser Ausgaben bzw. Einnahmen ergibt sich für die betreffende Gemeinde folgende Situation:

Ausgaben laut Jahresrechnung 20xx	€ 700.000,00
– Gewinnentnahme	€ 130.000,00
– Anschaffungen	€ 15.000,00
– Tilgungen	€ 190.000,00
Bereinigte Ausgaben 20xx	**€ 365.000,00**
Bereinigte Einnahmen 20xx	**€ 580.000,00**
Vermeintlicher Überschuss	**€ 215.000,00**

Wenn man in dieser Rechnung Ausgaben neutralisiert, weil sie keine Kosten darstellen, müssen entsprechend dazu auch kalkulatorische Kosten hinzugefügt werden. Dies sind im konkreten Fall „kalkulatorische Abschreibung" sowie „kalkulatorische Zinsen". Die Abschreibung ersetzt die Anschaffungsausgaben, während die kalkulatorischen Zinsen vor allem die Eigenkapitalzinsen berücksichtigen, die man bei einer alternativen Veranlagung des Eigenkapitals erzielen hätte können. Die Fremdkapitalzinsen werden im konkreten Fall durch die entsprechenden Auszahlungen bereits berücksichtigt.

Insgesamt ergibt sich bei kostenrechnerischer Betrachtung folgendes Bild:

bereinigte Einnahmen 20xx	€ 580.000,00
– bereinigte Ausgaben 20xx	€ 365.000,00
– kalkulatorische Abschreibung	€ 250.000,00
– kalkulatorische Eigenkapitalzinsen	€ 15.000,00
Kalkulatorisches Ergebnis 20xx	**€ – 50.000,00**

Gegenüber der rein auf Einnahmen und Ausgaben beruhenden kameralistischen Betrachtung erzielt man nun anstatt eines Überschusses von € 140.000,– kostenrechnerisch ein negatives Ergebnis von € – 50.000,–.

Konkret bedeutet dies, dass anstatt einer Verringerung der Kanalgebühr von € 1,40/m³ (Basis 100.000 m³ jährliches Abwasservolumen) eine Gebührenerhöhung um € 0,50/m³ vorgenommen werden müsste.

Dieses Beispiel zeigt, zu welch unterschiedlichen Schlüssen man mit finanzwirtschaftlichen Betrachtungen im Gegensatz zur kostenrechnerischen Betrachtungen kommen kann. Der Vorteil einer finanzwirtschaftlichen Betrachtung ist die Darstellung der tatsächlichen Geldflüsse, ein erheblicher Nachteil ist jedoch die verfälschte Darstellung der Kostensituation insbesondere, wenn die Investitionen bereits früher getätigt wurden, da kalkulatorische Abschreibungen nicht berücksichtigt werden.

Beispiel 3: Abwassergebühren – Kostenverrechnungsprinzipien

Im Zusammenhang mit dem vorhin gezeigten Beispiel können die einzelnen Kostenverrechnungsprinzipien sehr gut gezeigt werden. Die wichtigsten sind:

- Durchschnittsprinzip,
- Tragfähigkeitsprinzip und
- Verursachungsprinzip.

Gerade letzteres Prinzip wird als gerechtestes Kostenverrechnungsprinzip empfunden, ist aber in der Praxis nur sehr schwer anwendbar.

Für die Abwasserbeseitigung fallen verschiedene Kosten an. Am Anfang sind dies die Kosten für die baulichen Maßnahmen, die Finanzierungs- und Projektierungskosten usw. Im laufenden Betrieb sind es die Entsorgungs- bzw. Aufbereitungskosten, Kosten für Instandhaltung etc. Die Kosten für die Abwasserbeseitigung eines Haushaltes werden in der Praxis häufig nach Wohnungsfläche, manchmal auch nach Wasserverbrauch berechnet. D.h. Haushalte mit großer Wohnfläche oder hohem Wasserverbrauch müssen für die Abwasserbeseitigung mehr bezahlen als Haushalte mit kleiner Wohnfläche oder wenig Wasserverbrauch.

Speziell bei der Kalkulation der Kanalgebühren nach Wasserverbrauch könnte man meinen, dass dabei das Verursachungsprinzip zur Anwendung kommt, dies ist aber insofern ein Irrtum, weil in diesem Fall nur die sogenannten variablen Kosten berücksichtigt werden, d.h. alle jene Kosten, die sich proportional zur Abwassermenge ändern. Aber auch die Überlegung, dass sich die Abwassermenge proportional zum Wasserverbrauch verhält, ist eigentlich falsch, speziell bei Haushalten, die zusätzlich zur Ortwasserleitung Regenwasserzisternen oder Hausbrunnen besitzen. Dort fällt auch Abwasser an, das durch den Wasserzähler nicht erfasst wird.

Eine Ermittlung der Gebühren nach Wohnfläche ist dann verursachungsgerecht, wenn mehr Wohnfläche bedeutet, dass mehr Personen im Haushalt leben und diese auch mehr Abwasser verursachen. Aber speziell bei Personen, die ein großes Haus besitzen, aber z.B. keine Kinder haben oder die Kinder nicht mehr im Haus leben, ist eine Benachteiligung gegeben. Die Berechnung der Kanalgebühren nach Wohnfläche erfolgt in diesen Fällen eher nach dem Tragfähigkeitsprinzip. Personen mit viel Wohnfläche und wenig Einwohnern werden stärker belastet, weil daraus abgeleitet wird, dass sie auch ein höheres Einkommen haben.

Noch schwieriger wird es, wenn man die Errichtungskosten des Kanals mit berücksichtigt. Diese werden fast nie verursachungsgerecht auf den einzelnen Haushalt umgelegt. Entsprechend dem Verursachungsprinzip müssten sehr entlegene Wohngegenden höhere Kosten tragen als Wohngegenden, die leicht erschlossen werden können. Das ist gerade bei sehr exquisiten, „unberührten" auf Anhöhen liegenden Wohnlagen problematisch. Nach dem Verursachungsprinzip müssten Hausbesitzer dort sehr hohe Aufschließungsgebühren bezahlen. Wenn man berücksichtigt, dass dort außerdem sehr vermögende Personen wohnen, könnte man sich auch die Anwendung des Tragfähigkeitsprinzips vorstellen, z.B. proportional zum Grundstückspreis. In der Realität kommt aber das Durchschnittsprinzip zur Anwendung. D.h. die Aufschließungskosten sind nicht viel höher als bei Häusern in Siedlungsgegenden, wo die Kanalisation bereits besteht.

Als Resümee kann festgehalten werden, dass die Anwendung der Kostenverrechnungsprinzipien in der Praxis viel mehr Probleme verursacht, als man bei oberflächlicher Betrachtung glauben könnte.

1.7 Zusammenfassung

Verantwortungsbewusste Unternehmensführung heißt sowohl Erfolg als auch Liquidität gleichermaßen im Auge zu behalten. Beide Steuerungsebenen benötigen jedoch unterschiedliche Recheninstrumente und Rechengrößen.

Für die Steuerung der Liquidität sind die Finanzrechnung mit den Rechengrößen Aus- und Einzahlungen sowie Ausgaben und Einnahmen relevant. Der Rechensaldo ergibt die Veränderung des Barvermögens bzw. des Geldvermögens. Nur wenn Barvermögen bzw. Geldvermögen ausreichend hoch sind, ist ein Unternehmen liquide.

Erfolg wird mittels GuV-Rechnung bzw. der kostenrechnerischen Periodenerfolgsrechnung gesteuert. Relevante Rechengrößen sind Aufwand und Ertrag bzw. Kosten und Leistungen. Die Veränderung ist im sogenannten Reinvermögenssaldo bzw. dem Eigenkapital erkennbar. Bei einem Unternehmen, das unter „Misserfolg" leidet, verringert sich das Reinvermögen so lange, bis es negativ wird. Zu diesem Zeitpunkt ist auch das Eigenkapital aufgezehrt.

Die Kostenrechnung, auch internes Rechnungswesen genannt, ergänzt das externe Rechnungswesen, indem es nicht nur Wertgrößen darstellt, sondern auch die dahinterliegenden Mengengrößen. Außerdem können Erfolg und Misserfolg in der Kostenrechnung wesentlich besser analysiert werden, weil die Ergebnisdarstellung detaillierter ist als in der GuV-Rechnung.

Eines der großen Probleme in der Kostenrechnung ist die möglichst verursachungsgerechte Kostenzuordnung auf die Leistungen. Mit vier wesentlichen Prinzipien der Kostenverrechnung versucht man diesem Problem Herr zu werden. Dies sind: das Verursachungs-, das Durchschnitts-, das Tragfähigkeits- und das Identitätsprinzip. Keines dieser Verfahren ist perfekt, jedes hat seine Stärken und Schwächen, dessen muss man sich bei der Anwendung bewusst sein, um keine Fehlinterpretationen zu machen.

Kostenrechnung gibt es in vielen Ausprägungsformen, von sehr einfachen – damit oftmals auch sehr ungenau – bis hin zu sehr komplexen Systemen, die aber auch bessere Aussagen ermöglichen.

Grundlegend ist zwischen Voll- und Teilkostenrechnung zu unterscheiden. Diese beiden Formen können dann noch in der Ausprägung Ist-, Normal- und Plankostenrechnung auftreten.

In der Industrie findet man heute vielfach die Plankostenrechnung auf Teilkostenbasis, auch Grenzplankostenrechnung genannt. In anderen Branchen existiert hingegen häufig noch die Vollkostenrechnung auf Normal- oder Istkostenbasis.

1.8 Tutorials

Beispiel T01: Unterschied „reich" und „liquide"

1) Herr Müller möchte eine KFZ-Werkstätte eröffnen. Er hat ein Grundstück samt Firmengebäude im Wert von € 300.000,– und € 100.000,– in bar zur Verfügung. Er bringt dieses Gebäude und das Geld in das Unternehmen ein.

2) Herr Müller kauft für € 25.000,– Ersatzteile und bezahlt diese bar.

3) Für ein weiteres Wachstum nimmt Herr Müller einen Kredit von € 60.000,– bei der Bank auf.

4) Herr Müller verkauft einen Teil von den in der Vorperiode angeschafften Ersatzteilen, er erhält dafür € 12.000,– in bar, der damalige Einkaufspreis betrug € 8.000,–.

5) Herr Müller tätigt seine erste Fahrzeugreparatur. Leider hat er nicht ordentlich kalkuliert. Er verlangt für die Reparatur € 1.500,– und erhält das Geld bar. Sein Aufwand war jedoch € 1.200,– für Ersatzteile aus seinem Ersatzteillager und € 600,– für Löhne (sofortige Auszahlung) für seinen Mitarbeiter.

Aufgabenstellung

Überlegen Sie für die dargestellten Sachverhalte, ob Herr Müller reicher (im Sinne von Reinvermögenszuwachs bzw. mehr Eigenkapital) und/oder liquider geworden ist.

Stellen Sie die Geschäftsfälle jeweils in der Bilanz bzw. GuV-Rechnung dar (verwenden Sie das in der Lösung angeführte Musterformular).

REINVERMÖGEN = Summe aller Aktiva – Fremdkapital = EIGENKAPITAL

Lösungen

(Werte in Tausend €)

Eröffnungsbilanz	Fall 1	Fall 2	Fall 3	Fall 4	Fall 5
Anlagevermögen					
Vorräte					
Forderungen L&L					
Liquide Mitte					
Summe Aktiva					
Eigenkapital					
Gewinn/Verlust					
Verbindlichkeiten L&L					
Kredite					
Summe Passiva					

G + V					
Umsatz					
Aufwand					
Betriebserfolg					
EGT					
Jahresüberschuss/Fehlbetrag (JÜF)					

Schlussbilanz					
Anlagevermögen					
Vorräte					
Forderungen L&L					
Liquide Mitte					
Summe Aktiva					
Eigenkapital					
Gewinn/Verlust					
Verbindlichkeiten L&L					
Kredite					
Summe Passiva					

Veränderung Liquidität	100	−25	60	12	0,9
Veränderung Eigenkapital	400	0	0	4	−0,3

Schwierigkeitsgrad: ●

Beispiel T02: Grundbegriffe des Rechnungswesens

Geschäftsvorfälle:

a) U erhält eine Steuerrückzahlung vom Finanzamt in bar.

b) U kauft Aktien einer anderen Unternehmung in bar.

c) U kauft Rohstoffe gegen Lieferantenkredit. Die Rohstoffe werden sofort verbraucht.

d) U schreibt € 500.000,– in seiner Jahresbilanz von den Gebäudekonten ab.

e) U verkauft einen Teil seiner Produkte gegen bar. Diese wurden in der betrachteten Periode produziert.

f) U verarbeitet Rohstoffe vom Lager in Höhe von € 1.000.000,–.

g) U führt bei einem anderen Unternehmen eine Großreparatur auf Ziel durch.

h) U gewährt Darlehen an Belegschaftsangehörige.

Aufgabenstellung

Ordnen Sie die Geschäftsvorfälle einer Unternehmung U in das unten angegebene Klassifikationsschema ein, indem Sie die zutreffenden Kästchen mit einem Kreuz versehen.

Nr.	a)	b)	c)	d)	e)	f)	g)	h)
Kosten			x					
Erlös Leistung					x			
Einzahlung	x						x	
Auszahlung		x				x		x
Einnahme					x		x	
Ausgabe		x	x					x
Aufwand			x	x				
Ertrag					x			

Lösungen

Exemplarische Lösung a) – c)

Nr.	a)	b)	c)
Kosten			x
Erlös Leistung			
Einzahlung	x		
Auszahlung		x	
Einnahme			
Ausgabe		x	x
Aufwand			x
Ertrag			

Beispiel T03: Überleitung von Aufwand in Kosten

Schwierigkeitsgrad: ●

Die folgenden Aufwände einer Finanzbuchhaltung sollen in Kosten übergeleitet werden:

Aufwandsart		Betrag in €
	Materialaufwand	
+	Fertigungsmaterial	700.000,—
+	Hilfsmaterial	300.000,—
	Personalaufwand	
+	Löhne und Gehälte	1.400.000,—
	Sonstiger Aufwand	
+	Abschreibungen	250.000,—
+	Fremdkapitalzinsen	80.000,—
+	Geringwertige Wirtschaftsgüter	20.000,—
+	Schadensfälle	100.000,—
+	Energieaufwand	30.000,—
=	**Summe**	**2.880.000,–**

Diese Beträge werden in den BÜB übernommen und in Kosten übergeleitet unter Beachtung folgender zusätzlicher Angaben:

1. Das Fertigungsmaterial wurde zu Anschaffungspreisen bewertet. Zwischenzeitlich sind marktbedingt Preissteigerungen von 20% eingetreten.
2. Ein Hilfsmaterialverbrauch von € 10.000,– ist noch zu berücksichtigen.

3. Für zwei Gesellschafter wird ein kalkulatorischer Unternehmerlohn von € 70.000,– angesetzt.

4. In den Abschreibungen sind € 150.000,– enthalten, die aufgrund einer zu gering geschätzten Nutzungsdauer abzugrenzen sind.

5. Das betriebsnotwendige Kapital beträgt € 1.500.000,– und soll mit 10% pro Jahr verzinst werden.

6. Es werden erstmals geringwertige Wirtschaftsgüter (Werkzeuge) angeschafft. Deren Lebensdauer beträgt zwei Jahre.

7. Die Schadensfälle stammen aus Forderungsverlusten. Das kalkulatorische Wagnis bei Forderungen wird seit Jahren mit einem Durchschnittswert von € 120.000,– angesetzt.

Aufgabenstellung

Führen Sie die Kostenüberleitung durch, verwenden Sie hierfür folgendes Formular.

Lösungen

KONTO	Aufwand (Werte in T€)	Abgrenzung +	Abgrenzung –	Kosten (Werte in T€)
Materialaufwand:				
Fertigungsmaterial	700	140		840
Hilfsmaterial	300	10		310
Personalaufwand:				
Löhne und Gehälter	1400			1600
Kalk. Unternehmerlohn		70		70
Sonstiger Aufwand:				
Abschreibungen	200		150	100
Fremdkapitalzinsen	80		80	
Kalk. Zinsen		150		130
Geringwertige Wirtschaftsg.	20		10	10
Schadensfälle	100		100	
Kalk. Wagnisse		120		120
Energieaufwand	30			30
Summen	2.880	490	340	3.030

Schwierigkeitsgrad: ●●

Beispiel T04: Verursachungs-, Durchschnitts- und Tragfähigkeitsprinzip

Ein Unternehmen fertigt drei verschiedene Produkte. Hierfür liegen folgende Informationen vor:

Produkt	Absatz Stück	Material €/Stück	Lohn €/Stück	Minuten/ Stück	Preis €/Stück
A	1.000	13	27	90	95
B	500	6	9	30	60
C	500	11	9	30	50

Die Fixkosten der Periode betragen € 60.000,–. Produktionsmenge = Absatzmenge.

Aufgabenstellung

Bestimmen Sie für jedes Produkt sowohl Gesamt- als auch Stückkosten nach dem

- Verursachungsprinzip (keine Berücksichtigung der Fixkosten),
- Durchschnittsprinzip (Fixkostenberücksichtigung nach Fertigungszeit bzw. nach Einzelkosten),
- Tragfähigkeitsprinzip (Fixkostenverteilung nach Umsatz oder nach Deckungsbeitrag je Sorte).

Lösungen

Gegenüberstellung der Gesamtkosten

	Verursachungs-prinzip	Durchschnittsprinzip		Tragfähigkeitsprinzip	
	Kv Var.1	Kg Var.2	Kg Var.3	Kg Var.4	Kg Var.5
A	40.000	85.000	81.739	78.000	75.676
B	7.500	15.000	15.326	19.500	22.095
C	10.000	17.500	20.435	20.000	19.730
	57.500	**117.500**	**117.500**	**117.500**	**117.500**

Gegenüberstellung der Stückkosten

	Verursachungs-prinzip	Durchschnittsprinzip		Tragfähigkeitsprinzip	
	kv Var.1	kg Var.2	kg Var.3	kg Var.4	kg Var.5
A	40	85	82	78	76
B	15	30	31	39	44
C	20	35	41	40	39

1.9 Übungsbeispiele und -aufgaben

Beispiel U01: Erfolgspotentiale, Erfolg und Liquidität

Schwierigkeitsgrad: •

Erklären Sie anhand eines konkreten Praxisunternehmens die Begriffe Erfolgspotentiale, Erfolg und Liquidität und wie diese zusammenwirken. Beschreiben Sie auch ein Musterunternehmen, wo der Erfolg durch mangelnde Erfolgspotentiale im Laufe der Zeit ausgeblieben ist.

Lösungen

Z.B. Polaroid – völlig falsche Einschätzung der Digitalkameratechnologie

Beispiel U02: Auszahlung, Ausgabe und Aufwand bei Rohstoffkauf

Schwierigkeitsgrad: •

Ein Unternehmen kauft im September 5 Tonnen Rohstoffe zu € 240,– je Tonne, Datum der Lieferung und der Rechnungslegung Oktober. Die Hälfte des

Rechnungsbetrages wird im Oktober und die andere Hälfte im November bezahlt. Der Rohstoff wird in der Produktion im November (1 Tonne), im Dezember (1,5 Tonnen) und im Januar (2,5 Tonnen) verbraucht. Eine allfällige Umsatzsteuer ist zu vernachlässigen.

Aufgabenstellung

In welchen Monaten sind in welcher Höhe Auszahlungen, Ausgaben und Aufwand angefallen?

Lösungen

Werte in €	Summe	aktuelles Jahr			nächstes Jahr
		Okt.	Nov.	Dez.	Jan.
Auszahlung	1.200	600	600		
Ausgabe	1.200	1.200			
Aufwand	1.200		240	360	600

Schwierigkeitsgrad: ●

Beispiel U03: Rechnungsgrößen bei Maschinennutzung

Die BMU AG bestellt am 15. September t0 eine Spritzgussmaschine um € 150.000,–, die am 01. Januar t1 geliefert und sofort eingesetzt wird (Faktura liegt bei). Sie leistet am 15. Nov. t0 eine Anzahlung über € 50.000,–. Am 20. Januar t1 überweist sie weitere € 50.000,–, das letzte Drittel am 15. April t1. Umsatzsteuerzahlungen sind zu vernachlässigen.

Aufgrund steuerrechtlicher Vorschriften ist eine Nutzungsdauer von acht Jahren möglich. Der derzeitige Zustand der Maschine lässt jedoch den Schluss zu, dass die Maschine 10 Jahre genutzt werden kann. Eine Betrachtung der Preisindexentwicklung für technische Maschinen ergibt einen Wiederbeschaffungswert von € 225.000,–. Die Abschreibung erfolgt linear.

Aufgabenstellung

a) Bestimmen Sie die Auszahlungen, Ausgaben, Aufwendungen und Kosten bis t3.
b) Welche Art von Kosten liegt vor?

Lösungen

Jahr (Werte in €)	t0	t1	t2	t3
Auszahlungen	50.000	100.000		
Ausgaben	50.000	150.000		
Aufwand		18.750	18.750	18.750
Kosten		22.500	22.500	22.500

Schwierigkeitsgrad: ●●

Beispiel U04: Grundbegriffe des Rechnungswesens

Geschäftsvorfälle:

Für das Unternehmen Hörmann GmbH (H) fallen folgende Geschäftsfälle an:

a) H nimmt ein Langfristkredit über € 1.000.000,– auf.

b) H schreibt eine im Vorjahr für € 80.000,– angeschaffte Maschine gleichmäßig über vier Jahre ab. Der Wiederbeschaffungswert liegt bei € 120.000,–.

c) H bezahlt für eine Materiallieferung € 90.000,– in bar.

d) H verkauft selbst produzierte Maschinen zu einem Preis von € 640.000,–, die innerhalb des nächsten Monats zu bezahlen sind.

e) H repariert eine nicht mehr funktionsfähige Maschine des Anlagevermögens und führt deshalb eine Zuschreibung von € 40.000,– durch.

f) H verkauft eine schon ältere Maschine aus dem Anlagevermögen mit einem Buchwert von € 0,– für € 5.500,– in bar.

g) H kauft für € 150.000,– Waren auf Ziel ein.

h) H tilgt einen Kontokorrentkredit von € 250.000,– durch Überweisung vom Sparkonto.

Aufgabenstellung

Ordnen Sie bitte die beschriebenen Geschäftsfälle in die nachfolgende Matrix ein. Notieren Sie auch die dazugehörigen Beträge.

Nr.	a)	b)	c)	d)	e)	f)	g)	h)
Kosten		30.000						
Erlös Leistung								
Einzahlung	100.00					5.500		
Auszahlung			90.000				90.000	250.000
Einnahme				640.000				
Ausgabe			90.000				150.000	250.000
Aufwand		20.000						
Ertrag					40.000	5.500		

Lösungen

Exemplarische Lösung für a) – c)

Nr. (Wert in T €)	a)	b)	c)
Kosten		30.000	
Erlös Leistung			
Einzahlung	100.000		
Auszahlung			90.000
Einnahme			
Ausgabe			90.000
Aufwand		20.000	
Ertrag			

Beispiel U05: Überleitung von Aufwand in Kosten

Aus der GuV eines Kleinunternehmens (Personengesellschaft) gehen folgende Informationen hervor:

	(T€)
Umsatzerlöse	2.400
Bestandsveränderungen	20
Materialaufwand	−800
Personalaufwand	−300
Abschreibungen	−160
Sonstiger betrieblicher Aufwand	−400
Betriebsergebnis (EBIT)	**760**
Erträge aus Beteiligungen	2
Zinserträge	18
Zinsaufwendungen	−422
Ergebnis der gewöhnlichen Geschäftstätigkeit (EGT)	**358**
Außerordentliche Erträge	2
Außerordentliche Aufwendungen	−4
Jahresüberschuss /Fehlbetrag (JÜF)	**356**
Gewinnvortrag	280
Bilanzgewinn	**636**

Für die Betriebsüberleitung stehen folgende Infos zur Verfügung (T€ = Tausend €):

- Die Materialien wurden am Anfang des Jahres zu sehr günstigen Preisen erworben, langfristig zeichnet sich eine Preissteigerung von 10% ab.
- Das bereits pensionierte Seniorunternehmerpaar arbeitet immer noch im Unternehmen unentgeltlich mit. Ein Ersatz der beiden würde T€ 80,– an Personalkosten verursachen. Zusätzlich ist der geschäftsführende Hauptgesellschafter zu berücksichtigen, eine vergleichbare Tätigkeit eines externen Managers würde T€ 100,– kosten.
- Von der Abschreibung entfallen T€ 50,– auf Gebäude und T€ 110,– auf Maschinen. Zum Anschaffungszeitpunkt der Gebäude betrug der Baukostenindex 200, der aktuelle Index beträgt 240. Die kalkulatorischen Abschreibungen für Maschinen betragen T€ 120,–
- Unter den sonstigen betrieblichen Aufwendungen sind Werbeaufwendungen von T€ 30,– enthalten. Weiteres sind Forderungsausfälle von T€ 20,– enthalten. Die dafür angesetzten kalkulatorischen Wagnisse betragen T€ 24,–. Ferner sind Instandhaltungsaufwendungen in der Höhe von T€ 48,– enthalten, welche das Ausmalen der Büroräumlichkeiten betreffen und das nächste Mal in dieser Art wieder in sechs Jahren anfallen.

- Das betriebsnotwendige Kapital beträgt T€ 8.000,–. Der kalkulatorische Zinssatz ist 8%.

Aufgabenstellung

Führen Sie die Kostenüberleitung durch.

Lösungen

KONTO	Aufwand (Werte in T€)	Abgrenzung		Kosten (Werte in T€)
		(+)	(-)	
Fertigungsmaterial	800			
Personal	300			
Abschreibungen Gebäude	50			
Abschreibungen Maschinen	110			
Werbung	30			
Forderungsausfälle	20			
Instandhaltung	48			
Rest sonstiger Aufwand	302			
Zinsen	422			
Außerordentlicher Aufwand	4			
Summe	**2.086**	**924**	**466**	**2.544**

2. Vollkostenrechnung

Du sollst die Dienstleistung über den Gewinn stellen. Der Gewinn muss nicht die Basis, sondern das Resultat der Dienstleistung sein.

Henry Ford

Lernziele

Wenn Sie dieses Kapitel durchgearbeitet haben, sollten Sie

- das System der Vollkostenrechnung erläutern und skizzieren können
- Vollkostenrechnung von der Teilkostenrechnung abgrenzen können
- Kostenarten-, Kostenstellen- und Kostenträgerrechnung kennen
- die Definition der wichtigsten Kostenarten wissen
- Materialkostenarten kennen
- die Arten und die Zusammensetzung der Personalkosten kennen
- Lohnnebenkosten und deren Höhe errechnen können
- einen Personalstundensatz kalkulieren können
- Kalkulatorische Kostenarten erläutern und errechnen können
- die Aufgaben der Kostenstellenrechnung wissen
- die Bestandteile der Kostenstellenrechnung erörtern und präsentieren können
- eine innerbetriebliche Leistungsrechnung durchführen können
- den Unterschied zwischen Zuschlags- und Verrechnungssatz kennen
- eine Betriebsabrechnung erstellen können
- Aufgaben und Arten der Kostenträgerrechnung kennen
- die verschiedenen Kalkulationsarten anwenden können
- die Bedeutung der Prozesskostenrechnung verstanden haben
- die Prozesskostenrechnung erklären können
- die zwei wesentlichen Arten der Kostenträgerzeitrechnung und deren Vor- und Nachteile darlegen können

ÖBB-Chef: „Wir können so nicht weitermachen"

Bahn-Chef Kern bezeichnet die Lage als sehr ernst. Für das Gesamtjahr wird trotz milliardenschwerer Subventionen ein dreistelliges Minus erwartet. Bis 2015 sollen 500 Millionen Euro eingespart werden.

Am Freitagvormittag tritt der Anfang Juni angetretene ÖBB-Chef Christian Kern erstmals vor eine breite Öffentlichkeit und sprach Tatsachen mit einer Offenheit aus, wie sie in den vergangenen Jahren nicht zu hören waren. Die Lage der ÖBB sei ernst, so Kern. Für das Gesamtjahr wird trotz milliardenschwerer Subventionen ein dreistelliges Minus erwartet. Die aufgrund der Wirtschaftskrise angeschlagene Güterverkehrstochter RCA stehe sogar „auf der Kippe". „So wie wir bisher gearbeitet haben, können wir daher nicht mehr weitermachen", meint Kern.

Bisher hätten Planungen vor allem auf „zu optimistischen Annahmen" beruht. Sparpakete seien „Papiertiger" gewesen. **„Ich habe gewusst, dass das eine große Aufgabe wird. Aber es mangelt sogar an Grundsätzlichem wie einer ordentlichen Kostenrechnung. Wir wissen nicht einmal, wo wir wirklich Geld verdienen."**

Kern will das in den kommenden Jahren ändern. Bis 2015 sollen Kosten in Höhe von 500 Mio. Euro eingespart werden. Bisher gibt es aber erst für einen kleineren Teil dieser Sparmaßnahmen konkrete Konzepte (etwa im Einkauf). Die Bahn soll dann auf einem Gewinnniveau von rund 200 Mio. Euro sein, das den „Substanzerhalt" ermöglicht. An den jährlichen Kosten des „Systems ÖBB" für die Steuerzahler (je rund zwei Mrd. Euro für den laufenden Betrieb und den Ausbau der Infrastruktur sowie 1,7 Mrd. Euro für Bahn-Pensionisten) wird das jedoch nichts ändern.

„Absurditäten müssen abgestellt werden."

Ein Hauptproblem der Bahn ist laut Kern die ineffiziente Struktur. Als Beispiel nennt er ein kürzlich besuchtes Betriebsgelände, dessen 1000 Quadratmeter große Grünfläche von drei verschiedenen Konzerntöchtern betreut wird. „Am Montag kommt ein Mitarbeiter und mäht rund ums Haus. Am Dienstag reißt einer die Pflanzen entlang der Gleise aus. Und am Donnerstag kümmert sich ein dritter um die restliche Fläche. Solche Absurditäten müssen abgestellt werden", so Kern.

Groß sind die zu bewältigenden Aufgaben der ÖBB aber auf jeden Fall. Nachfolgend die wichtigsten „Baustellen" der heimischen Staatsbahn:

Personal. Die Personalkosten sind bei den ÖBB mit 43 Prozent aller Aufwendungen der größte Kostenblock. Von den 45.000 Mitarbeitern sind etwa zwei Drittel unkündbar. Zudem gibt es auch einen „informellen" Versetzungsschutz. Offiziell darf versetzt werden, vom Betriebsrat wurde das bislang jedoch meist verhindert. Kern sieht das Personalthema daher als „Schlüssel" an. Eine höhere Flexibilität im Einsatz der Mitarbeiter soll mit dem Betriebsrat in den kommenden Wochen ausverhandelt werden.

Zudem sollen in den kommenden drei Jahren mit 1.000 Mitarbeitern rund 20 Prozent aller Verwaltungsjobs abgebaut werden. Die Mitarbeiter sollen stattdessen in „kundennahen" Bereichen eingesetzt werden. Auch die Zahl der Führungskräfte soll um 100 sinken. Auf betriebsbedingte Kündigungen will Kern ab dem Jahr 2011 verzichten. Das zuletzt stark kritisierte durchschnittliche Pensionsantrittsalter von 52 Jahren soll dadurch sukzessive steigen. Die Bahn erwartet deshalb bis 2015 zusätzliche Personalkosten in Höhe von 123 Mio. Euro, die anderweitig wieder eingespart werden müssen.

Bei der aktuellen Lohnrunde ist laut Kern nur ein „maßvoller" Abschluss möglich. Was das genau bedeutet, wollte er im Hinblick auf die laufenden Verhandlungen aber nicht sagen. Für die ebenfalls geforderten Einsparungen bei bereits pensionierten Eisenbahnern sieht sich der Bahn-Chef jedoch nicht zuständig. Das müsse die Regierung über Gesetze regeln.

Güterverkehr. Die Güterverkehrssparte RCA ist das aktuelle Sorgenkind der ÖBB. Dort wurden in den vergangenen drei Jahren 650 Mio. Euro an Eigenkapital „vernichtet", sagt Kern. Vor allem die 2008 um 400 Mio. Euro gekaufte ungarische Güterbahn bereitet große Verluste, zudem drohen saftige Abschreibungen wegen verringerter künftiger Ertragschancen (Impairment). Ein Grund dafür sind die plötzlich erhöhten Tarife der ungarischen Schienenmaut. Kern will daher Druck auf die ungarische Regierung machen. „Wenn sie ihren Kurs nicht ändert, steht eine radikale Redimensionierung der ungarischen Güterbahn auf maximal die Hälfte an", droht er. Golden-Handshake-Programme für die ungarischen Mitarbeiter sollen in jedem Fall eingeführt werden.

Aber auch in Österreich stehen Teile der RCA auf dem Prüfstand. Viele Angebote (etwa Transporte für die Holz- oder Agrarindustrie) hätten eine Kostendeckung „von gerade einmal 30 bis 40 Prozent". Sollte man hier keine Preiserhöhungen durchsetzen können, werde man diese Angebote einstellen, so Kern. „Auch wenn das dann der heimischen Verkehrspolitik [Verlagerung auf die Schiene, Anm.] widerspricht."

Infrastruktur. Bei der Infrastruktur wird sich an der geplanten Neuverschuldung von rund zwei Mrd. Euro pro Jahr nichts ändern. Das Geld muss über langjährige Zahlungen oder einmalige Entschuldungen größtenteils vom Bund zurückgezahlt werden. Großprojekte wie Koralm- und Brennertunnel unterstützt Kern, sofern es dafür eine fixe Finanzierungszusage der Politik gibt.

Personenverkehr. Im Personenverkehr können zwar noch Gewinne geschrieben werden – dank des hohen Anteils an staatlichen Zahlungen. Ab 2011 gibt es jedoch auch hier auf der wichtigen Westbahn Konkurrenz. Kern freut sich zwar auf die „Konfrontation mit Haselsteiner". Die ÖBB dürften dadurch jedoch Marktanteile auf der wichtigen – weil lukrativen – Fernverkehrsstrecke verlieren. Zudem braucht die Bahn 200 Mio. Euro für die letzten 16 Railjet-Garnituren. Woher das Geld kommen soll, ist noch unklar. (Quelle: Die Presse, 10.9.2010)

Anhand dieses Beispiels sieht man, wie wichtig konkurrenzfähige Kosten sind. Basis für mögliche Kosteneinsparungsmaßnahmen ist ein ordentliches Kostenrechnungssystem. Nur dadurch kann man erkennen, wo potentielle Schwächen liegen.

2.1 Allgemeines

Vollkostenrechnung verrechnet alle angefallenen Kosten.

Die Vollkostenrechnung verrechnet alle angefallenen Kosten auf die Kostenträger. Dabei ergeben sich oftmals erhebliche Probleme bei der Anwendung des Verursachungsprinzips. Einem Produkt direkt zurechenbare Kosten, wie z.B. Material oder Fertigungslöhne sind in der Kalkulation unproblematisch, schwieriger wird es mit Kostenarten, wie z.B. Gebäudekosten oder auch Geschäftsführerkosten. Diese Kosten werden in der Vollkostenrechnung mittels Schlüssel oder Zuschlagssätzen verrechnet. Die Ergebnisse sind dementsprechend ziemlich ungenau bzw. fragwürdig.

Teilkostenrechnung oder auch Grenzkostenrechnung verwendet nur jene Kosten, die sich verändern, wenn man z.B. mehr produziert.

In der Teilkostenrechnung oder auch Grenzkostenrechnung verwendet man nur jene Kosten, die sich verändern, wenn man z.B. mehr produziert (Material, Betriebsmittel, Akkordlöhne etc.). Entsprechend ihrer Veränderlichkeit bezeichnet man diese Kosten als variable oder auch Grenzkosten. Wenn man vom Produktpreis die variablen Kosten abzieht, ergibt sich als Differenzgröße der sogenannte „Deckungsbeitrag“. Die Summe aller Produktdeckungsbeiträge sollte dann größer sein als die nicht veränderbaren Kosten, die auch Fixkosten genannt werden.

Hauptvorteil der Vollkostenrechnung ist jedoch, dass versucht wird, einem Produkt oder einer Leistung *alle* verursachten Kosten zuzuordnen. Dabei ergeben sich zwar, wie gezeigt, erhebliche Probleme, es liegt aber ein Produktergebnis vor, bei dem die *vollen* Kosten berücksichtigt wurden. Bei der Teilkostenrechnung wird nur *ein Teil* der Kosten berücksichtigt, das daraus resultierende erste Ergebnis, der Deckungsbeitrag, ist dementsprechend fast immer positiv, dies heißt aber noch nicht, dass die Gesamtkosten des Unternehmens gedeckt sind.

Beide Kostenrechnungssysteme, sowohl Vollkosten- als auch Teilkostenrechnung, bestehen aus drei wesentlichen Bestandteilen:

- Kostenartenrechnung
- Kostenstellenrechnung
- Kostenträgerrechnung

2.2 Kostenartenrechnung – welche Kosten fallen an?

2.2.1 Kostenarten – Unterteilungsmöglichkeiten

Kostenarten lassen sich nach verschiedenen Kriterien unterteilen.

Ein großes Problem in der Kostenrechnung ist die Vielfalt an Kostenbegriffen. Während in der Finanzbuchhaltung Aufwendungen nach Aufwandsarten unterteilt werden und die Unterteilung weitgehend durch den Einheitskontenrahmen reglementiert ist, bietet die Kostenrechnung eine Fülle an Möglichkeiten, Kosten zu unterteilen.

Sehr ähnlich zur Unterteilung in der Buchhaltung ist die

Unterteilung nach der Art der verbrauchten Produktionsfaktoren

- Materialkosten (Roh-, Hilfs- und Betriebsstoffe)
- Personalkosten (Löhne und Gehälter)
- Betriebsmittelkosten
- Abschreibungen
- Reparatur- und Instandhaltung
- Zinsen
- Fremdleistungskosten (Mieten, Versicherungen, Beratungen, Transporte etc.)
- Steuern, Gebühren, Beiträge

Die Unterteilung nach verbrauchten Produktionsfaktoren ist ähnlich wie in der GuV-Rechnung.

Unterteilung nach betrieblichen Funktionen

In kleinen Unternehmen ist es häufig ausreichend, die Kostenarten nach Art der Verbrauchsfaktoren zu unterteilen. Je größer bzw. komplexer ein Unternehmen wird, desto eher ist es notwendig, auch eine Unterteilung nach betrieblichen Funktionen vorzunehmen.

Größere Unternehmen unterteilen ihre Kosten auch nach Funktionskosten.

- Beschaffungskosten
- Lagerkosten
- Fertigungskosten
- Vertriebskosten
- Forschungs- und Entwicklungskosten
- Verwaltungskosten

Unterteilung nach Kostenstellen

Für innerbetriebliche Vergleiche und die Budgetierung kann es zweckmäßig sein, die Unternehmenskosten nach Kostenstellen zu gliedern.

Unterteilung nach Kostenträgern

Bei einer Unterteilung nach Kostenträgern ergeben sich bspw.:

- Kosten des Produktes 1
- Kosten des Produktes 2
- Kosten des Produktes 3

Diese Unterteilung benötigt als Grundlage eine Kostenträgerstückrechnung.

Unterteilung nach Zurechenbarkeit der Kosten

Hierbei unterscheidet man zwischen zwei Kategorien:

- Einzelkosten und Sondereinzelkosten
- Gemeinkosten
  - Echte Gemeinkosten
  - Unechte Gemeinkosten

Einzelkosten (direkte Kosten) sind jene Kosten, die sich direkt den Produkten bzw. den Kostenträgern zuordnen lassen. Dies sind z.B. die Materialkosten

Einzelkosten sind Kosten, die sich einem Kostenträger direkt zuordnen lassen.

und die unmittelbaren Lohnkosten für die Herstellung eines Produktes. Weitere Beispiele sind:

- Spanplatten bei der Möbelerzeugung (Materialeinzelkosten)
- Fleisch bei der Erzeugung von Fertiggerichten (Materialeinzelkosten)
- Holz und Dachziegel bei der Erstellung eines Daches für ein Haus (Materialeinzelkosten)
- Lohneinzelkosten für die direkt am Produkt verrichtete Arbeitszeit (Akkordlöhne, Fertigungslöhne)
- Transportkosten für die Auslieferung von Produkten (Vertriebseinzelkosten)

Einzelkosten werden über interne Belege wie Materialentnahmescheine, Stücklisten, Zeitaufzeichnungen erfasst, mit Kostensätzen bewertet und dem Produkt oder der Leistungseinheit direkt zugerechnet. In der Kostenstellenrechnung werden diese Kosten üblicherweise nur für die Zuschlags- bzw. Verrechnungssatzberechnung benötigt.

Sondereinzelkosten

Diese Einzelkosten fallen in der Regel nicht pro Stück, sondern nur für einzelne Aufträge an. Ein Auftrag kann mehrere Produkteinheiten umfassen.

Klassische Beispiele sind:

- Sondereinzelkosten der Fertigung:
  - Kosten für die Anfertigung spezieller Modelle
  - Werkzeugkosten, die nur für einzelne Serien anfallen
  - Besondere Lizenzgebühren und Patente
  - Kosten für Sondervorrichtungen
  - Miete für einen Kran bei einem Bauprojekt
- Sondereinzelkosten des Vertriebs:
  - Spezielle Verpackungen bzw. Versandkosten für einen Auftrag
  - Extraversicherungen für hochempfindliche Produkte
  - Sonderfrachtkosten
  - Auftragsbezogene Werbekosten

Wesentlich bei den Sondereinzelkosten ist, dass diese nicht in der Regel anfallen, d.h. für beinahe alle erzeugten Produkte, sondern nur fallweise aufgrund spezieller Veranlassung.

Gemeinkosten (indirekte Kosten)

Dies sind die Kosten, „die man einem Produkt nicht sofort ansieht". Manche behaupten auch, dass sie deshalb so „gemein" sind. Nichtbetriebswirte empfinden sie deshalb oftmals als „ungerecht". Das Verursachungsprinzip ist bei diesen Kosten nur schwer oder gar nicht einzuhalten, weil sie nicht von einer Produkteinheit allein verursacht werden. Vielmehr werden sie von einer Kostenstelle, einer Gruppe von Kostenträgern oder vom Betrieb insgesamt verursacht.

Sondereinzelkosten können nicht einem einzelnen Kostenträger, sondern mehreren Produkteinheiten (Auftrag, Fertigungslos) zugeordnet werden.

Gemeinkosten sind Kosten, die einem Bezugsobjekt (Produkt, Leistung) nicht unmittelbar zugeordnet werden können.

Es ist daher notwendig zu eruieren, wer der wichtigste Kostenverursacher ist, man spricht hier von einer Bezugsgröße, und entsprechend dieser Inanspruchnahme sind die Kosten auf die Produkte zu verteilen. Klassischerweise erfolgt die Gemeinkostenerfassung in den Kostenstellen und die Zuteilung auf die Produkte über Zuschlags- oder Verrechnungssätze.

Als Beispiel sollen hier die Abschreibung einer Maschine oder diverse Schmiermittel (Betriebsstoffe) dienen. Diese Kosten können einem Produkt nicht direkt zugeordnet werden, einer Kostenstelle aber durchaus. Die Zuordnung auf das Produkt erfolgt dann indirekt, indem festgestellt wird, wie lange das Produkt in der entsprechenden Kostenstelle bearbeitet wurde. Durch die Verwendung des errechneten Kostensatzes (dieser beinhaltet u.a. Abschreibung und Schmiermittel) werden auch die genannten Kosten weiterbelastet.

Beispiele für Gemeinkosten sind:

- Gehälter der Geschäftsführung
- Hilfslöhne
- Lohnnebenkosten (gesetzliche Sozialabgaben, Nichtleistungslöhne)
- Büromaterial
- Reinigungskosten
- Energiekosten (Beleuchtung, Heizung)
- Grundgebühren (Telefon, Strom)
- Versicherungen

Unechte Gemeinkosten

Vom Charakter her sind die unechten Gemeinkosten Einzelkosten, der Aufwand für eine detaillierte Erfassung ist jedoch zu groß. Deshalb werden diese Kosten pauschal verrechnet. Beispiele hierfür sind vor allem Hilfsmaterialien, wie:

- Klebstoffe,
- Kleinteile wie z.B. Nägel, Schrauben, Scheiben
- Lacke
- Garne
- Salz, Gewürze
- Wasser

Unechte Gemeinkosten sind eigentlich Einzelkosten, ihre direkte Verrechnung ist aber oftmals zu aufwendig.

Unterteilung nach Veränderlichkeit der Kosten (Beschäftigungsabhängigkeit)

Je nachdem, wie sich eine Kosteneinflussgröße verhält, unterscheidet man zwischen:

- Variablen Kosten
- Fixkosten
- Sprungfixen Kosten
- Mischkosten

Variable Kosten ändern sich mit der Veränderung der Einflussgröße (z.B. Produktionsmenge).

67

Fixe Kosten sind unabhängig von der Einflussgröße.

Einflussgrößen auf die Kosten können sein:
- Produktionsmengen
- Maschinenbelegung
- Kapazitätsauslastung
- Losgrößen (zusätzliche Rüstkosten)
- Einsatzgüterpreise (Mengenrabatte)
- Intensitätsgrad (Treibstoffverbrauch bei höheren Geschwindigkeiten etc.)

Wenn man wissen möchte, wie sich die Kosten einer Leistung oder eines Produktes entwickeln, wenn z.B. mehr davon produziert wird oder ein neues Produktionsverfahren angewendet wird, ist es notwendig zu erkennen, welche Kostenarten sich wie verändern.

Kosten, die sich bei der Änderung einer der genannten Einflussgrößen auch verändern, nennt man

Variable Kosten

Beispiele hierfür sind:
- Akkordlöhne (je mehr Stück, desto mehr Löhne)
- Materialkosten (Stahlbleche für Autos, Holz für Möbel, Hamburger für Fastfood etc.)
- Zukaufteile
- Energiekosten, Wasser für den Betrieb einer Papiermaschine
- Betriebsstoffe (Schmiermittel für Fräsmaschinen etc.)
- Verpackungsmaterialien

Die Einflussgröße für Kosten nennt man auch Beschäftigungsgrad.

Die Einflussgröße für die Kosten nennt man auch „Beschäftigung" oder „Beschäftigungsgrad".

Je nachdem, wie die Kostenentwicklung bei Variation des Beschäftigungsgrades verläuft, lassen sich folgende Kostenfunktionen darstellen:
- Lineare (proportionale) Kosten
  - Akkordlöhne (für jedes Stück in gleicher Höhe)
  - Zukaufteile ohne Mengenrabatte
- Degressive Kosten
  - Verringerung der Fertigungskosten aufgrund von Lerneffekten bei steigenden Produktionsmengen.
  - Materialkosten, wenn gestaffelte Mengenrabatte gewährt werden.
- Progressive Kosten
  - Höhere Energiekosten bei steigendem Intensitätsgrad
  - Höherer Ausschuss bei hoher Leistungsintensität
  - Größerer Werkzeugverschleiß bei hoher Leistungsintensität

Fixe Kosten

Fixe Kosten sind unabhängig vom Beschäftigungsgrad.

sind jene Kosten, die unabhängig vom Beschäftigungsgrad sind, d.h. diese Kosten fallen auch bei Null-Beschäftigung an. Man nennt sie deshalb auch Bereitschaftskosten oder Strukturkosten. Klassische Beispiele hierfür sind:

- Miete und Pacht für Betriebsgebäude
- Gehälter
- Diverse Grundgebühren (Strom, Telefon)
- Kosten für Wartungsverträge
- Leistungsunabhängige (zeitliche) Abschreibungen auf Gebäude, Anlagen und Maschinen (leistungsabhängige Abschreibungen sind variable Kosten)

Fixkosten sind jedoch durch Entscheidungen beeinflussbar. So erfordern Kapazitätsengpässe neue Anlagen, neue Betriebsgebäude oder auch mehr Mitarbeiter. Fixkosten sind deshalb nur in einem bestimmten Beschäftigungsintervall konstant und steigen dann sprungartig an. Man spricht deshalb auch von *sprungfixen Kosten.*

Für die Berechnung der Stückkosten eines Produktes ergeben sich durch die Fixkosten erhebliche Probleme. Fixkosten haben im Gegensatz zu proportionalen Kosten die Eigenart, dass sie bei höherem Beschäftigungsgrad je Produktionseinheit weniger werden. Dadurch reduzieren sich auch die durchschnittlichen Stückkosten.

Demzufolge ist die Kostenkalkulation einer Leistung oder eines Produktes aber ganz wesentlich von der Auslastung einer Produktionsabteilung abhängig. Wenn die Abteilung nur ein Stück im Leistungszeitraum produziert, muss diese Leistungseinheit die gesamten Fixkosten tragen. Wenn man hingegen bis zur Kapazitätsgrenze produziert, d.h. der Betrieb ist voll ausgelastet, sind die anteiligen Fixkosten am geringsten.

In diesem Zusammenhang spricht man auch von der sogenannten Fixkostendegression. Dies ist einer der Gründe, warum Massenhersteller niedrigere Stückkosten aufweisen als bspw. Gewerbebetriebe.

Fixe Kosten sind durch Entscheidungen beeinflussbar.

Grenzkosten

Sind jene Kosten, die bspw. durch die Produktion einer zusätzlichen Einheit entstehen. Mathematisch ist die Grenzkostenfunktion die erste Ableitung (Steigung) der Kostenfunktion.

Grenzkosten sind der Kostenzuwachs, der durch die Mehrproduktion einer Ausbringungseinheit entsteht.

Beispiele für Kostenverläufe

a) Fixe Gesamtkosten

Fixe Gesamtkosten			
Ausbringungs-menge x	Gesamt-kosten K	Stück-kosten k	Grenz-kosten K'
1	15	15	15
2	15	7,5	0
3	15	5	0
4	15	3,75	0
5	15	3	0

Bei den fixen Kosten sind die Grenzkosten null.

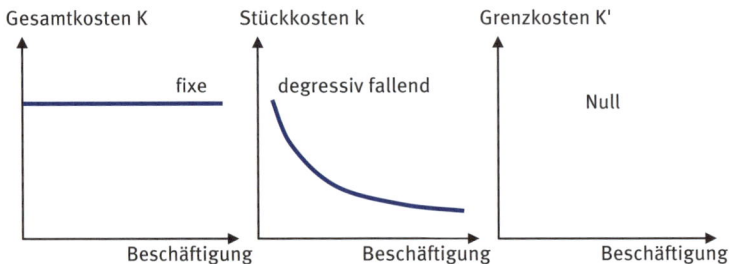

b) Proportionale Gesamtkosten

Proportionale Gesamtkosten			
Ausbringungs-menge x	Gesamt-kosten K	Stück-kosten k	Grenz-kosten K'
1	15	15	15
2	30	15	15
3	45	15	15
4	60	15	15
5	75	15	15

Bei den proportionalen Kosten sind die Grenz- und die Durchschnittskosten konstant.

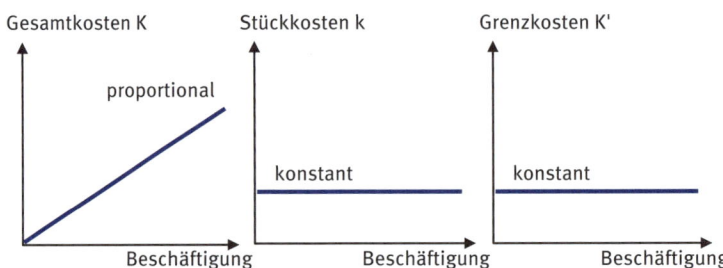

c) Intervallfixe Gesamtkosten

Intervallfixe Gesamtkosten			
Ausbringungs-menge x	Gesamt-kosten K	Stück-kosten k	Grenz-kosten K'
1	15	15	15
2	15	7,5	0
3	15	5	0
4	30	7,5	15
5	30	6	0
6	30	5	0
7	45	6,4	15
8	45	5,6	0
9	45	5	0

70

Bei den intervallfixen Kosten sind die Kosten-verläufe sprungartig.

d) Degressive Gesamtkosten

Degressive Gesamtkosten			
Ausbringungs-menge x	Gesamt-kosten K	Stück-kosten k	Grenz-kosten K'
1	15	15	15
2	28	14	13
3	39	13	11
4	48	12	9
5	55	11	7

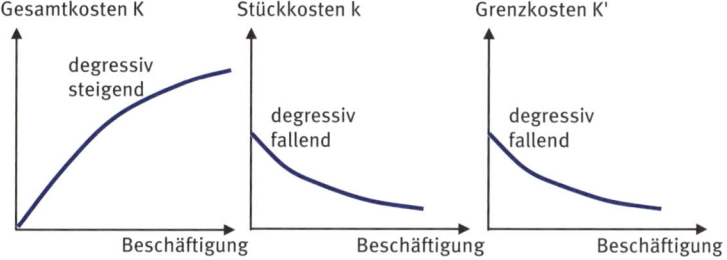

Bei den degressiven Kosten steigen zwar die Gesamtkosten, Stück- und Grenzkosten fallen jedoch.

2.2.2 Erfassung und Verwendung wesentlicher Kostenarten

2.2.2.1 Materialkosten

Diese Kostenart stellt in vielen Branchen den wichtigsten Kostenfaktor dar. In der Fahrzeugindustrie sind bis zu 75% aller Kosten Materialkosten. Der größte Anteil sind dabei allerdings die Zukaufteile.

Die Dienstleistungsbranche hingegen weist verhältnismäßig wenige Materialkosten auf, dafür aber viele Personalkosten.

Materialkosten – Arten

- **Werkstoffe bzw. Rohstoffe** – sie machen einen *wesentlichen Bestandteil* des fertigen Produktes aus!
  Dazu gehören z.B. in der Baubranche Baumaterialien wie Beton, Ziegel. In der Industrie sind dies: Holz, Zellulose (Papierfabrik), Metallpulver (Sintermetallfertigung), Bleche, Grauguss, Formprofile (Automobilzulieferer), Holz, Pressspanplatten (Möbelindustrie) etc.

Rohstoffe sind ein wesentlicher Bestandteil des Produktes.

71

Diese Stoffe werden in den entsprechenden Be- und Verarbeitungsstellen verwendet und gehen unverarbeitet oder auch bearbeitet in das Fertigprodukt ein.

- Zu den Werkstoffen sind auch *Zukaufteile* zu zählen. Viele Bestandteile eines Produktes werden nicht selbst hergestellt, sondern fremd bezogen. Sehr oft sind das Normteile wie z.B. Druckfedern, Schrauben, Scharniere. Zunehmend sind das aber auch sehr wesentliche Komponenten wie Getriebe, Zylinderkopf, elektronische Steuerungssysteme etc.

Hilfsstoffe sind ein unwesentlicher Bestandteil des Produktes.

- **Hilfsstoffe** benötigt man ebenfalls für das Fertigprodukt, sie sind *aber kein wesentlicher Bestandteil*. Die dazugehörigen Kosten sind:
  - Kosten für geringwertige Kleinteile (Schrauben, Nägel, Dichtringe etc.)
  - Kosten für die Oberflächenbehandlung (geringwertige Farben, Beize, etc.)
  - Kosten für die Verbindung von Materialien (Klebstoffe, Leim etc.)

Betriebsstoffe werden für die Durchführung der Verarbeitungsprozesse benötigt.

- **Betriebsstoffe** sind für die Durchführung der Verarbeitungsprozesse notwendig, gehen aber nicht direkt in das Produkt ein.
  - Härtemittel in einer Härterei
  - Formhilfsstoffe einer Formerei (Steinkohlenstaub, Kernstützen, Kokillenschlichte, Kühlbleche etc.)
  - Alle Materialien, die dem Betrieb von Anlagen dienen (Schmiermittel, Bohröl- und Schneidölkosten, Hydrauliköl, Reinigungsstoffe, Arbeitskleidung, elektrisches Verschleißmaterial, Büromaterial etc.)

2.2.2.2 Personalkosten

2.2.2.2.1. Personalkosten in Österreich

Personalkosten sind in vielen Branchen die zweitwichtigste Kostenart, in der Dienstleistungsbranche sogar die wichtigste.

Personalkosten – Arten

Mitarbeitergruppe	Art der Personalkosten
Unternehmer und mitarbeitende Familienmitglieder ohne Dienstverhältnis	Kalkulatorische Entgelte
Angestellte	Gehälter + Nebenkosten
Arbeiter	Löhne + Nebenkosten
Lehrlinge	Lehrlingsentschädigungen + Nebenkosten

Personalkosten – Zusammensetzung

Zu den Personalkosten gehört mehr als das Bruttoentgelt!

Personalkosten bestehen aus vielerlei Bestandteilen. Die meisten Menschen denken bei Personalkosten hauptsächlich an das Bruttoentgelt, der Unternehmer hat aber auch noch andere (Personal)Kosten zu tragen:

Bruttoentgelt

Dies ist jener Betrag, den Lohn- bzw. Gehaltsempfänger brutto erhalten. Er ist vom Arbeitgeber in der Regel 14-mal an den Arbeitnehmer zu bezahlen. Neben den zwölf Normalbezügen erhält der Arbeitnehmer Urlaubszuschuss und Weihnachtsremuneration.

Das Bruttoentgelt verringert sich jedoch noch um die Sozialversicherungs-beiträge des Arbeitnehmers und die Lohnsteuer. Diese beiden Bestandteile können bei Gutverdienern durchaus 43% des Bruttogehaltes ausmachen. Der verbleibende Rest ist das *Nettoentgelt,* über das der Arbeitnehmer frei verfügen kann. Deshalb interessiert den Arbeitnehmer immer, was netto übrig bleibt. Für den Arbeitgeber ist hingegen das Bruttoentgelt relevant, da dies bei ihm Kosten darstellt.

Für den Arbeitgeber sind aber auch noch andere Personalkosten relevant, wie z.B. Dienstgeber-Sozialversicherungsbeiträge oder der Dienstgeberanteil zum Familienlastenausgleichsfonds. In Summe sind das noch zusätzlich ca. 31% des Bruttoentgeltes. Detailliert sind dies (Werte gelten für Arbeiter per 1.1.2015):

Beim Nettoentgelt sind Arbeitnehmer-Sozialversicherung und Lohnsteuer bereits abgezogen.

Die Dienstgeber-Sozialabgaben betragen ca. 31% vom Bruttoentgelt.

Pensionsversicherung	12,55%
Unfallversicherung	1,30%
Krankenversicherung	3,70%
Arbeitslosenversicherung	3,00%
Wohnbauförderungsbeitrag	0,50%
IESG Insolvenzentgeltsicherungszuschlag	0,45%
Dienstgeberbeitrag zum Familienlastenausgleichsfonds	4,50%
Zuschlag zum Dienstgeberbeitrag Familienlastenausgleichsfonds	0,36%[1]
Kommunalsteuer	3,00%
Abfertigungen bzw. Kosten für Altersvorsorge (MV-Beitrag)	1,53%
Summe der laufenden Bezüge	**30,89%**

[1] Dieser Wert gilt für Oberösterreich, variiert aber je nach Bundesland

Abbildung 19: Arbeitgeber Sozialabgaben

Insgesamt ergeben sich dadurch ganz beträchtliche Kosten für das Personal eines Unternehmens. In Wochen bzw. prozentueller Belastung bezogen auf das Bruttoentgelt ergibt sich Folgendes:

Bezogen auf die laufenden Bezüge (52 Wochen) hat der Unternehmer fast 80 Wochen zu bezahlen!

	Wochen	%
Laufende Bezüge	52,20	100,0%
Weihnachtsremuneration	4,33	8,3%
Urlaubszuschuss	4,33	8,3%
Sozialabgaben		
ca. 31% d. laufenden Bezüge	16,18	31,0%
ca. 31% d. Sonderzahlungen	2,68	5,1%
Entspricht bezahlte Wochen	**79,73**	**152,7%**

Nichtanwesenheitszeiten

Ein Arbeitnehmer ist – bedingt durch Urlaub, Krankenstände und andere Verhinderungszeiten – gar nicht in der Lage, 52,2 Wochen, das sind bei einer

Die Nichtanwesenheitszeit resultiert aus Urlaub, Krankenständen etc.

38,5-Stunden-Woche ca. 2009 Stunden oder 261 Tage, zu arbeiten. Nach Abzug dieser Verhinderungszeiten ergibt sich eine Anwesenheitszeit von 42,8 Arbeitswochen im Unternehmen.

Die Anwesenheitszeit beträgt ca. 42 Wochen.

Für das eisen- und metallverarbeitende Gewerbe sind das konkret:

	Stunden	Tage	Wochen	%
Vertragliche Bruttojahresarbeitszeit	2008,9	260,9	52,2	100%
– gesetzliche Feiertage u. arbeitsfreie Tage (langjähriger Durchschnitt)	86,2	11,2	2,2	4,3%
– Urlaub	192,5	25,0	5	9,6%
– Krankenstand	72,4	9,4	3,2	3,6%
– Sonstige Verhinderungszeiten (Arzt, Pflegefreistellung, Behördenweg etc.)	10,0	1,3	0,3	0,5%
Summe Nichtanwesenheitszeiten	**361,1**	**46,9**	**9,4**	**18,0%**
Anwesenheitszeit bzw. theoretische Leistungszeit	**1647,7**	**214,0**	**42,8**	**82,0%**

Abbildung 20: Anwesenheitszeitermittlung
Quelle: KMU Forschung Austria, Nebenkosten bei Löhnen, Gehältern und Lehrlingsentschädigungen sowie Überstunden – Stand Januar 2014

Ermittlung Lohnnebenkosten

Lohnnebenkosten entstehen durch bezahlte Nichtleistungszeiten, Weihnachts- und Urlaubsgeld und Sozialabgaben.

Wenn nun der Arbeitgeber für einen Arbeitnehmer Personalkosten im Ausmaß von ca. 80 Wochen hat (siehe vorletzte Tabelle) und dem eine theoretische Leistungszeit von ca. 43 Wochen (Tabelle oben) gegenübersteht, ergibt sich eine Differenz von 37 Wochen, wo der Arbeitnehmer keine Leistungen erbringt bzw. erbringen kann. Diese Differenz resultiert aus Nichtleistungszeiten und über das Jahreslohnniveau hinausgehenden Zahlungen. Prozentuell ausgedrückt sind dies:

$$\frac{37 \text{ Wochen Nichtleistungslöhne}}{43 \text{ Wochen Leistungslöhne}} * 100 = 86\% \text{ Lohnnebenkosten}$$

Dies bedeutet, dass für jede geleistete Arbeitsstunde zusätzlich 0,86 Stunden Nichtleistungszeit, -kosten anfallen!

$$\text{Lohnnebenkosten \%} = \frac{\text{Lohnnebenkosten} * 100}{\text{Anwesenheitszeit}} = \frac{37 \text{ Wochen} * 100}{43 \text{ Wochen}} = 86\%$$

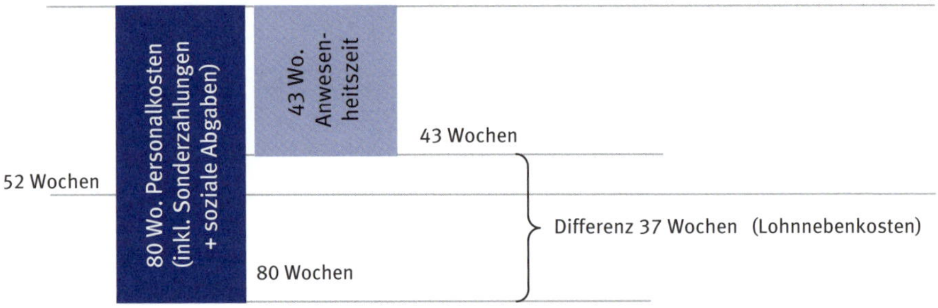

Abbildung 21: Lohnnebenkosten

Realistischerweise sind jedoch von diesen theoretisch möglichen 42,8 Arbeitswochen = 1648 Stunden bzw. 82,0% der Bruttojahreszeit oftmals nur weniger Stunden an den Kunden verrechenbar. Fast jeder Mitarbeiter hat auch innerbetriebliche Aufgaben zu erfüllen oder es kommt zu unerwarteten Ausfallszeiten wegen Reparaturen etc. Diese *nicht direkt verrechenbaren Stunden (innerbetriebliche Stunden)* werden auch als „unproduktive" oder „Regie-Stunden" bezeichnet. Beispiele hierzu sind:

- Stehzeiten
- Werkstattreinigung
- Eigene Reparaturen
- Kostenlose Nacharbeiten
- Schlechte innerbetriebliche Organisation

Stunden, die für aktivierbare Eigenleistungen erbracht werden, sind direkt verrechenbare Stunden, d.h. Produktivstunden.

Je höher die Anzahl dieser Unproduktivstunden ist, umso teurer werden die Leistungsstunden, da diese auch die Kosten für die Unproduktivzeiten tragen müssen.

2.2.2.2.2. Personalkosten in Deutschland

In Deutschland werden bei den Personalkosten teilweise andere Begriffe verwendet. So wird beispielsweise von Arbeitskosten anstatt von Personalkosten gesprochen. Die deutschen Personalnebenkosten entsprechen den österreichischen Lohnnebenkosten. Dies ist insofern irritierend, als es in Deutschland ebenfalls den Begriff der Lohnnebenkosten gibt, mit jedoch völlig anderem Begriffsinhalt.

Das statistische Bundesamt in Deutschland führt alle vier Jahre eine Arbeitskostenerhebung durch. Die letzte Erhebung wurde 2012 durchgeführt. Zu diesem Zeitpunkt ergaben sich für das „produzierende Gewerbe" folgende Arbeitskosten bzw. Personal- und Lohnnebenkosten:

D1	Bruttoarbeitskosten insgesamt	57.542			100%
D.1	Arbeitnehmerentgelt	57.117			99,3%
D.11	Bruttolöhne und Gehälter	44.708			77,7%
D.11111	Entgelt für die geleistete Arbeitszeit	32.464			56,4%
Personalnebenkosten		25.078			43,6%
Die Lohnnebenkosten umfassen die Kostenarten:			12.834		22,3%
D.12	Sozialbeiträge der Arbeitgeber			12.409	21,6%
D.2	Kosten für die berufliche Aus- und Weiterbildung			284	0,5%
D.3	Sonstige Aufwendungen			124	0,2%
D.4	Steuern auf die Lohnsumme oder Beschäftigtenzahl			17	0,0%

Unproduktive Zeit ist an den Kunden nicht verrechenbar.

Die Personalnebenkosten umfassen darüber hinaus noch die Lohnbestandteile:		12.244		21,3%
D.11112	Sonderzahlungen (inkl. BONI etc.)		4.881	8,5%
D.1112	Leistungen zur Vermögensbildung der Arbeitnehmer		142	0,2%
D.1113	Vergütung für nicht gearbeitete Tage		6.134	10,7%
D.1114	Sachleistungen		558	1,0%
D.112	Bruttolöhne und -gehälter der Auszubildenden		529	0,9%

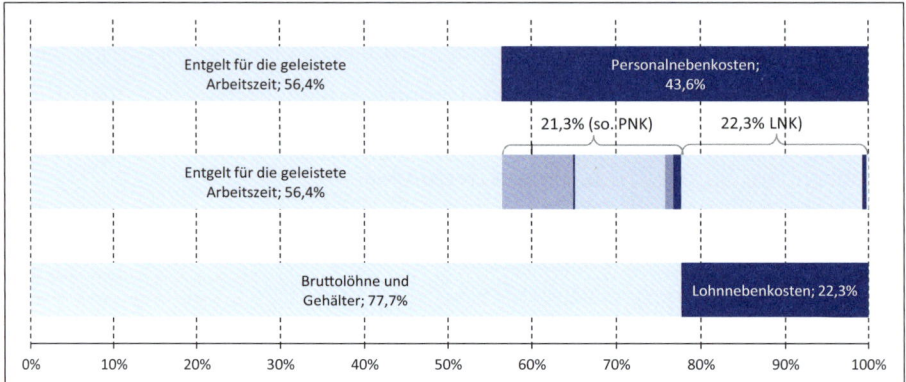

Abbildung 22: Aufgliederung der Arbeitskosten in Deutschland (Produzierendes Gewerbe per 2012)

Bei jährlichen Bruttoarbeitskosten von 57.542 Euro (100%) betragen die Personalnebenkosten 25.078 Euro (43,6%). Diese wiederum setzen sich aus Lohnnebenkosten (22,3%) und anderen Lohnbestandteilen (21,3%), wie z.B. Sonderzahlungen (8,5%) und Vergütungen für nicht gearbeitete Tage (10,7%) zusammen.

Bei einer jährlichen Arbeitszeit von 1630 Stunden ergeben sich Bruttoarbeitskosten je geleisteter Stunde der Beschäftigten von 35,30 Euro für das „Produzierende Gewerbe".

Im Gegensatz zum statistischen Bundesamt, wo die Berechnungsbasis für die einzelnen Arbeitskostenanteile die Bruttoarbeitskosten sind, ermittelt das Institut der deutschen Wirtschaft Köln die einzelnen Anteile auf Basis des Bruttolohns und -gehalts.

Für 2012 (aktuellster Wert) ergab sich im „Prozierenden Gewerbe" folgende Arbeitskostenstruktur (Quelle: IW-Trends-Vierteljahresschrift zur empirischen Wirtschaftsforschung aus dem Institut der deutschen Wirtschaft Köln, 41. Jahrgang, Heft 4/2014)

AUFGLIEDERUNG DER ARBEITSKOSTEN (Produzierendes Gewerbe per 2013)
in Prozent des Bruttolohns und -gehalts 1)

	WEST		OST		DEUTSCHLAND	
	2008	2013	2008	2013	2008	2013
Entgelt für geleistete Arbeitszeit 2) 3)	75,1	74,8	78,2	77,8	75,4	75,0
Vergütung arbeitsfreier Tage 3)	17,0	17,5	16,5	16,9	17,0	17,4
Urlaub	10,0	10,0	9,7	9,7	9,9	10,0
Entgeltfortzahlung im Krankheitsfall	3,1	3,5	3,2	3,6	3,1	3,5
Bezahlte Feiertage 3) 4)	4,0	4,0	3,5	3,5	4,0	4,0
Sonderzahlungen	7,9	7,7	5,3	5,3	7,7	7,5
Vermögensbildung	0,4	0,4	0,3	0,3	0,4	0,4
Fest vereinbarte Sonderzahlungen	7,4	7,3	5,0	5,0	7,2	7,1
Bruttolohn und -gehalt	100,0	100,0	100,0	100,0	100,0	100,0
Sozialversicherungsbeiträge der Arbeitgeber 5)	19,0	18,8	20,2	20,0	19,1	18,9
Betriebliche Altersversorgung 6)	5,5	5,6	2,1	2,6	5,2	5,3
Sonstige Personalzusatzkosten 7)	4,3	4,2	3,9	3,6	4,3	4,2
Arbeitskosten insgesamt	128,8	128,6	126,2	126,2	128,5	128,4
Nachrichtlich:						
Anteil der gesetzlich veranlassten Arbeitskosten 8)	25,6	25,8	27,2	27,4	25,8	26,0
Personalzusatzkosten in Prozent des Entgelts für geleistete Arbeitszeit 3)	71,4	71,9	61,4	62,2	70,6	71,1

Abbildung 23: Arbeitskosten im Produzierenden Gewerbe (D-2013)
(in Prozent des Bruttolohns und -gehalts 1)

1) Entgelt für geleistete Arbeitszeit zuzüglich Vergütung arbeitsfreier Tage und Sonderzahlungen (ohne Sachleistungen) – entspricht dem Bruttojahresverdienst; Unternehmen mit zehn und mehr Beschäftigten; Westdeutschland einschließlich Berlin, Ostdeutschland ohne Berlin; Rundungsdifferenzen möglich; 2008 amtliche Daten, ab 2012 Schätzungen.
2) Einschließlich leistungs- und erfolgsabhängiger Sonderzahlungen.
3) Kalenderbereinigt.
4) Einschließlich sonstiger arbeitsfreier Zeit.
5) Einschließlich Unfallversicherung.
6) Einschließlich Entgeltumwandlung; einschließlich Aufstockungsbeträge zu Lohn und Gehalt sowie zur Rentenversicherung für Personen in Altersteilzeit; einschließlich Aufwendungen für sonstige Vorsorgeeinrichtungen.
7) Abzüglich Erstattungen.
8) Gesetzlicher Mindesturlaub, Entgeltfortzahlung im Krankheitsfall, gesetzliche Sozialversicherungsbeiträge der Arbeitgeber und sonstige gesetzliche Aufwendungen abzüglich Erstattungen.

Berechnung Personalzusatzkosten in Prozent des Entgelts für geleistete Arbeitszeit (Deutschland 2013):

$$= \frac{(\text{Arbeitskosten insgesamt} - \text{Entgelt für geleistete Arbeitszeit}) * 100}{\text{Entgelt für geleistete Arbeitszeit}}$$

$$= \frac{128,4 - 75,0}{75,0} \times 100 = 71,2\%$$

Im internationalen Vergleich stellen sich die Arbeitskosten wie folgt dar:

AUFGLIEDERUNG DER ARBEITS-KOSTEN (Produzierendes Gewerbe per 2008)	Arbeitskosten €/h	Darunter:						
		Bruttolöhne und -gehälter €/h	Direktentgelt €/h	Personalzusatzkosten		Sozialaufwendungen		
				€/h	% v. Direktentgelt	€/h	% v. Bruttolohn
Norwegen	56,5	43,9	36,5	20,0	54,8%	12,5	28,6%
Schweiz	49,0	38,9	29,8	19,2	64,3%	10,1	25,9%
Belgien	42,7	27,9	21,4	21,3	99,4%	14,8	53,1%
Schweden	42,2	28,7	24,3	17,9	73,8%	13,5	46,8%
Dänemark	41,3	36,0	30,0	11,3	37,7%	5,3	14,6%
Westdeutschland	38,8	30,3	22,0	16,8	76,3%	8,5	27,9%
Deutschland	36,8	28,8	21,0	15,8	75,1%	8,0	27,7%
Frankreich	36,4	24,4	19,1	17,3	90,1%	12,0	49,2%
Finnland	35,4	28,2	20,9	14,5	69,4%	7,2	25,4%
Niederlande	34,5	26,2	19,5	15,0	77,0%	8,2	31,3%
Österreich	34,4	25,1	17,8	16,6	93,0%	9,3	37,0%
Luxemburg	31,0	26,4	21,0	10,0	47,7%	4,5	17,1%
Irland	30,9	25,6	20,3	10,6	52,4%	5,3	20,9%
Italien	27,6	19,7	14,6	13,0	89,2%	7,9	40,2%
Kanada	27,4	21,8	19,1	8,3	43,7%	5,6	25,9%
USA	25,9	19,9	17,4	8,5	49,1%	6,0	30,2%
Vereinigtes Königreich	24,4	20,5	17,3	7,2	41,5%	3,9	19,0%
Ostdeutschland	23,9	19,0	14,6	9,3	63,9%	5,0	26,3%
Japan	23,3	18,5	13,0	10,3	79,1%	4,9	26,4%
Spanien	22,7	16,7	12,2	10,5	86,5%	6,0	36,1%
Slowenien	14,7	12,3	9,6	5,1	53,3%	2,4	19,5%
Griechenland	14,0	10,7	8,1	5,9	72,7%	3,3	30,7%
Zypern	13,0	11,2	9,0	4,1	45,1%	1,8	16,0%
Malta	12,5	11,2	8,6	3,9	45,2%	1,3	11,5%
Portugal	10,8	8,6	6,4	4,4	68,4%	2,3	26,2%
Tschechische Republik	9,6	6,9	5,4	4,2	78,0%	2,7	38,8%
Slowakische Republik	9,4	6,9	5,6	3,8	67,2%	2,5	36,1%
Estland	8,9	6,5	5,7	3,2	56,8%	2,4	36,6%
Kroatien	8,1	6,9	5,5	2,6	47,8%	1,3	18,3%
Ungarn	7,6	5,9	4,4	3,2	72,6%	1,7	29,0%
Polen	7,1	5,8	4,7	2,3	49,3%	1,3	22,6%
Litauen	5,8	4,3	3,6	2,2	61,3%	1,6	36,4%
Lettland	5,8	4,6	4,0	1,8	44,6%	1,2	26,5%
Rumänien	3,9	3,0	2,6	1,3	51,0%	0,9	29,5%
Bulgarien	3,0	2,5	2,1	0,8	38,8%	0,5	20,2%

Abbildung 24: Arbeitskosten im internationalen Vergleich (Quelle: IW-Trends-Vierteljahresschrift zur empirischen Wirtschaftsforschung aus dem Institut der deutschen Wirtschaft Köln, 41. Jahrgang, Heft 4/2014)

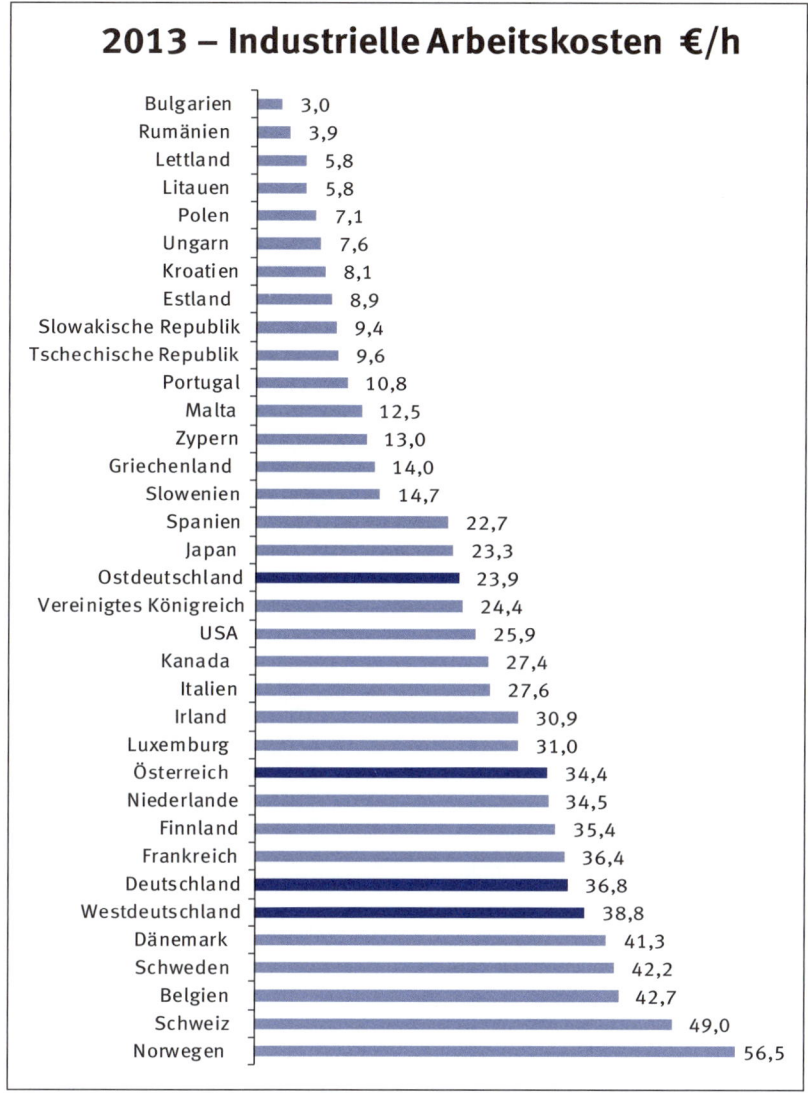

Abbildung 25: Grafische Gegenüberstellung internationale Arbeitskosten

Beispiel für die Negativwirkung von Unproduktivitäten:

Wenn die Mitarbeiter eines Unternehmens z.B. aufgrund schlechter Arbeitsorganisation nur 70% Leistungszeit aufweisen, d.h. von den theoretisch möglichen 41 Wochen Leistungszeit können 70% = ca. *29 Wochen* an Kunden weiterverrechnet werden, dann erhöht sich der Lohnnebenkostenfaktor von 95 % auf 176%!

$$\text{Lohnnebenkosten \%} = \frac{\text{LNK (inkl. 12 Wo. Unproduktivzeit)}}{\text{Anwesenheitszeit}} =$$

$$\frac{\text{39 Wochen + 12 Wochen}}{\text{29 Wochen}} = 176\ \%$$

Unproduktivzeiten erhöhen den Lohnnebenkostensatz!

79

Wenn nun ein Mitarbeiter für eine Leistungsstunde € 10,– Bruttostundenentgelt bezieht, dann sind dem Kunden zumindest € 10,– + 176% = ca. € 28,– zu verrechnen. Der Wert enthält noch keinen Gewinnzuschlag, keine Unternehmensgemeinkosten (Werbung, Versicherungen, Gebäudekosten, Geschäftsführung etc.) und keine Umsatzsteuer.

Je mehr nichtverrechenbare Zeit vorliegt, umso dramatischer stellt sich die Situation für ein Unternehmen dar. Folgendes Beispiel zeigt das:

Personalkosten (Wo.)	80
Max. Leistungszeit (Wo.)	41
= Nichtleistungszeit (NLZ)	**39**

Unpro-duktivzeit (%)	Unpro-duktivzeit (Wo)	Nichtleis-tungszeit + Unproduktiv-zeit (Wo.)	Pers.-kosten (Wo.)	Leistungs-zeit	LNK	Lohn-kosten ohne LNK	Lohn kosten + LNK
0%	0,0	39,0	80,0	41,0	95,1%	10	19,5
5%	2,1	41,1	80,0	39,0	105,4%	10	20,5
10%	4,1	43,1	80,0	36,9	116,8%	10	21,7
15%	6,2	45,2	80,0	34,9	129,6%	10	23,0
20%	8,2	47,2	80,0	32,8	143,9%	10	24,4
25%	10,3	49,3	80,0	30,8	160,2%	10	26,0
30%	12,3	51,3	80,0	28,7	178,7%	10	27,9
35%	14,4	53,4	80,0	26,7	200,2%	10	30,0
40%	16,4	55,4	80,0	24,6	225,2%	10	32,5
45%	18,5	57,5	80,0	22,6	254,8%	10	35,5
50%	20,5	59,5	80,0	20,5	290,2%	10	39,0

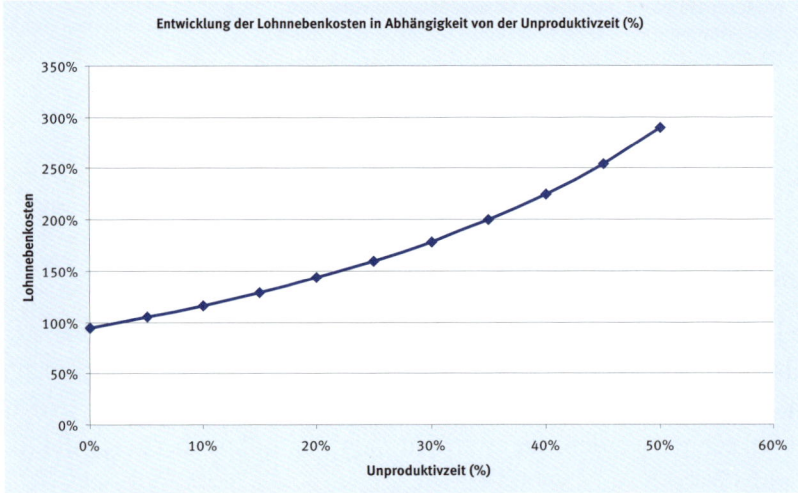

Abbildung 26: Entwicklung der Lohnnebenkosten in Abhängigkeit von der Unproduktivzeit

Bei Gewerbebetrieben sind für die Stundensatzkalkulation zusätzlich noch Gemeinkosten (Overheadkosten) des Unternehmens zu berücksichtigen. Dadurch erhöht sich der Stundensatz noch zusätzlich, wie in folgendem Beispiel ersichtlich ist:

	Brutto-Stunden-Entgelt inkl. Zulagen	100%	12,50
+	Personalnebenkosten (bei 90% Produktivstunden)	116,80%	14,60
=	**Personalkosten/Stunde**	**216,80%**	**27,10**
+	Unternehmensgemeinkosten (z.B. 80% der Personalkosten)	173,44%	21,68
=	**Selbstkosten/Stunde**	**390,24%**	**48,78**
+	Plangewinn-Satz / Stunde		3,00
=	**Nettostundensatz**		**51,78**
+	USt. 20%		10,36
=	**Bruttostundensatz**		**62,14**

Abbildung 27: Ermittlung Bruttostundensatz

Zusammengefasst ergibt sich, dass zwischen verrechenbarer Leistungszeit und anfallenden Personalkosten eine große Differenz besteht, die über den Kostensatz für die Leistungszeit geschlossen werden muss.

Zwischen verrechenbarer Leistungszeit und anfallenden Personalkosten existiert eine große Differenz.

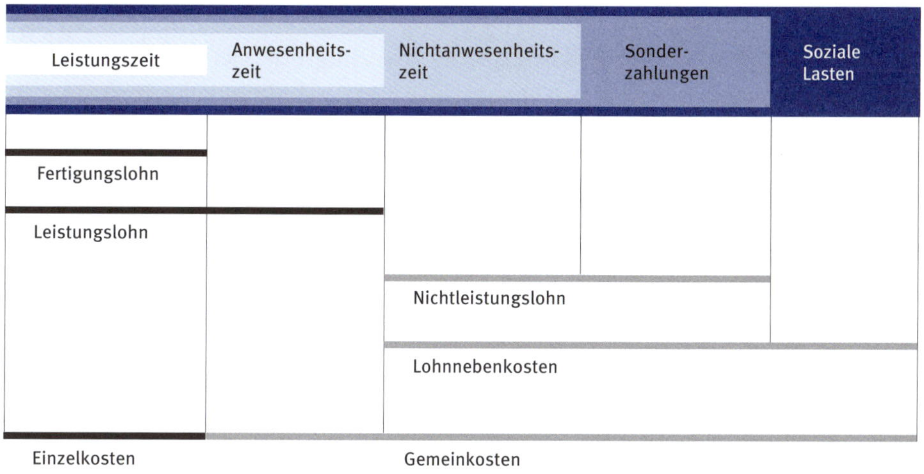

Abbildung 28: Personalkosten – Begriffsarten

Erfassung der Personalkosten

Bei der Erfassung der Personalkosten ist zwischen Gehältern und Löhnen zu unterscheiden.

Gehälter sind die Vergütungen für Angestellte. Sie werden zeitabhängig als Monatsentgelt vergütet. Diese Vergütungen sind normalerweise einem Kostenträger nicht zuordenbar, deshalb sind Gehälter auch überwiegend GEMEINKOSTEN.

Bei *Gehältern* ist die Erfassung relativ einfach. Da sie zeitabhängig sind, werden die Arbeitszeiten über

- Stempelkarten,
- Zeiterfassungssysteme,
- auch pauschal monatlich

erfasst.

Sofern im Unternehmen eine Kostenstellenunterteilung vorliegt, werden die Gehaltskosten diesen Kostenstellen softwaretechnisch von der Personalabteilung direkt zugeteilt. Vereinzelt kann auch eine Schlüsselung eines Gehaltes auf mehrere Kostenstellen erfolgen.

Löhne sind die Vergütungen an Arbeiter. Je nach Dienstverhältnis bzw. Bezugsbasis werden Zeitlöhne (hier richtet sich die Entlohnung nach der Arbeitszeit), Stück- oder Akkordlöhne (Bezugsbasis sind die bearbeiteten Stück) oder auch Prämienlöhne (die Prämie hängt von der Erreichung bestimmter Ziele ab, wie z.B. die Auslastung einer bestimmten Maschine) bezahlt.

Fertigungslöhne, Hilfslöhne, Zusatzlöhne

Zusätzlich können die Löhne auch noch nach ihrer Zurechenbarkeit auf Kostenträger unterteilt werden. Löhne, die einem Produkt direkt zugeordnet werden können, bezeichnet man als *Fertigungslöhne*, während Löhne, die einem Produkt nur indirekt, z.B. über Zuschlagssätze, zugeordnet werden können, *Hilfslöhne* darstellen. Typisch für Hilfslöhne sind die Löhne von Lagerarbeitern, für Reinigungsarbeiten oder Löhne von Maschineneinrichtern. In Produktionsbetrieben sind häufig auch noch *Zusatzlöhne* von besonderer Bedeutung, sie werden für Akkordarbeiter bezahlt, die aus unverschuldeten Gründen (Maschinenstörung, Anlerntätigkeit etc.) Zeitüberschreitungen aufweisen.

Bei Löhnen erfolgt die Erfassung der Arbeitszeiten über:

- Zeitlohnscheine
- Akkordlohnscheine
- Prämienlohnscheine
- Stempelkarten

2.2.2.3 Kalkulatorische Kosten

Kalkulatorische Kosten unterscheiden sich von den Aufwendungen in der Buchhaltung.

Kalkulatorische Kosten sind jene Kostenarten, für die entweder gar keine Aufwendungen in der Finanzbuchhaltung existieren oder wo die Aufwandsarten für die Kostenrechnung mit anderen Wertansätzen versehen werden müssen.

Die wichtigsten kalkulatorischen Kostenarten sind:

- Kalkulatorische Abschreibungen
- Kalkulatorische Zinsen
- Kalkulatorische Wagnisse
- Kalkulatorischer Unternehmerlohn

Kalkulatorische Abschreibung

Kalkulatorische Abschreibung errechnet sich aus: „Wiederbeschaffungswert durch tatsächliche Nutzungsdauer".

Im weiteren Sinn versteht man unter Abschreibung den Wertverlust, den ein Vermögensgut durch die Nutzung oder auch durch eine zeitbedingte Entwertung erfährt.

Der Wertverlust ist ein Kostenfaktor, den Unternehmen in der Kostenrechnung ebenso mitberücksichtigen müssen wie Material- und Personalkosten.

Mit Materialkosten meint man den bewerteten (Anschaffungs-, Wiederbeschaffungswert) Materialverbrauch.

Anlagenkosten sind analog dazu bewerteter Anlagenverbrauch, der durch die Anlagennutzung oder andere Ursachen entstanden ist. Der Anlagenverbrauch wird in der Kostenrechnung in Form von sogenannter kalkulatorischer Abschreibung berücksichtigt.

Der Anlagenverbrauch wird in der Kostenrechnung in Form von kalkulatorischer Abschreibung berücksichtigt.

Dabei werden vier wesentliche Effekte erzielt:

1. **Kostenverteilungseffekt**

   Die Anschaffungs- bzw. Wiederbeschaffungskosten einer Anlage werden auf die einzelnen Jahre der Nutzung verteilt.

2. **Finanzierungseffekt**

   Abschreibungen gehen als Kosten in die Kalkulation von Produkten ein und führen dort „hoffentlich" zu Einzahlungen. Diesen Einzahlungen stehen vorübergehend keine Auszahlungen für Investitionen gegenüber (erst wieder bei der Re-Investition). Bis zur Wiederverwendung dieser „angesammelten" Einzahlungen entsteht ein Finanzierungseffekt.

3. **Nominelle Kapitalerhaltung**

   Durch die Abschreibungsbeträge soll zumindest soviel Kapital erzielt werden, dass die alte Anlage wieder durch eine neue ersetzt werden kann, d.h. nominell bleibt das Kapital erhalten.

4. **Substantielle Kapitalerhaltung**

   Wenn sich der Wiederbeschaffungspreis einer Anlage erhöht, führt eine Berechnung der Abschreibung auf Basis des Anschaffungswertes nur zu einer nominellen Kapitalerhaltung. Um auch substanziell das Kapital zu erhalten, müssen die Wiederbeschaffungswerte der Anlage herangezogen werden.

Grundsätzlich sind für die Berechnung des Anlagenverbrauchs folgende Aspekte zu beachten:

a) Welche Anlagegüter unterliegen einem Verbrauch bzw. verursachen bei ihrer Nutzung Kosten?

b) Welche Ursachen für einen Anlagenverbrauch bzw. die Wertminderung einer Anlage gibt es?

c) Wie ist dieser Anlagenverbrauch (die Wertminderung) zu berechnen?

Für die Berechnung des Anlagenverbrauchs ist maßgeblich:
– Welches Anlagegut?
– Welche Ursachen?
– Berechnung?

Welche Anlagegüter unterliegen einer Anlagenabschreibung?

Üblicherweise unterliegen nur die materiellen Anlagegüter einer Wertminderung, die durch die Nutzung dieser Güter entsteht.

Materielles Anlagevermögen sind bspw. Maschinen, Gebäude, Verwaltungseinrichtungen, aber auch Grundstücke. Bei den Grundstücken liegt normalerweise durch den Gebrauch keine Wertminderung vor. Deshalb wird hierfür auch keine Abschreibung berechnet. Finanzanlagen bzw. immaterielles Anlagevermögen sind in der Kostenrechnung soweit zu berücksichtigen, als tatsächlich eine Wertminderung durch den Gebrauch eintritt.

Was unterliegt der Anlagenabschreibung?

Welche Ursachen für einen Anlagenverbrauch bzw. die Wertminderung einer Anlage gibt es?

Für die Berechnung des Anlagenverbrauches ist maßgeblich, wodurch die Wertminderung eingetreten ist. Ursachen für eine Wertminderung können sein:

Ursachen des Anlagenverbrauchs bzw. der Wertminderung.

- Verschleiß (durch Gebrauch, auch Ruheverschleiß ohne Gebrauch durch Verwitterung etc.)
- Fristablauf (Ablauf von Patent- und Markenschutzrechten)
- Überholung (technische Wertminderung etc.)
- Werteinbußen bzw. Wertvernichtung (Preisverfall bei Anlagegütern, Wertverlust von Patenten)

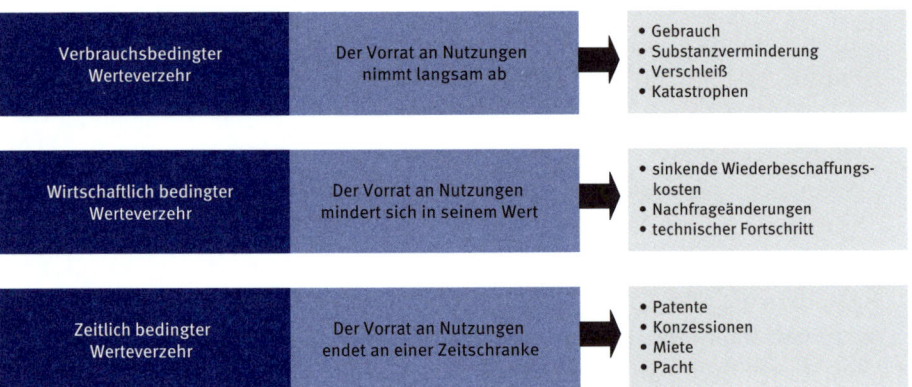

Abbildung 29: Ursachen des Anlagenverbrauchs

Wie ist dieser Anlagenverbrauch, die Wertminderung zu berechnen?

Wie erfolgt die Berechnung der Abschreibung?

Die Bemessung der Abschreibungshöhe ist sehr wesentlich von der Art der Wertminderung abhängig. Während es für die Errechnung der bilanziellen Abschreibung strenge Regeln gibt, ist die Ermittlung der kostenrechnerischen Abschreibung weitgehend frei und orientiert sich nur an den betrieblichen Notwendigkeiten.

Vier wesentliche Parameter sind jedoch fast immer relevant:

- Abschreibungsbasis (Gesamtwert einer Anlage)
- Abschreibungsdauer (Nutzungsdauer eine Anlage bzw. Zeitdauer der Verfügbarkeit)
- Abschreibungsverfahren (welcher Anteil des Gesamtwertes wird in der jeweiligen Periode als Wertminderung angesetzt)
- Restwert

Abschreibungsbasis

Was ist die Abschreibungsbasis?

Als Basis dient entweder:

- die Anschaffungsauszahlung,
- die Herstellungskosten bei selbst erstellten Anlagen oder
- der Wiederbeschaffungswert

In der Kostenrechnung hat sich – zumindest in der Theorie – die Heranziehung von Wiederbeschaffungswerten als Basis für die Afa-Berechnung weitgehend durchgesetzt. Es findet sich kaum ein Lehrbuch, wo nicht in diese Richtung argumentiert wird. In der Praxis bereitet allerdings die Ermittlung von Wiederbeschaffungswerten speziell bei langlebigen Anlagegütern erhebliche Probleme. In solchen Fällen ist es kaum möglich, festzustellen, wie hoch bspw. der Wiederbeschaffungswert in 15 Jahren sein wird.

Der Wiederbeschaffungswert hängt sehr wesentlich von den jährlichen Preissteigerungen ab.

Näherungsweise kann der Wiederbeschaffungswert über eine durchschnittliche Preissteigerungsrate berechnet werden:

Ermittlung des Wiederbeschaffungswertes

$$\text{Wiederbeschaffungswert} = \text{Anschaffungswert} \times (1 + \text{Preissteigerungsrate})^{\text{Nutzungsdauer}}$$

Eine andere Möglichkeit ist die Heranziehung des jeweils aktuellen Tageswertes. Allerdings reichen in diesem Fall bei der Ersatzbeschaffung die angesammelten Abschreibungsbeiträge nicht aus, um den Wiederbeschaffungswert zu refinanzieren.

Ein weiteres Problem ergibt sich durch technischen Fortschritt. Die künftige Ersatzanlage weist häufig technisch höherwertige Eigenschaften auf und ist daher nicht mehr mit der Altanlage vergleichbar. Welcher Wert ist in solchen Fällen heranzuziehen?

Anlagegüter, deren Preise kontinuierlich sinken, wie z.B. Büromaschinen und Datenverarbeitungsgeräte, weisen im Gegensatz zu vorhin das umgekehrte Problem auf; eigentlich müssten die Wiederbeschaffungswerte reduziert werden, da sonst ein zu hoher Abschreibungsbetrag erwirtschaftet wird. In der Praxis wird hier jedoch aus Vereinfachungsgründen für die Berechnung der Abschreibung der Anschaffungswert verwendet.

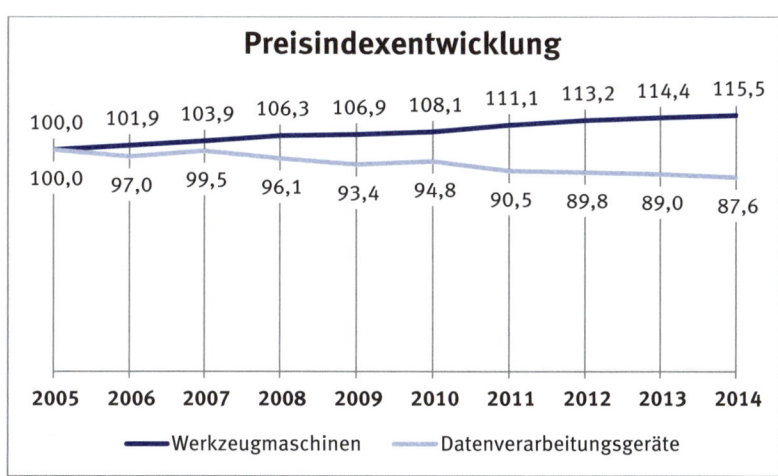

**Abbildung 30: Preisindexentwicklung
Werkzeugmaschinen und Datenverarbeitungsgeräte**

Abschreibungsdauer

Die Abschreibungsdauer entspricht der tatsächlichen Nutzungsdauer.

Die Abschreibungsdauer entspricht der Nutzungsdauer einer Anlage. Wenn die Abnutzung bzw. die Wertminderung einer Anlage überwiegend durch Gebrauchsverschleiß und nicht durch Zeitverschleiß eintritt, sind anstatt einer Nutzungsdauer die maximal möglichen Nutzungseinheiten (z.B. maximal mögliche Kilometerleistung, Betriebsstunden) zu ermitteln. Diese kann man technischen Unterlagen entnehmen bzw. dabei auf Erfahrungswerte zurückgreifen. Abhängig von der Nutzungsintensität einer Anlage verändert sich dann auch der Abschreibungsbetrag.

Der Regelfall in der Praxis ist die zeitabhängige Abschreibung. Dabei ist die geschätzte Nutzungsdauer für die Höhe des errechneten Abschreibungsbetrages maßgeblich. Zu beachten ist, dass bei einer zu hoch geschätzten Nutzungsdauer den Produkten zu geringe Abschreibungsbeträge angelastet werden und damit eine Re-Investition erschwert wird.

Bei zu gering geschätzter Nutzungsdauer fließen zu hohe Abschreibungsbeträge in die Kalkulation ein, das Unternehmen ist u. U. nicht mehr wettbewerbsfähig.

In der Kostenrechnung gilt als Regel, die tatsächlich erwartete Abschreibungsdauer für die Berechnung der Abschreibungsbeträge heranzuziehen. Grundlage für die Schätzung sind Erfahrungen aus der Vergangenheit, Angaben der Hersteller, technische Verbrauchsmessungen etc.

Im Steuerrecht orientiert man sich bei der Nutzungsdauer an sogenannten Afa-Tabellen.

Im Steuerrecht hingegen orientiert man sich an sogenannten Afa-Tabellen, in denen die Nutzungsdauern für eine Vielzahl von Vermögensgegenständen genau definiert sind.

Abschreibungsverfahren

Das Abschreibungsverfahren bildet den (vermuteten) Verbrauchsvorgang der Anlagegüter im Zeitablauf durch eine Abfolge von Abschreibungsquoten nach.

Man unterscheidet dabei folgende wesentliche Verfahren:

a) Lineare Abschreibung mit konstanten Abschreibungsquoten:
Hierbei wird ein gleichmäßiger Wertverzehr der Vermögensgegenstände unterstellt.

b) Leistungsabschreibung:
Bei der Leistungsabschreibung hängt der Abschreibungsbetrag bspw. von der Beanspruchung einer Maschine ab. Zuerst muss die mögliche Gesamtleistung geschätzt werden. Anschließend ergibt sich durch die aliquote Leistungsbeanspruchung der Abschreibungsbetrag.

c) Degressive Abschreibung:
Diese Form der Abschreibung ist in der Kostenrechnung eher ungebräuchlich, handelsrechtlich aber zulässig. Steuerrechtlich ist in Österreich nur die lineare Abschreibung zulässig. Bei der degressiven Abschreibung werden die anfänglichen Abschreibungsjahre stärker belastet als die späteren.

d) Geometrisch-degressive Abschreibung:
   Bei dieser Form wird vom Restwert am Ende eines jeden Jahres ein prozentuell gleichbleibender Betrag abgeschrieben.

e) Arithmetisch-degressive Abschreibung:
   Bei dieser Methode fallen die jährlichen Abschreibungsbeträge immer um den gleichen Betrag.

Kalkulatorische Zinsen

Für die Erbringung einer Leistung benötigt ein Unternehmen nicht nur Materialien, Personal und Anlagen, sondern auch finanzielle Mittel. Die Bereitstellung von finanziellen Mitteln verursacht Kosten in Form von Zinsen. Jeder, der sich bei einem Kreditinstitut einmal Geld ausgeborgt hat, kann das nachvollziehen. Es muss nicht nur der Kreditbetrag in Form von Tilgungen zurückbezahlt werden, sondern auch Zinsen für die Bereitschaft des Fremdkapitalgebers das Geld zu verborgen. Fremdkapitalzinsen dürfen auch in der Finanzbuchhaltung als Aufwand abgebildet werden und sind daher gewinnschmälernd.

Kalkulatorische Zinsen sind mehr als Fremdkapitalzinsen!

Zinsen für Eigenkapital hingegen dürfen nicht als Aufwand ausgewiesen werden, d.h. eine Produktkalkulation auf Aufwandsbasis vernachlässigt Eigenkapitalkosten, was bedeuten würde, dass das Eigenkapital gratis zur Verfügung steht. Jeder Eigenkapitalgeber erwartet sich aber auch eine Verzinsung seines Kapitals. Diese Verzinsung kann grundsätzlich auf zwei Arten berücksichtigt werden, einerseits sehr pauschal über den Gewinnaufschlag oder durch die Berücksichtigung von Eigenkapitalzinsen. Wenn man allerdings sowohl Fremdkapital- als auch Eigenkapitalzinsen in der Kostenrechnung verwendet, dann muss dies bei der Gewinnkalkulation berücksichtigt werden – in Form eines verminderten Gewinnaufschlags, da die Kapitalkosten bereits einkalkuliert wurden.

In der Kostenrechnung darf man auch Eigenkapitalzinsen verwenden!

Zielsetzung der kalkulatorischen Zinsen:

- Berücksichtigung der Kapitalkosten in der Kostenrechnung
- Ausschaltung von unterschiedlichen Belastungen aufgrund verschiedener Kapitalstrukturen und Fremdkapitalzinssätze. Die Höhe der Zinskosten wird unabhängig von der Finanzierungsart angesetzt.
- Erfassung des entgangenen Nutzens durch die Kapitalbindung des betriebsnotwendigen Vermögens in Form von Opportunitätskosten.

Opportunitätskosten sind Kosten des entgangenen Gewinns.

Ermittlung bzw. Ermittlungsprobleme:

Bei der Ermittlung der kalkulatorischen Kosten für das eingesetzte Kapital ergeben sich drei wesentliche Probleme:

a) Wie hoch ist das betriebsnotwendige Kapital (Mengenkomponente)?

Entsprechend der Kostendefinition darf hier nur Kapital herangezogen werden, das für die Leistungserstellung notwendig ist. Vermögensgegenstände, die nicht betriebsnotwendig sind, bzw. dem Unternehmenszweck nicht die-

Nicht betriebsnotwendiges Vermögen darf für die Ermittlung der kalkulatori-

schen Zinsen nicht herangezogen werden.

nen, dürfen bei der Berechnung des betriebsnotwendigen Kapitals nicht herangezogen werden.

Für die Berechnung ist es günstiger, die Vermögensseite (Aktiva) anstatt der Kapitalseite (Passiva) heranzuziehen. Dadurch ist auch eine Berechnung kalkulatorischer Zinsen auf Kostenstellenebene möglich. Die Berechnungsbasis bildet dafür das Anlagenverzeichnis.

Erstes Beurteilungskriterium ist daher:

- Welche Vermögenswerte *dienen nicht* dem unternehmerischen *Sachziel*? Hierzu zählen z.B. vermietete und verpachtete Anlagen, Finanzanlagen, insbesondere nicht betriebsnotwendige Beteiligungen, ungenutzte oder fremd genutzte Grundstücke, still gelegte Anlagen, unbrauchbare oder überhöhte Bestände, Rechnungsabgrenzungsposten.

Zweites Kriterium ist:

- Welche Vermögensgegenstände sind aufgrund handels- bzw. steuerrechtlicher Vorschriften so bewertet, dass sie für die Kostenrechnung nicht sinnvoll herangezogen werden können, wie z.B. bilanziell voll abgeschriebene, aber noch genutzte Vermögensgegenstände, geringwertige Wirtschaftsgüter oder ein aktivierter Geschäftswert? Allgemein gilt, dass die Vermögensgegenstände zu kalkulatorischen Restbuchwerten angesetzt werden sollten.

Drittes Kriterium ist:

- Welche Vermögenswerte sind unentgeltlich oder „kostenlos" finanziert? Da eine Zuordnung auf Vermögensgegenstände kaum möglich ist, nimmt man stattdessen das so genannte Abzugskapital. Dies sind alle zinsenfrei zur Verfügung gestellten Kapitalien, wie z.B. Kundenanzahlungen, langfristige Rückstellungen oder auch Lieferantenkredite. Gerade Letztere sind ziemlich umstritten, da der Lieferant für den Lieferantenkredit nicht unmittelbar Zinsen verlangt, diese aber häufig bereits im Preis miteinkalkuliert hat. Unter dem Gesichtspunkt, dass die Inanspruchnahme eines Lieferantenkredites einen Skontoverlust nach sich zieht, kann man hier kaum von einem zinsenlosen Kredit sprechen.

Bedeutsam ist, dass für die Berechnung des gebundenen Kapitals sowohl beim Anlage- als auch beim Umlaufvermögen nicht vom Bestand am Bilanzstichtag auszugehen ist, sondern vom Durchschnittswert aus Anfangs- und Endbestand.

Ermittlung des „Betriebsnotwendigen Kapitals"

Zusammenfassend gilt:

	Gesamtvermögen
−	neutrales/betriebsfremdes Vermögen
+	nicht bilanzielles Vermögen
=	**betriebsnotwendiges Vermögen**
−	Abzugskapital
=	**betriebsnotwendiges Kapital**

b) Welcher Zinssatz soll für die Verzinsung des betriebsnotwendigen Kapitals gewählt werden (Preiskomponente)?

Als Zinssatz wird üblicherweise der Zinssatz für langfristige Kapitalanlagen zuzüglich eines Risikozuschlags herangezogen.

Kalkulatorischer Zinssatz.

Verbreitet ist auch die Bemessung des Zinssatzes als gewogener Mischzins aus Fremdkapital- und Eigenkapitalkosten. In diesem Falle ist die Höhe der Eigenkapitalkosten festzulegen.

Für die Fixierung des Zinssatzes wird häufig auch entsprechend dem Opportunitätskostendenken der Zinssatz zugrunde gelegt, der bei alternativen Kapitalanlagen erzielt werden könnte. Viele Unternehmen fixieren den Zinssatz als Mindestverzinsung ihrer Investitionsentscheidungen.

c) Bewertung der einzelnen Bilanzpositionen?

Bei der Bewertung ist zwischen Anlage- und Umlaufvermögen zu unterscheiden.

Wie sind die Bilanzpositionen zu bewerten?

Der Wert des Anlagevermögens wird entweder mit dem

- Restwertverfahren oder dem
- Durchschnittsverfahren

ermittelt.

Restwertverfahren

Dabei wird vom in der Bilanz tatsächlich vorliegenden Buchwert ausgegangen. Der Wert der Vermögensgegenstände ist bereits um die Abschreibung reduziert und verringert sich stetig.

Restwertverfahren

Die Folge ist, dass sich analog zum verringerten Anlagenwert auch die kalkulatorischen Zinsen vermindern, mit der Konsequenz sinkender Kostensätze und damit sinkender Produktkosten.

Durchschnittsverfahren

Bei diesem Verfahren versucht man das Problem der sich im Zeitablauf ändernden Wertansätze des Anlagevermögens durch die Heranziehung eines Durchschnittswertes zu umgehen. Hierbei wird das einzelne Anlagegut über die gesamte Laufzeit mit dem halben Anschaffungswert bewertet und dieser für die Ermittlung der kalkulatorischen Zinsen verwendet.

Durchschnittsverfahren

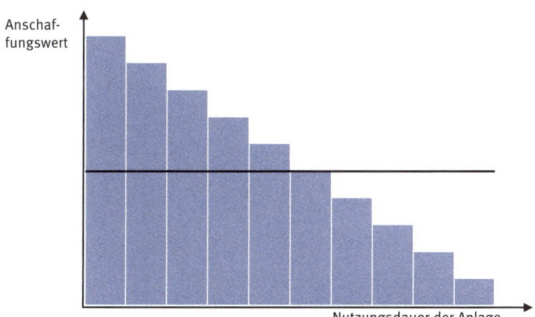

Abbildung 31: Kalkulatorische Zinsen – Durchschnittsverfahren

Für den Wertansatz des Umlaufvermögens zieht man üblicherweise Durchschnittsbestände laut Bilanz ((Anfangsbestand + Endbestand)/2) heran.

Nach Berücksichtigung aller Faktoren errechnen sich Kalkulatorische Zinsen folgendermaßen:

Berechnung Kalkulatorische Zinsen

Kalkulatorische Zinsen =
Betriebsnotwendiges Kapital × kalkulatorischer Zinssatz

Kalkulatorische Zinsen auf Kostenstellenebene

Für die Berechnung der kalkulatorischen Zinsen auf Kostenstellenebene muss versucht werden, das betriebsnotwendige Vermögen so plausibel wie möglich auf die verantwortlichen Unternehmenseinheiten zuzuordnen. Schwierigkeiten ergeben sich dabei vor allem bei Abzugskapital. Das zinsenfreie Kapital lässt sich den Kostenstellen meistens nicht zuordnen. Dadurch bedingt erhält man eine Differenz zwischen den ermittelten kalkulatorischen Zinsen auf Gesamtunternehmensebene und Kostenstellenebene. Diese Differenz muss entweder über Schlüsselung oder pauschale Zuordnung weiterverrechnet werden. Ein Ausgleich kann auch durch Ansatz unterschiedlicher Zinssätze bei der Gesamtunternehmensbetrachtung und der Kostenstellenbetrachtung gefunden werden.

Beispiel Restwert- und Durchschnittswertverzinsung:

Kalkulatorischer Ausgangswert:	1.000.000 €
Abschreibung:	5 Jahre linear
Zinssatz:	10 % p.a.

Es sollen die kalkulatorischen Zinsen für diese fünf Jahre nach der Durchschnitts- und Restwertmethode berechnet werden! Bei der Restwertmethode ist so vorzugehen, dass man als Restwert einer Periode jeweils den Durchschnittswert aus den Restwerten am Anfang und am Ende dieses Jahres betrachtet!

Kalk. Restwerte am Ende des	1. Jahres	=	800.000 €
	2. Jahres	=	600.000 €
	3. Jahres	=	400.000 €
	4. Jahres	=	200.000 €
	5. Jahres	=	0 €
Mittlere Restwerte im	1. Jahr	=	900.000 €
	2. Jahr	=	700.000 €
	3. Jahr	=	500.000 €
	4. Jahr	=	300.000 €
	5. Jahr	=	100.000 €
Mittlerer Ausgangswert für alle 5 Jahre		=	500.000 €

Kalkulatorische Jahreszinsen:

Jahr	Durchschnittsmethode	Restwertmethode
1	50.000 €	90.000 €
2	50.000 €	70.000 €
3	50.000 €	50.000 €
4	50.000 €	30.000 €
5	50.000 €	10.000 €
Summe	250.000 €	250.000 €

Kalkulatorische Wagnisse

In jedem Unternehmen existieren Risiken, Schadensfälle zu erleiden, die nicht durch eine Versicherung gedeckt sind bzw. deren mögliche Kosten in der Buchhaltung nicht berücksichtigt wurden. D.h. alle Risiken,

- die nicht durch klassische Versicherungen gedeckt sind,
- wo nicht bereits in der GuV-Rechnung eine entsprechende Aufwandsposition für dieses Risiko vorhanden ist (Rückstellungen für Garantiefälle etc.)
- oder wo in der GuV-Rechnung aufgrund von handels- bzw. steuerrechtlichen Vorschriften unbrauchbare Wertansätze existieren,

sollten in der Kostenrechnung gesondert als kalkulatorische Wagnisse erfasst werden und in die Kalkulation von Produkten oder Leistungen miteinfließen.

> Kalkulatorische Wagniskosten dienen zur Abdeckung unvorhergesehener Risiken

Einzelwagnis	Wagnisart	Bezugsgröße	Nachweis
Beständewagnis	Lagerverluste bei Roh-, Hilfs- und Betriebsstoffen und Halb- und Fertigfabrikaten, die durch Schwund, Diebstahl, Veralten usw. entstehen	Wert des Lagerbestandes	Inventur, Abstimmung mit buchmäßigen Aufzeichnungen
Anlagenwagnis	Verluste durch Maschinenbruch, Unfälle, Katastrophen usw.	Wert des Anlagevermögens/ Anschaffungskosten o. Buchwert	Statistik über ausgefallene und entwertete Anlagen
Ausschusswagnis	Ausschüsse jeder Art, die durch Material-, Arbeits- oder Konstruktionsfehler entstehen	Fertigungs- oder Herstellkosten der Periode	Aufzeichnungen der Qualitätskontrolle
Gewährleistungswagnis	Verluste aus Garantieleistungen. wie z.B. Nachbesserungen, Ersatzlieferungen	Herstellkosten oder Umsatz der mit Garantie gelieferten Erzeugnisse	Aufzeichnungen des Vertriebs
Entwicklungswagnis	Verluste durch fehlgeschlagene Forschungs- und Entwicklungsarbeiten	Entwicklungskosten der Periode	gesonderte belegmäßige Erfassung
Vertriebswagnis	Forderungsausfälle	Forderungsbestand oder Umsatz	laufende Aufzeichnungen der Buchhaltung
sonstige Wagnisse	Verluste, die besonders in bestimmten Branchen entstehen, wie z.B. durch Bergschäden, Flugzeugabstürze, Schiffsunfälle usw.	Umsatz oder Gesamtkosten	gesonderte belegmäßige Erfassung

Abbildung 32: Wagniskosten – Formen (Quelle: Däumler/Grabe, 2003, S.187)

Kalkulatorische Wagniskosten sind normalisierte Kosten.

Da die Risiken oftmals sehr aperiodisch anfallen, würden durch eine entsprechende jährliche Berücksichtigung sehr starke Kostenschwankungen entstehen. Um dies zu mildern, nimmt man eine Glättung bzw. Normalisierung vor. Die Wagniskosten resultieren dabei aus einer Durchschnittsbildung mehrjähriger Schadensfälle. Das bedeutet allerdings, dass in einem Jahr mit hohen Schäden die errechneten durchschnittlichen Wagniskosten zu gering sein können, dafür im nächsten Jahr bei geringen Schäden zu hoch.

Sonstige kalkulatorische Kosten

Kalkulatorischer Unternehmerlohn

Kalkulatorischer Unternehmerlohn als Ausgleich für die „kostenlose" Überlassung" der Arbeitsleistung.

Das Gehalt der Vorstände einer Aktiengesellschaft wird in der GuV-Rechnung in der Position „Personalaufwand" erfasst, das gilt auch für andere Kapitalgesellschaften. Bei Personengesellschaften und Einzelunternehmen dürfen die Kosten des Unternehmers bzw. Geschäftsführers nicht als Aufwand gewinnmindernd in der Finanzbuchhaltung erfasst werden. Das Arbeitsentgelt ist aus dem Gewinn zu decken. Für Zwecke der Kalkulation sollte dieser nicht aufscheinende Aufwand jedoch berücksichtigt werden und zwar durch die Einbeziehung eines sogenannten „kalkulatorischen Unternehmerlohnes". Als Richtwert für die Bemessung sollen die Gehälter angesetzt werden, die in den jeweiligen Branchen bzw. Regionen für vergleichbare Tätigkeit üblich sind.

Kalkulatorische Miete

Kalkulatorische Miete als Ausgleich für die „kostenlose" Überlassung" von Räumlichkeiten.

Sofern ein Unternehmen sich in Geschäftsräumen eines Gesellschafters oder des Unternehmers befindet, ist u.U. der Ansatz einer kalkulatorischen Miete sinnvoll, wenn diese Aufwendungen nicht schon in der Finanzbuchhaltung berücksichtigt wurden. Die Höhe entspricht dem, was für vergleichbare Räume zu bezahlen wäre. Hier findet sich wieder der Opportunitätskostengedanke (Nutzenentgang), d.h., was hätte man bei einer alternativen Verwendung der Räumlichkeiten an Einnahmen erzielen können.

2.3 Kostenstellenrechnung – wo entstehen die Kosten?

2.3.1 Zum Begriff der Kostenstelle

Eine Kostenstelle ist der Ort, wo die Kosten entstehen.

Kostenstellen sind betriebliche Teilbereiche, die kostenrechnerisch als selbständige Abrechnungseinheiten gelten. D.h., jeder dieser Teilbereiche erfasst die von ihm verursachten Kosten. Diese Kosten werden detailliert nach Kostenarten in sogenannten Kostenstellenberichten ausgewiesen.

Häufig werden bestehenden Kostenstellen auch Kosten anderer Kostenstellen zugerechnet, d.h. Kostenstellen sind sowohl Kostenverursacher als auch Kostenempfänger.

2.3.2 Kostenstellenbildung

Vielfach werden Kostenstellen analog zur organisatorischen bzw. funktionalen Unterteilung des Unternehmens gebildet. Im deutschsprachigen Raum sind Unternehmen meistens nach *betrieblichen Funktionen*, wie z.B.:

- Beschaffung, Lagerung
- Fertigung
- Forschung und Entwicklung
- Verwaltung
- Vertrieb
- Sonstige betriebliche Funktionsbereiche

organisiert. Entsprechend werden auch die Kostenstellen gebildet. Ein wesentliches Kriterium bei der Kostenstellenbildung ist auch, dass es für eine Kostenstelle immer eine verantwortliche Person geben soll.

Neben der Unterteilung nach betrieblichen Funktionen und Verantwortungsbereichen ist aber auch eine Unterteilung nach *organisatorischen Gesichtspunkten* möglich, wie z.B. an Fachhochschulen oder an Universitäten

- Studiengang „Produktion und Management"
- Studiengang „E-Business"
- Institut für „Controlling"
- Institut für „Marketing"

Kostenstellenverantwortliche sind die Studiengangsleiter bzw. die Institutsleiter.

Ein weiterer Bestimmungsfaktor für die Kostenstellenbildung kann aber auch die Art des Produktionsprogramms, die Zahl der Produktionsstufen, die Technologie des Produktionsverfahrens sein. So gibt es viele Industrieunternehmen, die für größere Maschinen und deren Bediener eigene Kostenstellen bilden. Diese werden Platzkostenstellen genannt. Eine derart tiefe Unterteilung basiert auf *verrechnungstechnischen Überlegungen*. Dabei muss bei der Kostenstellenbildung darauf geachtet werden, dass für jede Kostenstelle eine möglichst genaue Maßgröße der Kostenverursachung (= Bezugsgröße) herangezogen werden kann.

Für eine Platzkostenstelle ist bspw. die wesentliche Bezugsgröße „Maschinenstunden", da der Großteil der Kosten der Platzkostenstelle von der Anzahl der Maschinenstunden abhängt.

Wenn man eine Kostenstelle zu wenig tief untergliedert und sehr viele Fertigungsbereiche miteinbezieht, entsteht die Gefahr, dass nicht mehr festgestellt werden kann, wer der dominante Kostenverursacher ist. Die Ermittlung eines Verrechnungssatzes für die Kalkulation wird dadurch sehr erschwert, außerdem ist eine Kostenplanung bzw. Kostenkontrolle kaum mehr möglich.

Deshalb ist es wichtig, dass bei der Kostenstellenbildung darüber nachgedacht wird, welche Arbeitsverrichtungen (Arbeitsprozesse) für einen Kosten-

Die Kostenstellen werden häufig nach betrieblichen Funktionen unterteilt.

Keine Kostenstelle ohne verantwortliche Person!

Kostenstellen können zusätzlich in Platzkostenstellen unterteilt werden.

Kostenstellen benötigen eindeutige Bezugsgrößen.

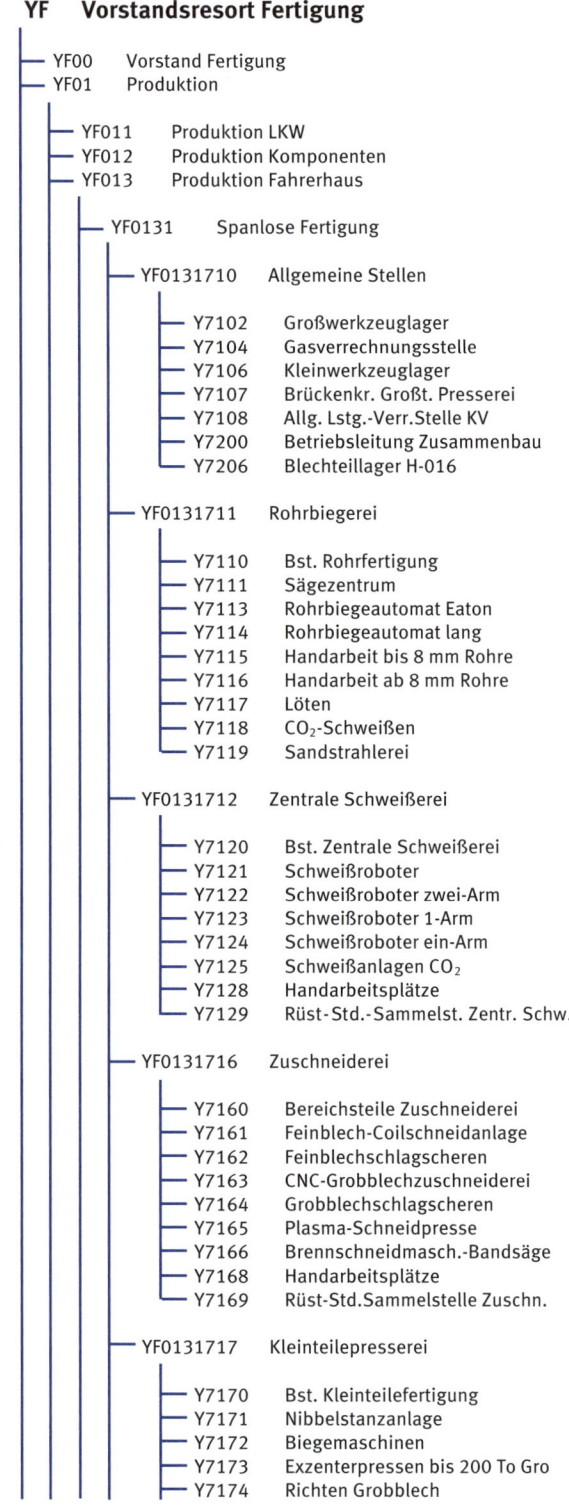

YF   Vorstandsresort Fertigung

YF00	Vorstand Fertigung	
YF01	Produktion	
	YF011	Produktion LKW
	YF012	Produktion Komponenten
	YF013	Produktion Fahrerhaus

YF0131   Spanlose Fertigung

YF0131710   Allgemeine Stellen

- Y7102   Großwerkzeuglager
- Y7104   Gasverrechnungsstelle
- Y7106   Kleinwerkzeuglager
- Y7107   Brückenkr. Großt. Presserei
- Y7108   Allg. Lstg.-Verr.Stelle KV
- Y7200   Betriebsleitung Zusammenbau
- Y7206   Blechteillager H-016

YF0131711   Rohrbiegerei

- Y7110   Bst. Rohrfertigung
- Y7111   Sägezentrum
- Y7113   Rohrbiegeautomat Eaton
- Y7114   Rohrbiegeautomat lang
- Y7115   Handarbeit bis 8 mm Rohre
- Y7116   Handarbeit ab 8 mm Rohre
- Y7117   Löten
- Y7118 CO_2-Schweißen
- Y7119   Sandstrahlerei

YF0131712   Zentrale Schweißerei

- Y7120   Bst. Zentrale Schweißerei
- Y7121   Schweißroboter
- Y7122   Schweißroboter zwei-Arm
- Y7123   Schweißroboter 1-Arm
- Y7124   Schweißroboter ein-Arm
- Y7125   Schweißanlagen CO_2
- Y7128   Handarbeitsplätze
- Y7129   Rüst-Std.-Sammelst. Zentr. Schw.

YF0131716   Zuschneiderei

- Y7160   Bereichsteile Zuschneiderei
- Y7161   Feinblech-Coilschneidanlage
- Y7162   Feinblechschlagscheren
- Y7163   CNC-Grobblechzuschneiderei
- Y7164   Grobblechschlagscheren
- Y7165   Plasma-Schneidpresse
- Y7166   Brennschneidmasch.-Bandsäge
- Y7168   Handarbeitsplätze
- Y7169   Rüst-Std.Sammelstelle Zuschn.

YF0131717   Kleinteilepresserei

- Y7170   Bst. Kleinteilefertigung
- Y7171   Nibbelstanzanlage
- Y7172   Biegemaschinen
- Y7173   Exzenterpressen bis 200 To Gro
- Y7174   Richten Grobblech

Abbildung 33: Auszug aus einem Kostenstellenplan eines großen Fahrzeugherstellers

träger erforderlich sind. Entsprechend dieser Arbeitsvorgänge/ -prozesse kann man auch die Kostenstellen bilden. Der Hauptvorteil einer prozessorientierten Kostenstellenbildung ist eine sehr exakte Kostenkalkulation.

In der Praxis ist das allerdings häufig mit erheblichen Schwierigkeiten verbunden und man muss sich daher oft mit Näherungslösungen zufrieden geben.

Kann die Kostenstelle ihre Arbeitsvorrichtungen hingegen relativ genau definieren, wie das in Fertigungsstellen der Fall ist, ist auch eine ziemlich exakte Zuordnung der Kosten und eine Weiterverrechnung über sogenannte Verrechnungssätze möglich. In den sogenannten „nichtproduktiven Abteilungen" wie bspw. Verwaltungs-, Forschungs- und Vertriebsabteilungen ist dies aufgrund der Komplexität und Unterschiedlichkeit der Arbeitsabläufe nur teilweise über sogenannte Prozesskostensätze möglich. Eine Kostenstellenunterteilung bis auf Prozessebene wäre theoretisch möglich, ist jedoch mit sehr hohem Aufwand verbunden und wird deshalb kaum durchgeführt. In der Produktion findet man hingegen durchaus eine Unterteilung der Kostenstellen nach Arbeitsvorgängen (Dreherei, Fräserei, etc.).

Resümierend ist festzuhalten, dass die Art und die Tiefe der Kostenstellenbildung die Exaktheit der Kostenträgerkalkulation, aber auch den Aufwand für die Kostenverrechnung sehr wesentlich beeinflussen.

Kostenstellenbildung beeinflusst Verrechnungsaufwand und Güte der Kostenrechnungsergebnisse!

2.3.3 Aufgaben der Kostenstellenrechnung

Die Kostenstellenrechnung hat drei wesentliche Aufgaben:

a) Wirtschaftlichkeitskontrolle bzw. periodenbezogene Kostenplanung und -kontrolle

Das Hauptaugenmerk liegt dabei auf der Planung und Kontrolle der Kosten jedes einzelnen Verantwortungsbereiches. Je größer ein Unternehmen, umso wichtiger wird es, dass sich für die Erreichung der Unternehmensziele mehrere Personen verantwortlich fühlen. Jeder Verantwortungsträger ist für die Erreichung der Teilziele bzw. des Gesamtzieles mitverantwortlich. Entsprechend der geplanten Ziele fallen auch Kosten in den Kostenstellen an bzw. sind Kosten zu planen. Man spricht dabei auch von Budgetierung. Planung ist aber nur dann sinnvoll, wenn auch die Zielerreichung bzw. die Kosteneinhaltung kontrolliert werden. Budgetierung ohne Kontrolle ist wirkungslos. Die Analyse der Abweichungen schafft neue Erkenntnisse für Wirtschaftlichkeitsverbesserungen.

Kostenstellenrechnung und Wirtschaftlichkeitskontrolle.

Die kostenstellenbezogene Kostenplanung und Kostenkontrolle ist wohl in jedem größeren österreichischen Unternehmen ein wichtiges Thema. Auf die Komplexität dieses Planungsprozesses wird besonders im Teil E eingegangen.

b) Verrechnung der Kostenträgergemeinkosten

Die Bearbeitung eines Produktes bzw. die Leistungserstellung erfolgt in den Kostenstellen. Dabei fallen Kosten an, die als Gemeinkosten bezeichnet wer-

Kostenstellenrechnung dient der Verrechnung der Gemeinkosten.

den. Ein Großteil der Gemeinkosten kann den Kostenstellen aufgrund von Belegen direkt zugeordnet werden. Ein nicht unwesentlicher Teil, wie z.B. Gebäudeabschreibung oder Miete kann jedoch nur über Kalkulationsschlüssel verteilt werden. Die Summe der jeweiligen Kostenstellengemeinkosten ist entsprechend der Inanspruchnahme durch die Produkte bzw. Leistungen zu kalkulieren. Für diese Kalkulation benötigt man sogenannte Verrechnungs- oder Zuschlagssätze.

Eine wichtige Aufgabe der Kostenstellenrechnung besteht darin, die Kostenstelleneinteilung so geschickt vorzunehmen, dass geeignete Kalkulationssätze für die Verrechnung der Gemeinkosten ermittelt werden können.

c) Innerbetriebliche Leistungsverrechnung

Innerhalb der Kostenstellen bestehen Leistungsverflechtungen, d.h., eine Kostenstelle erbringt Leistungen für eine andere. Für die Erstellung dieser Leistungen entstehen Kosten, die möglichst verursachungsgerecht verrechnet werden müssen, man nennt diesen Vorgang innerbetriebliche Leistungsverrechnung. Darauf wird in den nachfolgenden Kapiteln näher eingegangen.

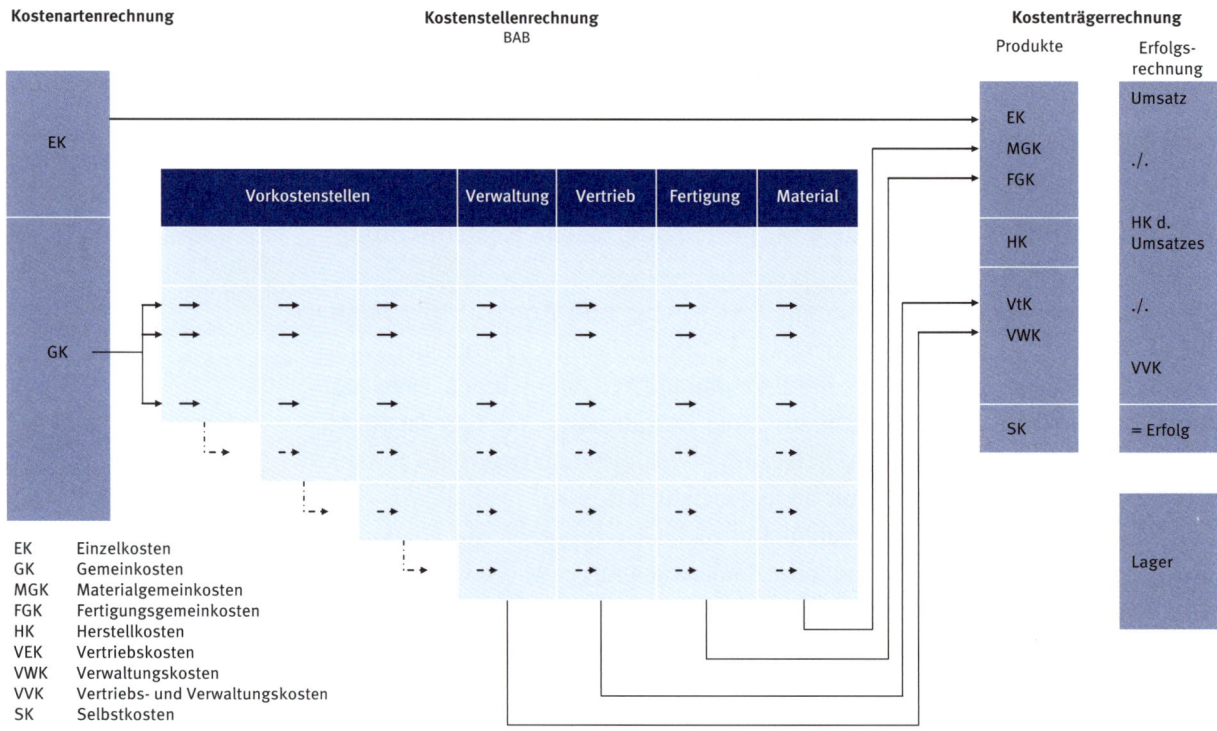

Abbildung 34: Kostenstellenrechnung (Quelle: Coenenberg, 2003, S. 58)

2.3.4 Kostenstellenarten

„Cost center" sind eigenständige Unternehmenseinheiten, die mehrere Kostenstellen umfassen.

Hierarchisch betrachtet lassen sich Kostenstellen einerseits zu Kostenbereichen zusammenfassen, man spricht dann von „cost center". Diese Kostenbereiche können nach oben noch weiter verdichtet werden. Genauso kann eine

Kostenstelle aber auch noch weiter unterteilt werden, z.B. in Kostenplätze. Im Folgenden sei dies veranschaulicht.

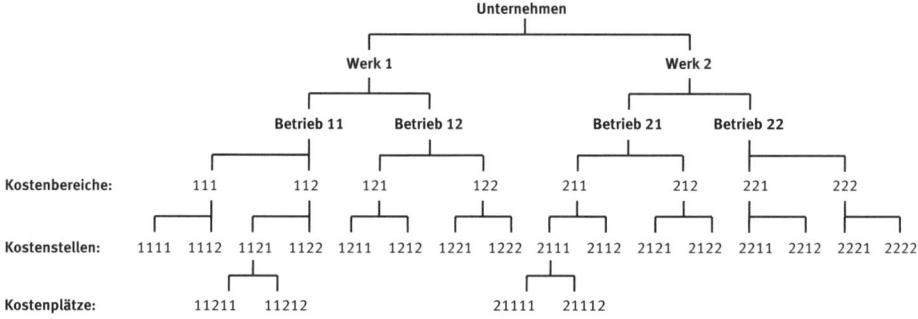

Abbildung 35: Schema eines Kostenstellenplanes

Entsprechend den Gliederungskriterien existieren verschiedene Kostenstellenarten.

Funktionskostenstellen

Funktionskostenstellenarten

- Materialstellen
  Dies ist der Überbegriff für all jene Kostenstellen, die sich mit Beschaffung, der Annahme, Kontrolle und Lagerung von Roh-, Hilfs- und Betriebsstoffen, aber auch Zukaufteilen befassen. Im Detail heißen diese dann: Einkauf, Materialeingangsprüfung, Materialausgabe etc.
- Fertigungsstellen
  In diesen Kostenstellen wird direkt am Produkt gearbeitet, z.B. Dreherei, Schleiferei, Presserei, Schweißerei.
- Fertigungshilfsstellen
  Dies sind Kostenstellen, die nicht unmittelbar an den Produkten arbeiten, wie z.B. Instandhaltung, Fertigungsplanung und -steuerung, Werkzeugmacherei, Arbeitsvorbereitung.
- Allgemeine Hilfsstellen
  Das sind Betriebsabteilungen, deren Leistungen für die Aufrechterhaltung des Unternehmens notwendig sind und von vielen anderen Kostenstellen in Anspruch genommen werden, wie z.B. Energieversorgung, Grundstücke und Gebäude, Kantine, Fuhrpark.
- Forschung und Entwicklung
  Hierzu zählen bspw. Konstruktion, Musterbau, Erprobung.
- Vertriebsstellen
  Das sind jene Stellen, die mit dem Absatz der erzeugten Produkte und der damit verbundenen Funktionen zu tun haben, z.B. Fertigwarenlager, Verkauf, Versand, Kundendienst, Werbung, Marktforschung.
- Verwaltungsstellen
  Diese sind für die Administration zuständig und damit für Unternehmensleitung, Controlling/Finanzen, Personal etc.

Haupt-, End- und Hilfskostenstellen

- Hauptkostenstellen bzw. Endkostenstellen
  In diesen Kostenstellen beschäftigt man sich direkt mit der Herstellung und Betreuung marktfähiger Produkte, d.h. dort erfolgt die unmittelbare Be- und Verarbeitung. Die Kosten der Endkostenstellen werden mittels Verrechnungs- oder Zuschlagssätzen auf den Kostenträger weiterverrechnet.

- Hilfskostenstellen, allgemeine Hilfsstellen und Vorkostenstellen
  In diesen Kostenstellen wird, wie bereits vorhin dargestellt, nur mittelbar am Produkt gearbeitet bzw. werden nur Leistungen erbracht, die für andere Kostenstellen notwendig sind und der Aufrechterhaltung der Betriebsbereitschaft dienen. Hilfskostenstellen werden oftmals auch als Vorkostenstellen bezeichnet, da ihre Leistungen nicht für das Endprodukt, sondern für die Endkostenstellen erbracht werden. Die Weiterverrechnung erfolgt über die innerbetriebliche Leistungsverrechnung.

2.3.5 Erfassung und Verteilung von Kosten in der Kostenstellenrechnung

Kostenstellenkosten werden üblicherweise als Gemeinkosten bezeichnet. Dies ist jedoch insofern etwas irreführend, als eigentlich zwischen Kostenstelleneinzelkosten und Kostenstellengemeinkosten unterschieden werden muss:

- Kostenstelleneinzelkosten sind Kostenarten, die zwar der Kostenstelle unmittelbar zuordenbar sind, aber nicht direkt dem Kostenträger. Für diese Kosten existieren Belege, anhand denen eine genaue Kostenstellenzuordnung möglich ist. Beispiele hierfür sind: Fertigungshilfslöhne (Lohnzettel), Hilfsmaterial (Materialentnahmeschein), Kalkulatorische Abschreibungen (Anlagen- und Aufstellungsverzeichnis). All diese Kosten sind zwar direkte Kosten der Kostenstelle (Kostenstelleneinzelkosten), bezogen auf den Kostenträger aber nur indirekte Kosten (Kostenträgergemeinkosten).

- Kostenstellengemeinkosten sind Kosten, die den Kostenstellen nur über Kostenumlageschlüssel zugeteilt werden können. Welche Kostenstelle die Kosten verursacht hat, lässt sich aus den dazugehörigen Belegen nicht unmittelbar erkennen. Beispiele hierfür sind Stromkosten, Heizungskosten, das Gehalt des Werksleiters, Kosten des Werksgebäudes.

In der Kostenstellenrechnung werden die aus der Aufwandsrechnung in die Kostenrechnung übergeleiteten Kosten für die Zuweisung auf die Kostenstellen herangezogen.

Kostenträgereinzelkosten werden in der Kostenstellenrechnung zwar manchmal ausgewiesen, für die Verrechnungssatzbildung aber nicht berücksichtigt, sondern direkt an den Kostenträger verrechnet. Nur die *Kostenträgergemeinkosten* bilden die Basis für die Kostenstellenrechnung.

2.3.5.1 Kostenstellenrechnung – Ablauf

Der Aufbau einer Kostenstellenrechnung besteht aus folgenden Ablaufschritten:

1. **Primärkostenverrechnung.** Zuerst sind die Kostenträgergemeinkosten auf die Vor- und Endkostenstellen zu verteilen und zwar nach folgenden Prinzipien:

   a. **Kostenstelleneinzelkosten nach dem direkten Verursachungsprinzip (nach Belegen)**

   b. **Kostenstellengemeinkosten indirekt unter Verwendung von Verteilungsschlüsseln**

Primärkostenverrechnung ist die Erfassung bzw. Verteilung der Gemeinkosten auf die Kostenstellen.

2. **Sekundärkostenverrechnung.** Nach der Verteilung der primären Gemeinkosten auf die Vor- und Endkostenstellen wird untersucht, wie intensiv die Endkostenstellen Leistungen der Vorkostenstellen in Anspruch genommen haben. Danach werden die Kosten der Vorkostenstellen auf die Abnehmer ihrer Leistungen – dies können sowohl andere Vor- als auch Endkostenstellen sein – weitergewälzt. Dafür kommen die im Folgenden geschilderten Prinzipien der innerbetrieblichen Leistungsverrechnung zur Anwendung. Die jeweils an eine andere Kostenstelle weiter gewälzten Kosten aus den Vorkostenstellen werden als Sekundärkosten bezeichnet. Nach der Umlage der Vorkostenstellen ergeben sich in den Endkostenstellen neue Gemeinkostensummen, die aus Primärkosten und von den Vorkostenstellen empfangenen Sekundärkosten bestehen.

Sekundärkostenverrechnung ist die Umlage der Kosten von den Vor- und Hilfskostenstellen auf die End- bzw. Hauptkostenstellen

3. **Ermittlung Primär- plus Sekundärkosten in den Endkostenstellen.** Nachdem die Endkostenstellensummen ermittelt wurden, ist zu überlegen, wie diese Gemeinkosten möglichst verursachungsgerecht auf den Kostenträger weiterverrechnet werden können. Daraus ergibt sich der vierte Schritt:

4. **Bildung von Kalkulationssätzen für die Endkostenstellen (bzw. Hauptkostenstellen).** Die Kalkulationssätze ermittelt man, indem die Summe der Gemeinkosten der Endkostenstellen durch eine möglichst geeignete Bezugsgröße dividiert wird. Als geeignet wird eine Bezugsgröße dann angesehen, wenn bei einer Änderung der Bezugsgröße sich auch die Gemeinkosten möglichst proportional verändern. Vereinfacht ausgedrückt, wenn Maschinenstunden als Bezugsgröße gewählt werden, dann sollte sich bei einer höheren Maschinenstundenanzahl ein möglichst großer Teil der Gemeinkosten der Kostenstelle (Energiekosten, Abschreibung, Betriebsstoffe, Hilfsstoffe etc.) proportional mitändern. Eine richtige Bezugsgröße muss eine möglichst gute Maßgröße der Kostenverursachung sein. Bezugsgrößen können Mengen- oder Wertgrößen sein.

Bildung von Kalkulationssätzen

Mengengrößen sind „Maschinenstunden, Stückzahlen, Gewichtsgrößen" etc. Wenn man die Gemeinkosten durch die Mengengrößen dividiert, ergibt sich

Bezugsgrößen können Mengen- oder Wertgrößen sein.

99

ein Verrechnungssatz, d.h. Gemeinkosten je Stunde, Gemeinkosten je Stück etc.!

Wertgrößen sind bspw. der „verbrauchte Materialwert", „Fertigungslöhne" oder auch Herstellkosten. Durch Anwendung einer Wertgröße ergibt sich ein Zuschlagssatz für die Verrechnung der Gemeinkosten!

Im Folgenden seien diese beschriebenen Vorgänge noch einmal schematisch dargestellt.

Ist die Bezugsgröße eine Wertgröße, ergibt sich ein Zuschlagssatz!

Ist die Bezugsgröße eine Mengengröße, ergibt sich ein Verrechnungssatz!

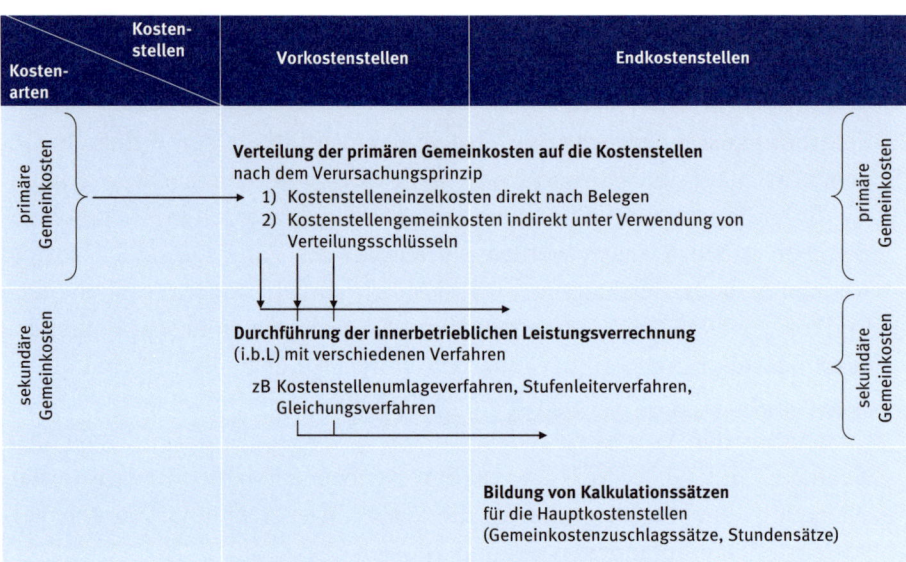

Abbildung 36: Ablauf Kostenstellenrechnung

2.3.5.2 Primärkostenverrechnung – Kostenschlüssel

In der Kostenstellenrechnung soll jede Kostenstelle jene Gemeinkosten beinhalten, die von ihr verursacht wurden. Für einige Kostenarten ist das relativ einfach, da es hierfür Belege gibt, mittels derer die Gemeinkostenzuordnung exakt möglich ist. Beispiele hierfür sind: Arbeitskleidung, Werkzeuge, Maschinenabschreibung und Löhne und Gehälter.

Etwas schwieriger wird es, wenn es um die Zuordnung von Kostenarten wie: Versicherungen, Gebäudeabschreibung oder Energieverbrauch geht. Diese Kostenarten können entweder über diverse Schlüssel den Kostenstellen verrechnet werden oder sie werden auf den betreffenden Hilfskostenstellen (z.B. Gebäudeabschreibung auf die Hilfskostenstelle Gebäude) gesammelt und von dort mittels Schlüsselgrößen den Hauptkostenstellen verrechnet.

Bei der Wahl der Schlüsselgröße ist darauf zu achten, dass zwischen Schlüsselgröße und Kostenhöhe eine proportionale Beziehung besteht. D.h., wenn die Schlüsselgröße sich ändert, muss sich auch die Kostenhöhe entsprechend verändern.

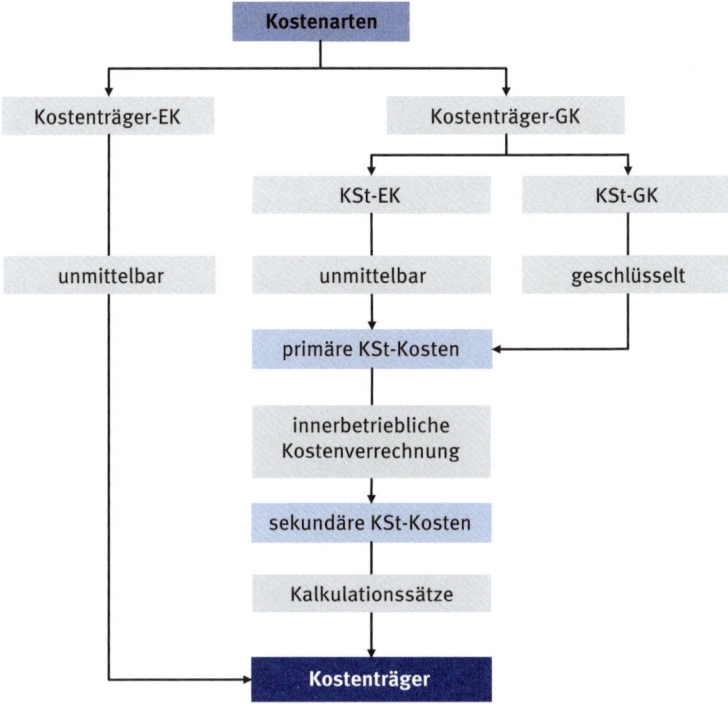

Abbildung 37: Kostenverteilung in der Kostenstellenrechnung

Grundgleichung Gemeinkostenverteilung:

$$\text{Kosten KSt} = \frac{\text{Kostensumme der primären Gemeinkostenart}}{\text{Gesamte Schlüsselmenge}} \times \text{Schlüsselmenge KSt}$$

Gebräuchliche Kostenschlüssel bzw. Verteilungsmethoden

Bei den Verteilungsmethoden unterscheidet man zwischen direkter und indirekter Verteilung. Während bei der direkten Verteilung eindeutig zuordenbare Belege oder Aufzeichnungen existieren, kommen bei der indirekten Verteilung Kostenschlüssel zur Anwendung. Hierbei unterscheidet man zwischen:

- Mengenschlüssel
  - Zählgrößen (Stück, Personen),
  - Längen-, Flächen- und Raumgrößen
  - Gewichtsgrößen
  - Zeitgrößen (Fertigungs-, Maschinen-, Rüststunden etc.)
  - Leistungsgrößen (Kilowatt) etc.
- Wertschlüssel
  - Kostengrößen (Lohn, Gehalt, Materialkosten, Fertigungs-, Herstell-, Selbstkosten)
  - Umsatz
  - Vermögenswerte (Anschaffungswert oder Wiederbeschaffungswert als Basis für Abschreibung, Lagerwert etc.)

Gebräuchliche Kostenschlüssel für die Gemeinkostenverteilung.

Kostenschlüssel bei innerbetrieblicher Kosten/Leistungsverrechnung

Bei der innerbetrieblichen Leistungsverrechnung geht man ähnlich wie bei der Verteilung der Gemeinkosten vor. Zuerst muss eine geeignete Bezugsgröße gesucht werden, dann werden die Kosten der Hilfskostenstelle nach jeweiliger Inanspruchnahme der Bezugsgröße(n) verteilt. Dies kann auf sehr einfachem Weg oder auch etwas aufwendiger geschehen, wie nachfolgendes Beispiel zeigt:

Verteilung der Kosten der Hilfskostenstelle „Heizung" auf die Hauptkostenstellen:

- Als erstes ist zu hinterfragen, wovon die Heizkosten in den Kostenstellen abhängen, d.h. die Auswahl der Bezugsgröße
- Naheliegend ist die Annahme, dass die Raumfläche (m^2) der wesentlichste Faktor ist. Dies trifft vor allem dann zu, wenn alle Räume gleich hoch sind.
- Bei unterschiedlicher Raumhöhe wird sich jedoch der Rauminhalt (m^3) als zutreffender herausstellen.
- Als drittes Kriterium könnte man auch noch die Raumnutzung mit der jeweiligen Raumtemperatur heranziehen. Büroräume werden wahrscheinlich stärker geheizt als Lagerräume.
- Ein viertes Kriterium könnte noch die Raumisolierung sein. Bürogebäude in Passivhausausführung werden bei gleichem Raumvolumen und gleicher Raumtemperatur weniger Heizbedarf haben als ein Bürogebäude in konventioneller Bauweise.
- Die Bezugsgröße bzw. Schlüsselgröße ist dann eine Mischung aus allen vier dargestellten Faktoren.

Kosten Hilfs-KSt. „Heizung" € 12.000

	Lager	Bürogebäude neu	Bürogebäude alt	Gesamt
Raumfläche (m^2)	600	400	400	1400
Raumhöhe (m)	4	2,8	2,8	
Raumtemperatur (Grad)	18	22	22	
Isolierung	schlecht	Passivhaus-standard	Normal	
Schlüssel				
Raumvolumen (m^3)	2400	1120	1120	4640
Raumtemperatur*	0,76	1	1	
Isolierung**	1,8	1	1,4	
Gesamtschlüssel	3283,2	1120	1568	5971,2

* Schlüssel erfordert Wissen über Zusammenhang Raumtemperatur und Heizkosten (Annahme: je Grad weniger Raumtemperatur, 6% weniger Heizkosten)

** Schlüssel erfordert Wissen über Zusammenhang zwischen Isolierung und Heizkosten (Annahme: Lager 1,8, Büro neu 1, Büro alt 1,4))

Verteilung Heizkosten   € 12.000

	Lager	Bürogebäude neu	Bürogebäude alt	Gesamt
Schlüssel	3283,2	1120	1568	5971,2
Heizkosten	6.598 €	2.251 €	3.151 €	12.000 €

- Technisch am aufwendigsten und in der Errichtung auch kostenintensiv, dafür aber sehr exakt, ist eine Lösung über Wärmedurchflussmengenmessung. Die Verteilung der Heizkosten erfolgt dann entsprechend der gemessenen Werte.

2.3.5.3 Innerbetriebliche Leistungsverrechnung

Im Rahmen der Sekundärkostenverrechnung werden die Kosten für innerbetriebliche Leistungen verrechnet. Innerbetriebliche Leistungen sind Leistungen, die im Unternehmen selbst erstellt wurden, aber nur mittelbar dem eigentlichen Unternehmenszweck dienen. Dies können dabei sowohl Dienstleistungen für Hauptkostenstellen, wie z.B. Instandhaltung, Transporte sein, aber auch selbst erstellte Produkte, wie z.B. die Fertigung von Werkzeugen für den Eigengebrauch in einer Hauptkostenstelle.

Gemeinsamkeit aller innerbetrieblichen Leistungen ist, dass es sich um keine absatzfähigen Endprodukte handelt. Die Kosten für innerbetriebliche Leistungen werden in sogenannten Hilfskostenstellen gesammelt. Wenn z.B. Instandhaltungsleistungen von einer eigens dafür eingerichteten Abteilung erbracht werden, wird man diese Abteilung als Hilfskostenstelle einrichten, sofern der Hauptzweck des Unternehmens nicht in der Erbringung von eben diesen Leistungen liegt. Die primären Gemeinkosten dieser Abteilung könnten dann sein: Personalkosten, Energiekosten, Werkzeugkosten, Abschreibungen etc.

Die Hauptprodukte eines Unternehmens werden in den Hauptkostenstellen bearbeitet und entsprechend auch mit deren Kosten belastet. Da Hilfskostenstellen nicht direkt mit der Erstellung der Hauptprodukte zu tun haben – in einer Motorenproduktion wird eine Kurbelwelle niemals in der Kantine einen Bearbeitungsvorgang erfahren – ist ein Weg zu suchen, mit dem die Kosten der Hilfskostenstellen möglichst verursachungsgerecht auf die Kostenträger übertragen werden können. D.h., die Kantinenkosten müssen der Kurbelwelle verrechnet werden, auch wenn das Produkt niemals in dieser Kostenstelle bearbeitet wurde.

Die Grundlage für die Weiterverrechnung der Kosten der Hilfskostenstellen auf die Hauptkostenstellen sind die Leistungsabgaben.

Beispiele für innerbetriebliche Leistungen von Hilfskostenstellen:

- Instandhaltungs- und Reparaturdienste
- Transportleistungen
- Heizung

Innerbetriebliche Leistungen dienen nur mittelbar dem Unternehmenszweck, dabei werden keine absatzfähigen Endprodukte erstellt.

Beispiel für innerbetriebliche Leistungen

103

- Gebäudedienste
- Leistungen der IT-Abteilung
- Soziale Dienste (Werksküche etc.)

Beispiele für innerbetriebliche Leistungen von Hauptkostenstellen:

- Erzeugung von Werkzeugen (werden manchmal auch als Sondereinzelkosten der Fertigung behandelt)
- Selbsterstellte Anlagen

Entsprechend der Leistungsinanspruchnahme sind die Kosten zuzuordnen. Solange die Leistungsverflechtungen sehr einfach sind, ist die Umlage nicht schwierig. Wenn jedoch zwischen den Hilfskostenstellen untereinander und zusätzlich zu den Hauptkostenstellen intensive Leistungsverflechtungen bestehen, wird die Verrechnung sehr komplex.

Innerbetriebliche Leistungen – Leistungsverflechtungen

Die Leistungsverflechtungen lassen sich in drei Arten unterteilen:

a) **Einseitige einstufige Leistungsströme**

Das ist der einfachste Fall. Hierbei empfangen eine oder mehrere nachgelagerte Kostenstellen Leistungen von einer vorgelagerten Kostenstelle, ohne ihrerseits Leistungen abzugeben.

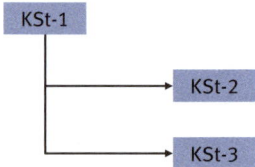

b) **Einseitige mehrstufige Leistungsströme**

Auch hier fließen die innerbetrieblichen Leistungen nur in eine Richtung. Allerdings sind mehrere Stufen davon betroffen. Dabei müssen vor der Weiterverrechnung der Kosten der Hilfskostenstellen immer neue Zwischensummen gebildet werden und erst diese werden weiterverrechnet.

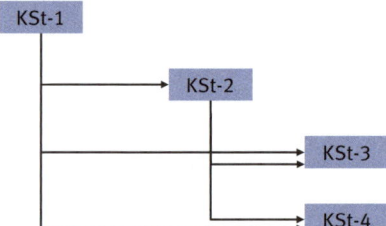

c) **Wechselseitige Leistungsströme**

In diesem Fall werden die innerbetrieblichen Leistungen nicht mehr nur in eine Richtung erbracht, sondern die Kostenstellen beliefern sich gegenseitig. Dies ist vor allem in mittleren und großen Unternehmen der Regelfall.

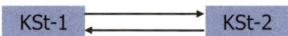

Erörterung der Verfahren der innerbetrieblichen Leistungsverrechnung anhand eines Beispiels (Quelle: Becker/Ferstl, 2000)

Im diesem Unternehmen existieren folgende Kostenstellen, Leistungsmengen und Primäre Gemeinkosten:

Hilfskostenstellen	Primäre Gemeinkosten
• Gebäude (2400m^2)	278.200
• Arbeitsvorbereitung (3.050h)	124.600
• Instandhaltung (4.476h)	175.700

Hauptkostenstellen	Primäre Gemeinkosten
• Einkauf	264.000
• Fertigungsbereich	
– Rahmenbau	205.200
– Lackiererei	161.700
– Räderbau	93.900
– Montage	152.000
• Vertrieb	108.100
• Verwaltung	250.000

Die Leistungsverflechtungen stellen sich folgendermaßen dar:

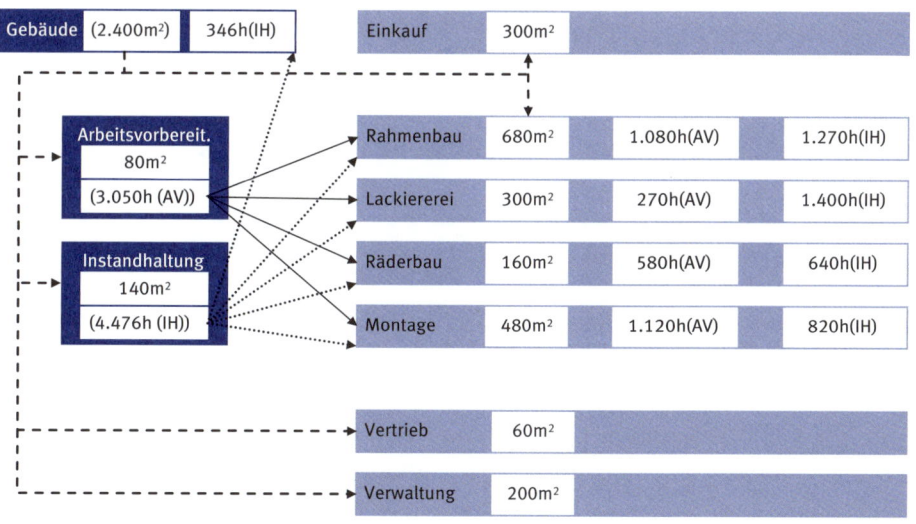

Abbildung 38: Leistungsverflechtungen

- Die Vorkostenstelle Gebäude erbringt Leistungen im Ausmaß von 2.400m^2. Die Kosten werden entsprechend den Flächen der jeweiligen Kostenstellen weiter verteilt.
- Die Arbeitsvorbereitung gibt ihre Leistung von 3.050h an den gesamten Fertigungsbereich ab.
- Die Instandhaltung gibt ihre Leistung von 4.130h an den Fertigungsbereich ab und 346h an die Kostenstelle Gebäude (wechselseitige Leistungs-

ströme, Gebäude liefert an Instandhaltung und Instandhaltung liefert an Gebäude)

Die Aufgabenstellung lautet, mithilfe verschiedener Verfahren der innerbetrieblichen Leistungsverrechnung die Umlage der Hilfskostenstellen vorzunehmen.

Rechenverfahren der innerbetrieblichen Leistungsverrechnung

Abhängig von der Art der Leistungsverflechtung gibt es verschiedene Verfahren für die Weiterverrechnung der innerbetrieblichen Leistungen. Die wesentlichen sind:

a) Anbauverfahren

b) Stufenleiterverfahren

c) Kostenverrechnung anhand von Standardsätzen

d) Lineare Gleichungssysteme zur Kostenverrechnung

Ad a) Anbauverfahren

Innerbetriebliche Leistungsverrechnung – Anbauverfahren

Dies ist das einfachste, aber auch ungenaueste Verfahren. Dabei werden die Kosten nur in eine Richtung weiterverrechnet. Man ignoriert gegenseitige Leistungsverflechtungen.

Bezogen auf den obigen Fall heißt das: Die Leistungen der Hilfskostenstellen untereinander werden nicht berücksichtigt. Die Hilfskostenstelle Gebäude würde dann anstatt einer Leistung von 2.400m² nur eine Leistung von *2.180m²* an die Hauptkostenstellen weiterverrechnen:

	2400 m²	
−	80 m²	(AV)
−	140 m²	(Instandhaltung)
=	**2180 m²**	**Gebäudeleistung nur an Hauptkostenstellen**

Gleiches gilt für die Ermittlung der Leistungen der Hilfskostenstelle Instandhaltung. Hier würde sich eine neue Leistungsmenge von *4.130h* (4.476h – 346h (für Gebäude)) ergeben.

Ausgehend von diesen Leistungseinheiten kann man mittels Division der Primärkosten der Hilfskostenstelle durch die Leistungen einen Kostensatz pro abgegebene Leistungseinheit berechnen. Konkret bedeutet dies:

$$\text{Verrechnungssatz} = \frac{\text{primäre Gemeinkosten der Vorkostenstelle}}{\text{an Endkostenstelle abgegebene Leistungsmenge}}$$

$$\text{Verrechnungssatz Gebäude} = \frac{278.200\ €}{2.180\ m^2} = 127,61\ €/m^2$$

$$\text{Verrechnungssatz Arbeitsvorbereitung} = \frac{124.600\ €}{3.050\ h} = 40,85\ €/h$$

$$\text{Verrechnungssatz Instandhaltung} = \frac{175.700\ €}{4.130\ h} = 42,54\ €/h$$

Durch Anwendung der Verrechnungssätze entsprechend der beanspruchten Leistungen ergibt sich folgende Umlage:

| | Summe | Hilfskostenstellen | | | Hauptkostenstellen | | | | | | |
		Gebäude	AV	IH	Einkauf	Rah-menbau	Lack.	Räder-bau	Montage	Vt	Vw
Primäre Gemeinkosten	1.813.400	278.200	124.600	175.700	264.000	205.200	161.700	93.900	152.000	108.100	250.000
Schlüsselgröße Gebäude (m²)		**2.180**			300	680	300	160	480	60	200
Sekundäre Gemeinkosten	0	–278.200	0	0	38.284	86.778	38.284	20.418	61.255	7.657	25.523
Schlüsselgröße AV (h)			**3.050**			1.080	270	580	1.120		
Sekundäre Gemeinkosten	0	0	–124.600	0	0	44.121	11.030	23.694	45.755	0	0
Schlüsselgröße IH (h)				**4.130**		1.270	1.400	640	820		
Sekundäre Gemeinkosten	0	0	0	–175.700	0	54.029	59.559	27.227	34.885	0	0
Primäre + Sekundäre Gemeinkosten	1.813.400	0	0	0	302.284	390.127	270.574	165.240	293.895	115.757	275.523

Abbildung 39: Innerbetriebliche Leistungsverrechnung – Anbauverfahren

Ad b) Stufenleiterverfahren

Auch bei diesem Verfahren werden die Kosten nur in eine Richtung von den Vorkostenstellen auf die Endkostenstellen weiterverrechnet. Allerdings werden bei diesem Verfahren Leistungsbeziehungen innerhalb der Vorkostenstellen berücksichtigt. Sofern gegenseitige Leistungsbeziehungen existieren, werden diese bewusst außer Acht gelassen. Um den dabei entstehenden Rechenfehler möglichst klein zu halten, werden die Hilfskostenstellen in einer Reihenfolge angeordnet, dass jene Vorkostenstelle als erstes verrechnet wird, die keine oder am wenigsten Leistungen von einer anderen Vorkostenstelle empfängt. Wenn diese abgerechnet ist, wird nach demselben Schema die zweite, die dritte usw. abgerechnet.

Von der Typologie her entspricht dieses Verfahren folgenden Leistungsströmen:

Innerbetriebliche Leistungsverrechnung – Stufenleiterverfahren

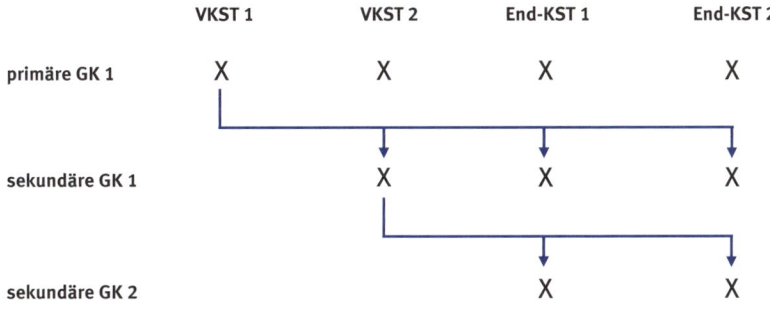

Durch die Berücksichtigung der Kosten der vorgelagerten Vorkostenstelle ergibt sich folgender Verrechnungssatz:

$$\text{Verrechnungssatz} = \frac{\text{primäre GK der KSt + sekundäre GK der KSt}}{\text{an nachgelagerte Kostenstelle abgegebene Leistungsmenge}}$$

$$\text{Verrechnungssatz Gebäude} = \frac{278.200\ €}{2.400\ m^2} = 115,92\ €/m^2$$

$$\text{Verrechnungssatz Arbeitsvorbereitung} = \frac{133.874\ €}{3.050\ h} = 43,89\ €/h$$

$$\text{Verrechnungssatz Instandhaltung} = \frac{191.928\ €}{4.130\ h} = 46,47\ €/h$$

Bezogen auf das vorherige Beispiel ergibt sich mit dem Stufenleiterverfahren folgende Leistungsverrechnung:

| | Summe | Hilfskostenstellen | | | Hauptkostenstellen | | | | | | |
		Gebäude	AV	IH	Einkauf	Rahmenbau	Lack.	Räderbau	Montage	Vt	Vw
Primäre Gemeinkosten	1.813.400	278.200	124.600	175.700	264.000	205.200	161.700	93.900	152.000	108.100	250.000
Schlüsselgröße Gebäude (m²)		2.400	80	140	300	680	300	160	480	60	200
Sekundäre Gemeinkosten	0	−278.200	9.273	16.228	34.775	78.823	34.775	18.547	55.640	6.955	23.183
Primäre + Sekundäre Gemeinkosten	1.813.400	0	133.873	191.928	298.775	284.023	196.475	112.447	207.640	115.055	273.183
Schlüsselgröße AV (h)			3.050			1.080	270	580	1.120		
Sekundäre Gemeinkosten	0	0	−133.873	0	0	47.404	11.851	25.458	49.160	0	0
Primäre + Sekundäre Gemeinkosten	1.813.400	0	0	191.928	298.775	331.428	208.326	137.905	256.800	115.055	273.183
Schlüsselgröße IH (h)				4.130		1.270	1.400	640	820		
Sekundäre Gemeinkosten	0	0	0	−191.928	0	59.019	65.060	29.742	38.107	0	0
Primäre + Sekundäre Gemeinkosten	1.813.400	0	0	0	298.775	390.447	273.387	167.646	294.907	115.055	273.183

Abbildung 40: Innerbetriebliche Leistungsverrechnung – Stufenleiterverfahren

Der Hauptunterschied zum Anbauverfahren ist die Berücksichtigung der Sekundärkosten der Vorkostenstellen und die Leistungsmengenverteilung nicht nur auf Hauptkosten-, sondern auch Vor(Hilfs)kostenstellen.

Vorteile dieses Verfahrens sind:

- Größere Genauigkeit im Vergleich zum Anbauverfahren unter der Voraussetzung, dass die Abrechnungsreihenfolge richtig gewählt wird.
- Einfache Handhabung

Nachteil dieses Verfahrens:

- Eine gegenseitige Leistungsverrechnung zwischen Kostenstellen ist nicht möglich.

In der Praxis wird das Verfahren vor allem wegen seiner leichten Handhabbarkeit häufig angewendet.

Ad c) Kostenverrechnung anhand von Standardsätzen

Innerbetriebliche Leistungsverrechnung mittels Standardsätzen

Sehr einfach können die Leistungen von Vorkostenstellen auch dann abgerechnet werden, wenn man auf standardisierte Verrechnungssätze zurückgreift. Naturgemäß ergibt sich durch die Anwendung eines Standardkostensatzes eine Abweichung zum tatsächlichen Kostensatz bzw. den tatsächlich zu verrechnenden Kosten. Diese Abweichungen in Form von Über- bzw. Unterdeckungen werden in der Periodenerfolgsrechnung berücksichtigt.

Anwendungsbeispiel: Die IT-Abeilung verrechnet die Hotlinebenutzung mittels eines Standardverrechnungssatzes. Voraussetzung sind allerdings Stundenaufzeichnungen der Mitarbeiter.

Ad d) Lineare Gleichungssysteme zur Kostenverrechnung

Innerbetriebliche Leistungsverrechnung – Gleichungsverfahren

Wenn intensive gegenseitige Leistungsverflechtungen vorliegen und deshalb das Stufenleiterverfahren nicht vernünftig anwendbar ist, kann durch Anwendung eines Systems von linearen Gleichungen die innerbetriebliche Leistungsverrechnung trotzdem durchgeführt werden.

Die Anzahl der Gleichungen entspricht der Zahl der in die Leistungsverrechnung einbezogenen Vorkostenstellen. Wenn mehrere Gleichungen mit mehreren Unbekannten vorliegen, kann dieses Problem auf iterativem Weg mit dem Computer oder mittels Matrixverfahren gelöst werden.

Wenn sich der Leistungsaustausch auf zwei Stellen beschränkt, kann die Berechnung mit Hilfe des Additions- oder Einsatzverfahrens gelöst werden.

Anhand des vorherigen Beispiels soll dieses Verfahren demonstriert werden. Die Struktur der innerbetrieblichen Leistungsverflechtung sieht folgendermaßen aus:

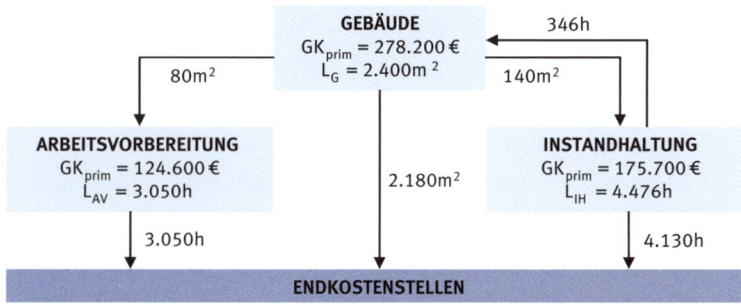

GK$_{prim}$....Primäre Gemeinkosten
L$_G$.........Leistung Gebäude
L$_{IH}$........Leistung Instandhaltung
L$_{AV}$........Leistung Arbeitsvorbereitung

V$_{IH}$....Verrechnungskostensatz Instandhaltung
V$_{AV}$....Verrechnungskostensatz Arbeitsvorbereitung
V$_G$.....Verrechnungskostensatz Gebäude

Im Beispiel besteht nur zwischen der Gebäudekostenstelle und Instandhaltungsabteilung eine gegenseitige Leistungsverflechtung. Die Kostenstelle Gebäude überlässt der Kostenstelle Instandhaltung Gebäudeflächen, dafür übernimmt diese Wartungs- und Reparaturarbeiten für die Gebäude-Kostenstelle.

Die Ermittlung eines Kostensatzes nach dem klassischen Schema funktioniert bei wechselseitiger Leistungsverrechnung nicht.

$$\text{Verrechnungssatz} = \frac{\text{primäre GK der Vorkostenstelle}}{\text{an andere Kostenstellen abgegebene Leistungsmengen}}$$

$$\text{Verrechnungssatz Gebäude} = \frac{278.200\,€}{2.400\,m^2} = 115{,}92\,€/m^2$$

Dies begründet sich dadurch, dass die empfangenen Leistungen von der Instandhaltung nicht berücksichtigt wurden. Eine Berücksichtigung würde den jeweiligen Kostensatz wieder verändern. Eine Lösung dieses Problems ist nur durch Anwendung eines Gleichungssystems möglich:

Anwendung Gleichungsverfahren:

a) Aufstellen lineares Gleichungssystem

Entstandene Kosten (Kostenbelastung) = Erbrachte Leistung (Kostenentlastung)

1. Gleichung (KSt G):
   $$278.200\,€ + 346h\,(IH) \times V_{IH} + 0h\,(AV) \times V_{AV} = 2.400m^2\,(G) \times V_G$$
2. Gleichung (KSt IH):
   $$175.700\,€ + 140m^2\,(G) \times V_G + 0h\,(AV) \times V_{AV} = 4.476h\,(IH) \times V_{IH}$$
3. Gleichung (KSt AV):
   $$124.600\,€ + 80m^2\,(G) \times V_G + 0h\,(IH) \times V_{IH} = 3.050h\,(AV) \times V_{AV}$$

Die unbekannten Größen sind die Variablen V_G, V_{IH}, V_{AV}. Diese müssen nun durch entsprechende Umformung der Gleichungen ermittelt werden.

b) Lösung lineares Gleichungssystem

Schritt 1: Gleichung 1 wird nach V_G aufgelöst. Dazu dividiert man beide Seiten durch 2.400
$$1m^2 \times V_G = 115{,}90\,€ + 0{,}1442h\,(IH) \times V_{IH}$$

Schritt 2: V_G wird nun in die Gleichung 2 eingesetzt
$$4.476h\,(IH) \times V_{IH} =$$
$$175.700\,€ + 140m^2 \times (115{,}90\,€ + 0{,}1442h\,(IH) \times V_{IH})$$
Die einzige verbliebene Unbekannte ist nun (V_{IH}). Die Auflösung der Gleichung ergibt:
$$V_{IH} = 43{,}07\,€/h\,(IH) \rightarrow \text{Verrechnungssatz für eine Instandhaltungsstunde}$$

Schritt 3: Einsetzen des Verrechnungssatzes V_{IH} in die Gleichung 1 und Errechnung des Verrechnungssatzes V_G
$$V_G = 122{,}11\,€/m^2$$

Schritt 4: Ermittlung von Verrechnungssatz 3 durch Einsetzen von V_G in die
Gleichung 3
$$3.050h \, (AV) \times V_{AV} = 124.600€ + 80m^2 \, (G) \times 122{,}11€/m^2$$

Schritt 5: Auflösung der Gleichung nach V_{AV}
$$V_{AV} = 44{,}06€$$

c) Ermittlung der sekundären Kosten

Durch Verwendung der ermittelten Verrechnungspreise ergeben sich folgende primäre + sekundäre Gemeinkosten. Die Vorkostenstellen sind bis auf kleine Rundungsdifferenzen (diese kommen durch die Anwendung der gerundeten Verrechnungssätze zustande) entlastet.

Kostensätze (aus Gleichungssystem):
Gebäude   122,11
AV   44,06
IH   43,0

	Summe	Hilfskostenstellen			Hauptkostenstellen						
		Gebäude	AV	IH	Einkauf	Rah-menbau	Lack.	Räder-bau	Montage	Vt	Vw
Primäre Gemeinkosten	1.813.400	278.200	124.600	175.700	264.000	205.200	161.700	93.900	152.000	108.100	250.000
Schlüsselgröße Gebäude (m²)		2.400	80	140	300	680	300	160	480	60	200
Sekundäre Gemeinkosten	0	−293.064	9.769	17.095	36.633	83.035	36.633	19.538	58.613	7.327	24.422
Schlüsselgröße AV (h)		3.050				1.080	270	580	1.120		
Sekundäre Gemeinkosten	0	0	−134.383	0	0	47.585	11.896	25.555	49.347	0	0
Schlüsselgröße IH (h)		346		4.476		1.270	1.400	640	820		
Sekundäre Gemeinkosten	0	14.902	0	−192.781	0	54.699	60.298	27.565	35.3175	0	0
Primäre + Sekundäre Gemeinkosten	1.813.400	38*	14*	14*	300.633	390.519	270.527	166.557	295.277	115.427	274.722

* Rundungsdifferenz wird vernachlässigt

Abbildung 41: Innerbetriebliche Leistungsverrechnung – Gleichungsverfahren

Das Gleichungsverfahren gilt als das umfassendste Verfahren für die innerbetriebliche Leistungsverrechnung. Kostenverzerrungen treten dabei nicht auf. Der Aufwand für die Implementierung ist in großen Unternehmen jedoch trotz EDV-Unterstützung erheblich.

2.3.5.4 Bildung von Kalkulationssätzen für die Endkostenstellen (bzw. Hauptkostenstellen)

Nach Durchführung der innerbetrieblichen Leistungsverrechnung ergeben sich durch die Addition von primären und sekundären Gemeinkosten neue Gemeinkostensummen.

Kalkulationssätze als Basis für die Gemeinkostenverrechnung auf die Kostenträger

Diese neuen Gemeinkosten sind nun möglichst verursachungsgerecht dem Kostenträger zuzuordnen.

Diese Gemeinkostensummen sind ein Konglomerat aus verschiedenen Kostenarten und umgelegten innerbetrieblichen Kosten. Kernproblem ist nun, geeignete Bezugsgrößen zu finden, damit die genannte Anforderung erfüllt wird. Dafür soll zwischen den Gemeinkostensummen und der Bezugsgröße eine vertretbare proportionale Beziehung bestehen.

$$\text{Kalkulationssatz der Kostenstelle} = \frac{\text{Gemeinkostensumme der Kostenstelle} \times 100}{\text{Bezugsgröße der Kostenstelle}}$$

Zwischen Gemeinkosten und Bezugsgröße muss eine möglichst proportionale Beziehung bestehen!

Konkret bedeutet das, wenn sich bspw. die Bezugsgröße „Maschinenstunden" um 10% ändert, müssten sich auch die Gemeinkosten im selben Ausmaß ändern. Ist dies nicht der Fall, ist die Bezugsgröße neu zu überdenken bzw. eine bessere zu finden.

Durch die Bildung mehrerer Bezugsgrößen verbessert sich die Gemeinkostenverrechnung.

Eine Lösung kann auch darin bestehen, dass mehrere Bezugsgrößen gebildet werden um die Proportionalität zu verbessern. In der Industrie werden in Fertigungskostenstellen als Bezugsgrößen häufig sowohl „Maschinenstunden" als auch „Rüststunden" gemeinsam verwendet.

Wenn Maschinen und Bedienungszeit nicht identisch sind, weil der Mitarbeiter mehrere Maschinen in der Kostenstelle zu bedienen hat, wird eventuell sogar eine dritte Bezugsgröße „Arbeitszeit" verwendet.

Typische Bezugsgrößen für verschiedene Kostenstellen

a) Bezugsgrößen im Materialbereich

Hierzu zählen vor allem Kostenstellen, die bspw. für Beschaffungsmarktforschung, Einkaufsverhandlungen, Auftragsbearbeitung, Lagerung, Rechnungsbearbeitung zuständig sind.

Bezugsgrößen im Materialbereich

Folglich bestehen die Materialgemeinkosten aus:

- Personalkosten (Löhne, Gehälter, Lohnnebenkosten) für die Durchführung der genannten Tätigkeiten
- Kalkulatorische Abschreibungen für Lagerräumlichkeiten, Materialhandhabungseinrichtungen (Kräne, Förderbänder, Hubstapler), Materialprüfgeräte
- Gebäudekosten aus der Umlage der Hilfskostenstelle „Gebäude"
- Kalkulatorische Zinskosten für die Anlagen und Lagerbestände
- Transportkosten aus dem eigenen Fuhrpark
- Sonstige Kosten, wie z.B. Energie, Telefon, Büromaterial, Weiterbildung

Für den Materialbereich nimmt man häufig eine Abhängigkeit der Materialgemeinkosten von den Materialeinzelkosten an. D.h., je mehr Materialeinzelkosten ein Produkt aufweist, umso mehr Materialgemeinkosten werden dem Kostenträger verrechnet. Dies erfolgt über einen sogenannten Materialgemeinkostenzuschlagssatz.

$$\text{Kalkulationssatz Materialstelle (\%)} = \frac{\text{Materialgemeinkosten} \times 100}{\text{Materialeinzelkosten}}$$

Die dabei unterstellte Proportionalität ist jedoch, auch wenn in der Praxis weit verbreitet, höchst fragwürdig. Dabei werden Produkte, die einen hohen Materialwert haben, aber ansonsten identisch sind, mit mehr Gemeinkosten belastet. Diese Proportionalität wird zwar für die Kostenart „Kalkulatorische Zinsen" zutreffen, aber für die meisten anderen Kostenarten nicht. Dieses Produkt benötigt nicht mehr Zeit für den Beschaffungsvorgang, benötigt auch keine längeren Prüfzeiten und auch nicht mehr Platz im Lager.

Ein Ausweg aus dieser Situation ist, dass man für die Kosten der Manipulationsarbeiten im Lager eine mengenabhängige Bezugsgröße anwendet, wie z.B. „Anzahl Bestellungen", „eingelagerte Tonnen Material" und für die Zins- und Versicherungskosten eine wertabhängige Bezugsgröße wie z.B. „Materialwert".

Aber selbst dadurch wird eine gewisse Willkür bei der Verrechnung der Gemeinkosten eintreten. Der momentan aktuellste Ansatz zur Verringerung dieses Problems ist die Aktivitätskostenrechnung (Activity Based Costing) bzw. Prozesskostenrechnung. Dabei werden für die einzelnen Aktivitäten (Prozesse) im Materialbereich Kostensätze errechnet (Prozesskostensätze). Diese werden dann je nach Inanspruchnahme dem Kostenträger verrechnet.

Näheres hierzu im Kapitel „Prozesskostenrechnung"

Beispiel Materialgemeinkostenzuschlagssatz:

Materialgemeinkosten		
	Beschaffung	€ 1,00 Mio.
+	Warenannahme	€ 0,30 Mio.
+	Lagerung	€ 0,50 Mio.
=	**Summe**	**€ 1,80 Mio.**

Pauschale Zuschlagssatzbildung:

$$\text{Material pauschal} : \frac{\text{Materialgemeinkosten}}{\text{Materialeinzelkosten}} \times 100 = \frac{1,8}{12} \times 100 = 15\%$$

Differenzierte Zuschlagsatzbildung:

$$\text{Beschaffung} : \frac{1,0}{12,00} \times 100 = 8,34\%$$

$$\text{Materialannahme} : \frac{0,30}{12,00} \times 100 = 2,5\%$$

$$\text{Lagerung} : \frac{0,5}{12,00} \times 100 = 4,17\%$$

Abhängig von der Inanspruchnahme der jeweiligen Kostenstelle kann dadurch eine differenzierte Zuweisung der Gemeinkosten erfolgen.

Bezugsgrößen im
Fertigungsbereich

b) Bezugsgrößen im Fertigungsbereich

Die Unterteilung des Fertigungsbereiches in entsprechende Kostenstellen ist von der Branche, der Betriebsgröße, dem Fertigungsverfahren, der Wertschöpfungstiefe des Produktes, aber auch dem Informationsbedarf der Kalkulation abhängig.

Wichtige Kostenstellen sind Abteilungen, Werkstätten, Maschinen, Maschinengruppen, eventuell sogar einzelne Arbeitsplätze (Kostenplatz). In den Fertigungsstellen lassen sich zwischen den verursachten Gemeinkosten und den Bezugsgrößen ziemlich gute kausale Beziehungen herstellen. D.h. wenn bspw. mehr Stück bearbeitet werden, entstehen auch mehr Gemeinkosten.

In Fertigungskostenstellen, die sehr handarbeitsintensiv sind, wird man als Bezugsgröße die „Fertigungslöhne" wählen, während man in Abteilungen die sehr automatisiert sind und verhältnismäßig kleine Lohnkostenanteile aufweisen, „Maschinenstunden" als Bezugsgröße wählen wird.

Grundsätzlich ist im Fertigungsbereich analog zur Gemeinkostenschlüsselung zwischen:

- Zuschlagssatz und
- Verrechnungssatz

zu unterscheiden.

Im Fertigungsbereich unterscheidet man zwischen Zuschlagssatz und Verrechnungssatz.

Ist die Bezugsbasis eine Wertgröße, ergibt sich ein Zuschlagssatz!

Wenn die Bezugsbasis eine Wertgröße ist, wie z.B. Fertigungslöhne, errechnet man einen Zuschlagssatz.

$$\text{Kalkulationssatz Fertigungsstelle} = \frac{\text{Fertigungsgemeinkosten} \times 100}{\text{Fertigungseinzelkosten (z.B. Fertigungslöhne)}}$$

Ist die Bezugsbasis eine Mengen- oder Zeitgröße, ergibt sich ein Verrechnungssatz!

Ist die Bezugsbasis eine Mengen- oder Zeitgröße, wie z.B. Fertigungsstunden oder Stückzahlen, ermittelt man einen Verrechnungssatz.

$$\text{Kalkulationssatz Fertigungsstelle} = \frac{\text{Fertigungsgemeinkosten}}{\text{Maschinenlaufzeit oder Produktionsmenge etc.}}$$

In größeren Kostenstellen mit mehreren Arbeitsplätzen und Maschinen werden die Kostenstellen in sogenannte „Platzkostenstellen" unterteilt. Jeder Kostenplatz bildet dort eine eigene Abrechnungseinheit mit eigenen Verrechnungssätzen. Ergänzend zu den Kostenplätzen kann es z.B. in dieser Kostenstelle noch einen Kostenbereich geben, wo alle Kosten gesammelt werden, die in keinem Kontext zu Fertigungsarbeiten stehen. Diese Restgemeinkosten werden mittels eines pauschalen Zuschlagssatzes verrechnet, während die Gemeinkosten der Platzkostenstellen mittels Maschinenstundensatz verrechnet werden.

Beispiel „Kostenstelle Pulverbeschichtung" (verändert, Quelle: Becker/Ferstl, 2000)

In dieser Kostenstelle fallen sowohl primäre als auch sekundäre Gemeinkosten an. Die sekundären Gemeinkosten kommen aus der Vorkostenstelle „Gebäude" und den Fertigungshilfskostenstellen „Arbeitsvorbereitung" und „Instandhaltung".

In der Abrechnungsperiode werden 3.700 Maschinenstunden geleistet und es fallen € 220.000,– Fertigungslöhne an.

Der Kostenrechner geht bei der Verrechnung der Gemeinkosten zuerst ganz „klassisch" vor, indem er die Fertigungslöhne als Bezugsbasis wählt und einen Zuschlagssatz ermittelt.

Kostenstelle „Pulverbeschichtung" (Werte in Tausend €)		
	Kostenarten	**Gemeinkosten**
Gemein-kosten	Hilfsstoffe	25,60
	Betriebsstoffe	57,60
	Hilfslöhne	24,00
	Gehälter	88,00
	Mieten	–
	Abschreibungen	70,60
	Zinsen	16,40
	Sonst. Kosten	41,20
	Primäre Gemeinkosten	**323,40**
	Umlage Gebäude	73,20
	Umlage Arbeitsvorbereitung	23,80
	Umlage Instandhaltung	120,60
	Pimäre + Sekundäre Gemeinkosten	**541,00**
Bezugs-größe	Maschinenstunden	
	Fertigungslöhne	220,00
Kalk.-satz	Maschinenstundensatz (€/h)	
	Zuschlagssatz (%)	246%

Abbildung 42: Verrechnung der Gemeinkosten mittels Zuschlagssatz

In der Kostenstelle wird jedoch zunehmend in Frage gestellt, ob die Fertigungslöhne wirklich die geeignete Bezugsbasis für die Verrechnung aller Gemeinkosten sind. Der Kostenstellenleiter meint, dass wesentliche Kostenarten eher von der Anzahl der geleisteten Maschinenstunden abhängen. Außerdem wird der hohe Zuschlagssatz kritisch beurteilt, wegen dem die Produktkalkulation doch sehr ungenau wird.

Als Ausweg schlägt der Controller eine Maschinenstundensatzrechnung vor. Bei dieser Rechnung sind zuerst die maschinenabhängigen und die Restgemeinkosten zu trennen. Als zweites wird festgelegt, wie viele Maschinenstunden anfallen. Im dritten Schritt werden der Maschinenstundensatz und der Zuschlagssatz ermittelt.

Beispiel Maschinenstundensatzrechnung.

115

Kostenstelle „Pulverbeschichtung" (Werte in Tausend €)				maschinen-abhängige Gemeinkosten	Rest-gemein-kosten
	Kostenarten	Gemein-kosten			
Gemein-kosten	Hilfsstoffe	25,60			25,60
	Betriebsstoffe	57,60		57,60	
	Hilfslöhne	24,00			24,00
	Gehälter	88,00			88,00
	Mieten	–			
	Abschreibungen	70,60		70,60	
	Zinsen	16,40		16,40	
	Sonst. Kosten	41,20		24,60	16,60
	Primäre Gemeinkosten	**323,40**		**169,20**	**154,20**
	Umlage Gebäude	73,20		73,20	
	Umlage Arbeitsvorbereitung	23,80		23,80	
	Umlage Instandhaltung	120,60		120,60	
	Pimäre + Sekundäre Gemeinkosten	**541,00**		**386,80**	**154,20**
Bezugs-größe	Maschinenstunden			3.700 h	
	Fertigungslöhne	220,00			220,00
Kalk.-satz	Maschinenstundensatz (€/h)			104,54	
	Zuschlagssatz (%)	246%			70%

(Spalte vertikal: Nachdenken → Welche Gemeinkosten sind maschinenabhängig ??)

Abbildung 43: Von der Zuschlagssatzrechnung zur Maschinenstundensatzrechnung

Wie dieses Beispiel zeigt, reduziert sich der ursprünglich sehr hohe Zuschlagssatz von 246% auf 70%. Hinzu kommt jedoch, dass die maschinenabhängigen Gemeinkosten nunmehr über einen Verrechnungssatz von € 104,54 je Maschinenstunde in der Pulverbeschichtung verrechnet werden. Der Vorteil dieser Methode ist die verursachungsgerechtere Kostenverrechnung, nachteilig ist jedoch der mit dieser Methode verbundene höhere Arbeitsaufwand.

In der Industrie wird die dargestellte Methode noch zusätzlich erweitert, indem für die Platzkostenstellen noch weitere Bezugsgrößen gebildet werden, wie z.B. Fertigungs-, Rüst-, und Arbeitsstunden. Entsprechend diesen Bezugsgrößen sind die Gemeinkosten zuzuordnen, damit man auf sinnvolle Kalkulationssätze kommt. D.h., der Bezugsgröße Rüststunden sind die durch Rüstvorgänge verursachten Kosten anzulasten. Die Division der Rüstgemeinkosten durch die Rüststunden ergibt einen Rüststundensatz, der für die Kalkulation verwendet werden kann. Dies erhöht die Kalkulationsgenauigkeit bei unterschiedlichen Losgrößen.

Bei neueren Bearbeitungstechnologien wie flexiblen Fertigungssystemen (FFS) gelten jedoch andere Maßstäbe, da diese weitgehend automatisiert arbeiten und Rüstkosten von der Losgröße beinahe unabhängig sind. (Näheres hierzu: Siegwart/Raas, 1991, S. 168f.; Siegwart/Bartel/Schultheiss, 1998, S.94ff.)

c) Bezugsgrößen im Vertriebs- und Verwaltungsbereich

In diesen Kostenstellen ist das Verursachungsprinzip nur sehr schwer anwendbar. Die ausgeführten Tätigkeiten sind meistens sehr vielschichtig. Entsprechend schwierig ist es herauszufinden, welcher Arbeitsprozess der Hauptverursacher der Gemeinkosten in den Kostenstellen ist. Wenn man die Kostenstellen sehr stark differenziert, z.B. nach Aktivitäten, ist eine verursachungsgerechtere Gemeinkostenverrechnung eher möglich als bei sehr grober Kostenstellenunterteilung.

Da in der Praxis jedoch häufig noch eine funktionale Gliederung anzutreffen ist, fehlt meistens die Basis für eine Ermittlung der Kostensätze nach Aktivitäten. Deshalb werden die Gemeinkosten aus diesen Bereichen näherungsweise mittels Zuschlagssatzbildung verrechnet.

Als Basis für die Gemeinkosten dienen die Herstellkosten.

$$\text{Kalkulationssatz Verwaltungsstelle (\%)} = \frac{\text{Verwaltungsgemeinkosten} \times 100}{\text{Herstellkosten}}$$

$$\text{Kalkulationssatz Vertriebsstelle (\%)} = \frac{\text{Vertriebsgemeinkosten} \times 100}{\text{Herstellkosten}}$$

Alternativ kann man auch einen gemeinsamen Verwaltungs- und Vertriebsgemeinkostensatz errechnen:

$$\text{Kalkulationssatz Verwaltung/Vertrieb (\%)} = \frac{\text{Verwaltungs- + Vertriebsgemeinkosten} \times 100}{\text{Herstellkosten}}$$

2.4 Kostenträgerrechnung – richtig kalkulieren

Nachdem mit der Kostenartenrechnung festgestellt wurde, welche Kosten existieren und in der Kostenstellenrechnung definiert wurde, wo die Kosten entstanden sind, wird in der Kostenträgerrechnung ermittelt, *wofür Kosten in welcher Höhe angefallen sind.*

Man bezeichnet den Vorgang der Kostenermittlung für eine Leistung oder ein Produkt auch als *Kalkulation.*

Diese klassische Ablauffolge Kostenartenrechnung – Kostenstellenrechnung – Kostenträgerrechnung u. Kalkulation wird bei kleineren Unternehmen häufig nicht eingehalten. Trotzdem werden Produkte oder Dienstleistungen kalkuliert. Dabei gehen die Unternehmer oftmals sehr „hemdsärmelig" vor. Leicht ermittelbare Einzelkosten wie „Material", „Personalkosten", „Provisionen" etc. werden summiert und um einen prozentuellen Aufschlag ergänzt. Mit diesem „Aufschlag" werden die mühsam verrechenbaren Kosten, wie z.B. für Betriebsgebäude, Geschäftsführung, Verwaltung, Rechnungswesen etc. pauschal zugerechnet. Die Höhe des „Aufschlages" resultiert aus Erfahrungswerten, Empfehlungen von Branchenverbänden oder aus einmaligen Berechnungen von Unternehmensberatern.

Man kann sich leicht vorstellen, dass eine derartige Kalkulation nur sehr dürftige Informationen für Entscheidungen liefert. Damit ist bereits eine wesentliche Aufgabe der Kalkulation angesprochen, nämlich herauszufinden, welche Kosten ein Auftrag oder ein Produkt verursachen. Dies ist aber nicht der einzige Grund, warum man eine Kostenträgerrechnung haben sollte, es gibt noch anderen Aufgaben der Kalkulation.

2.4.1 Aufgaben der Kostenträgerrechnung

Kalkulation liefert Informationen für Preise.

- Erstellung von Unterlagen für preispolitische Entscheidungen. D.h., wo liegt bspw. die Preisuntergrenze für den Auftrag oder das Produkt; dafür benötigen Unternehmen Informationen über Grenzkosten bzw. Selbstkosten eines Kostenträgers?
- Berechnung des Produktpreises auf Vollkostenbasis.
- Bewertung der Bestände an fertigen und unfertigen Erzeugnissen, sowie selbsterstellter Anlagen für die Handels- und Steuerbilanz. Hierfür gibt es einen eindeutig formulierten gesetzlichen Auftrag. Diese Informationen benötigt man aber auch für die kurzfristige Erfolgsrechnung.

Eine andere Bezeichnung für Kostenträgerzeitrechnung ist Periodenerfolgsrechnung.

- Ermittlung des unterjährigen Unternehmenserfolges (Monats/Quartalsergebnis). Hierfür verwendet man die Kostenträgerzeitrechnung, die in der Fachsprache auch „kurzfristige Erfolgsrechnung" oder „Periodenerfolgsrechnung" genannt wird.

2.4.2 Kalkulationstypen

Kalkulation bzw. Kostenträgerrechnung tritt in vielerlei Formen auf. So gibt es sehr häufig die klassische Produktkalkulation, zunehmend werden in Unternehmen aber auch Arbeitsprozesse kalkuliert oder Kosten für einzelne Projekte. Die Kalkulation kann vorab in Form einer Vorkalkulation oder erst im Nachhinein als Nachkalkulation durchgeführt werden. Als Basis für die Kalkulation können Istkosten, Normalkosten oder Plankosten herangezogen werden. Es kann aber auch zu Vollkosten oder zu Teilkosten kalkuliert werden.

Entsprechend den Anforderungen gibt es verschiedene Kalkulationsverfahren, wie z.B. Divisionskalkulation, Zuschlagskalkulation oder Kuppelkalkulation.

Es gibt viele Arten der Kalkulation!

Eine Unterteilung der Kalkulationstypen lässt sich nach folgenden Kriterien vornehmen:

- Objekt/Kostenträger
  - Erzeugniseinheit
  - Auftrag
  - Projekt
  - Prozess
  - Dienstleistung

- Zeitpunkt
  - Vorkalkulation
  - Zwischenkalkulation
  - Nachkalkulation
  - Plankalkulation
- Bewertung
  - Istkostenkalkulation
  - Normalkostenkalkulation
  - Plankostenkalkulation
- Inhalt
  - Vollkostenkalkulation
  - Teilkostenkalkulation
  - Parallelkostenkalkulation
- Verfahren
  - Divisionskalkulation
  - Zuschlagskalkulation
  - Bezugsgrößenkalkulation
  - Kuppelkalkulation

2.4.2.1 Kalkulationsobjekte

Kostenträgerrechnung wird in der Praxis oftmals mit Produktkalkulation gleichgesetzt. Damit liegt man auch gar nicht so falsch, da die Produktkostenermittlung eine der wesentlichen Aufgaben ist. In Unternehmen gibt es aber auch noch andere Kalkulationsobjekte. Hierzu zählen Projekte, einzelne Aufträge, aber auch bedeutsame Unternehmensprozesse oder Dienstleistungen. Konkrete Beispiele sind:

Nicht nur Produkte, sondern auch Dienstleistungen oder Prozesse werden kalkuliert.

- Kalkulation von Forschungs- und Entwicklungsprojekten
- Ermittlung der Kosten für einen Bestellprozess oder eine neue Produktvariante
- Kalkulation einer Beratungsdienstleistung

2.4.2.2 Kalkulationszeitpunkt

Grundsätzlich ist bei der Kalkulation zu unterscheiden, ob sie im Vorhinein, begleitend oder im Nachhinein durchgeführt wird.

Die Vorkalkulation dient der Vorschau, welche Selbstkosten entstehen werden.

Vorkalkulation/Plankalkulation

Vor- und Plankalkulation sind beide Vorschaurechnungen mit dem Ziel, die Herstell- oder Selbstkosten des Kostenträgers zu ermitteln.

Bei der Plankalkulation wird auf systematisch-analytischem Weg exakt berechnet, welche Ressourcen im Idealfall notwendig sind. Bei der Vorkalulation hingegen wird auf geschätzte Werte mit mehr oder minder großen Ungenauigkeiten zurückgegriffen.

Plankalkulation ermittelt auf systematisch-analytischem Weg, welche Kosten entstehen werden.

119

Plankalkulationen beruhen auf Planverrechnungssätzen und exakten Unterlagen aus der Arbeitsvorbereitung und werden vor allem in der Serienfertigung verwendet, während Vorkalkulationen eher für Sonderanlässe oder Einzelaufträge verwendet werden und jedes Mal neu durchgeführt werden, sie sind typisch für Gewerbebetriebe.

Notwendig ist eine Vorab-Kalkulation (Ex-ante-Rechnung) für:

- Angebotspreisbildung (Annahme oder Ablehnung eines Auftrages)
- Preisbildung bei Serienprodukten
- Ermittlung von Kostenvoranschlägen
- Vorteilhaftigkeitsrechnung (z.B. welches Produktionsverfahren ist günstiger)

Das Hauptproblem der Vorkalkulation ist die Vorausbestimmung der relevanten Kosten. Dabei herrscht oftmals große Unsicherheit sowohl über Mengen als auch über Preise der Kostenfaktoren. Wenn im Unternehmen bereits Vergleichswerte aus der Vergangenheit existieren, ist eine Vorkalkulation wesentlich einfacher, als wenn es noch kaum Erfahrungen über das Kalkulationsobjekt gibt.

In den letzten Jahren ist durch die enorme Nachfrage nach Rohstoffen ein erheblicher Anstieg der Materialpreise eingetreten, dies erschwert die Kalkulation noch zusätzlich.

Zwischenkalkulation

Zwischenkalkulation passiert vor allem bei Großprojekten.

Sie wird auch mitlaufende Kalkulation genannt. Vor allem bei Großprojekten, wie z.B. Industrieanlagenbau, Bauprojekten kommt die Zwischenkalkulation zum Einsatz. Dabei geht es darum, die angefallenen Istkosten mit den vorkalkulierten Kosten zu vergleichen und, falls notwendig, rechtzeitig gegenzusteuern. Sind die möglichen Kostensenkungspotenziale ausgeschöpft, muss gegebenenfalls durch Neuverhandlungen eine Preisanpassung erreicht werden.

Nachkalkulation (Ex-post-Rechnung)

Die Nachkalkulation ist eine Kontrollrechnung, ob die Kosten eingehalten wurden.

Die Nachkalkulation ist eine Kontrollrechnung, mit der die tatsächlich entstandenen Istkosten pro Leistungseinheit oder pro Auftrag ermittelt werden. Dafür werden sowohl die realisierten Istmengen als auch die Istpreise verwendet. Ziel der Kontrollrechnung ist, herauszufinden, weswegen mögliche Abweichungen eingetreten sind und daraus zu lernen.

Gründe können sein:

- Unrealistische Vorkalkulation
- Mangelnde Wirtschaftlichkeit mit entsprechenden Mengenabweichungen bzw. Mehrverbrauchen
- Fixkostenunterdeckungen aufgrund von Unterauslastung
- Unerwartete Preissteigerungen

2.4.2.3 Bewertungsbasis der Kalkulation

Für die Kalkulation stehen entsprechend dem vorhandenen Kostenrechnungssystem drei unterschiedliche Kostenkategorien zur Verfügung, nämlich Ist-, Normal- oder Plankosten:

Istkostenkalkulation

Diese Form der Kalkulation findet man typischerweise bei der Nachkalkulation. Hierbei wird der Istverbrauch an Produktionsfaktoren mit den Istpreisen bei der Istbeschäftigung multipliziert. Hauptzweck ist, herauszufinden, aus welchen Gründen sich Abweichungen gegenüber der Vorkalkulation ergeben haben.

Istkostenkalkulation arbeitet mit Istkosten und wird u. a. zur Kontrolle eingesetzt.

Normalkostenkalkulation

Hierbei werden mit durchschnittlichen Istkosten aus den Vorperioden, den sogenannten Normalkosten, Produkte oder Leistungen kalkuliert. In vielen kleineren Unternehmen kommt diese Form der Kalkulation zur Anwendung, da entweder keine aktuellen Istwerte zur Verfügung stehen oder keine Plankostenkalkulation möglich ist.

Aus Zeitgründen müssen Unternehmen für die Angebotskalkulation oftmals auf Kostenwerte zurückgreifen, die auf Erfahrungen beruhen, sowohl für Mengen, Preise als auch Beschäftigungsgrade. Istkosten im Sinne von gerade aktuellen Kostenwerten sind für eine Offertstellung häufig nicht unmittelbar verfügbar.

Eine Angebotskalkulation basiert oftmals auf Normalkosten.

Die Verwendung von normalisierten Kosten verhindert außerdem den verzerrenden Einfluss von kurzfristigen Preis- und Beschäftigungsschwankungen. Zusätzlich brauchen die Verkaufspreise nicht permanent verändert werden.

Umgekehrt haben Normalkosten den Nachteil, dass die Kostensätze aus der Vergangenheit Unwirtschaftlichkeiten beinhalten können, die somit „normalisiert" werden. Dagegen kann nur die Verwendung von Plankosten Abhilfe schaffen.

Plankostenkalkulation

Bei dieser Art von Kalkulation greift man auf *„Kostenvorgaben"* zurück, die mit Hilfe von technischen Berechnungen, Verbrauchsstudien und Schätzungen festgelegt wurden. Die verwendeten Planpreise sind jahresbezogene Durchschnittspreise. Bei wichtigen Kostenkomponenten und starken Preisschwankungen (bspw. Änderung des Bleipreisindex 2005 → 750 auf 2007 → 2.750; siehe dazu nachfolgende Grafik) können die Planpreise nach Bedarf adaptiert werden. Das Produkt aus Planmengen mal Planpreise ergibt die Plankosten. Diese Plankosten stellen Optimalwerte dar, die in der geplanten Periode angestrebt werden. In der Kostenstelle ergeben sich dadurch Plankostensätze, die in die Kalkulation einfließen und für die Ermittlung der Herstell- oder Selbstkos-

Bei der Plankalkulation verwendet man Kostenvorgaben, die aus Verbrauchsstudien etc. kommen.

ten eines Produktes verwendet werden. Üblicherweise gelten die kalkulierten Kosten für eine Planungsperiode und damit ein Jahr. Bei saisonal bedingten Produktionsprogrammänderungen kann die Gültigkeitsdauer der Kalkulationswerte auch verkürzt werden, z.B. auf sechs Monate.

Ein besonderes Problem bei der Plankalkulation ergibt sich, wenn die Ist-ausbringungsmenge (Istbeschäftigung) von der Planausbringungsmenge (Planbeschäftigung) abweicht. Die ermittelten Durchschnittskosten je Beschäftigungseinheit sind dann entweder zu hoch oder zu niedrig. Der Grund hierfür sind die Fixkosten je Beschäftigungseinheit. Bei überhöhter Beschäftigung werden zu viele Fixkosten kalkuliert, während bei Unterbeschäftigung (Istbeschäftigung ist geringer als geplant) zu wenige Fixkosten berücksichtigt werden. Ein Ausweg aus diesem Problem ergibt sich durch Anwendung der sogenannten flexiblen Plankostenrechnung. Bei dieser werden die Plankosten nicht mehr nur für einen Beschäftigungsgrad, sondern (flexibel) an auftretende Beschäftigungsänderungen angepasst. Diese Rechnung erfordert jedoch bereits in der Kostenplanung eine Trennung in fixe und variable Kostenbestandteile (Kostenaufspaltung).

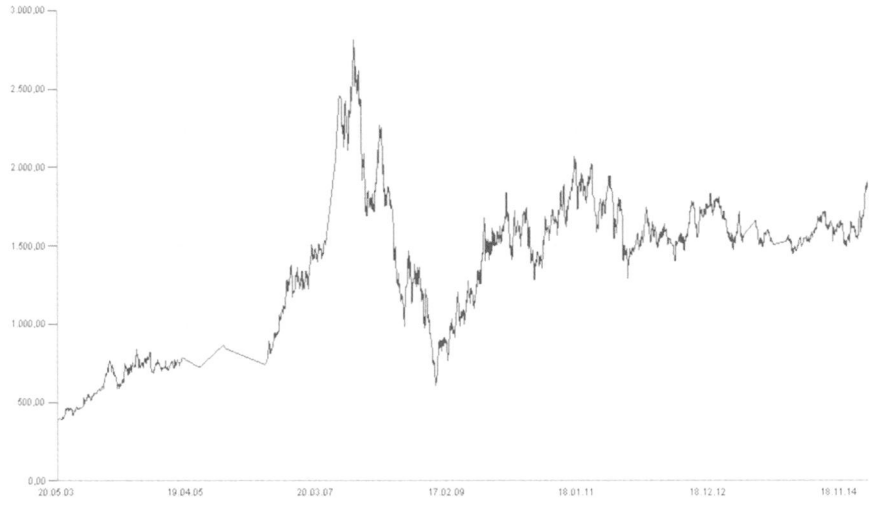

Abbildung 44: Entwicklung des Bleipreisindex

2.4.2.4 Kalkulationsinhalt

Bei der Kalkulation kann man zwischen Vollkostenkalkulation und einer Teilkostenkalkulation unterscheiden. Bei der Vollkostenkalkulation werden alle Kosten (fixe und proportionale) dem Kalkulationsobjekt undifferenziert zugerechnet, bei der Teilkostenkalkulation hingegen nur proportionale Kosten, eventuell auch nur ausgabenwirksame Kosten. Beide Rechnungen haben ihre Berechtigung, die Anwendung hängt von der jeweiligen Entscheidungssituation ab.

Vollkostenkalkulation

Bei der Vollkostenkalkulation werden alle Kosten, die mit der Herstellung, der Forschung und Entwicklung, der Verwaltung und dem Absatz eines Produktes oder einer Leistung verbunden sind, berücksichtigt. Es wird dabei nicht unterschieden, ob das einzelne Produkt unmittelbar die Kosten verursacht hat (proportionale Kosten) oder nur mittelbar (fixe Kosten). Hauptkritikpunkt an der Vollkostenrechnung ist, dass sie nicht dem Verursachungsprinzip entspricht, da der Kostenträger nur die proportionalen Kosten verursacht und nicht die Fixkosten. Deshalb genügt es aber, dass bei kurzfristiger Betrachtung in der Kostenkalkulation nur jene Kosten kalkuliert werden, die der Kostenträger unmittelbar verursacht hat, also die variablen Kosten. Andererseits können die Kosten für die Kapazitätsbereitstellung (Fixkosten werden deshalb auch Kapazitätskosten genannt) nicht ignoriert werden. Grundsätzlich gibt es zwei Wege diese Kosten zu berücksichtigen:

> Die Vollkostenkalkulation verwendet alle Kosten.

Möglichkeit 1: Bei der Preisfestlegung wird bereits ein Beitrag einkalkuliert, der höher ist als die variablen Kosten. Dieser Beitrag dient dazu, die Kapazitäts- bzw. Fixkosten zu decken. Man nennt diesen Beitrag deshalb auch Deckungsbeitrag. Es ist allerdings schwierig, vorab bereits einen ausreichend großen Deckungsbeitrag je Leistungseinheit einzukalkulieren, damit am Ende einer Abrechnungsperiode nicht nur die variablen Kosten, sondern auch die Fixkosten gedeckt sind. Ein weiteres Problem ergibt sich dadurch, dass möglicherweise Produkte, die am Markt eine sehr hohe Nachfrage aufweisen, mit überproportional hohen Deckungsbeiträgen belastet werden. D.h., diese Produkte tragen wesentlich mehr zur Deckung der Fixkosten bei. Die Kosten werden dabei nicht verursachungsgemäß kalkuliert, sondern nach der Tragfähigkeit, man spricht deshalb auch vom Tragfähigkeitsprinzip.

> Vollkostenkalkulation hat das Problem der richtigen Kostenzuordnung.

Möglichkeit 2: Man versucht, dem Produkt anteilige Fixkosten zuzurechnen. Da jedoch zwischen den Fixkosten und dem Kostenträger keine direkte Beziehung besteht und damit eine verursachungsgerechte Zuordnung kaum möglich ist, können die Kapazitätskosten durch Anwendung des Durchschnittsprinzips dem Kostenträger angelastet werden. D.h., abhängig von der Bezugsgrößenveränderung (Stück, Maschinenstunden, Materialwert) verändern sich auch die Stückfixkosten. Hauptproblem einer derartigen Vorgehensweise ist, dass bei einer Unterauslastung (Bezugsgröße sinkt) anteilig mehr Fixkosten zu verrechnen sind. Im Falle einer Vorkalkulation werden in diesem Fall zuwenige Fixkosten verrechnet. Bei einer höheren Auslastung als in der Vorkalkulation angenommen, würden dem Kostenträger zu viele Fixkosten angelastet.

Die Vollkostenkalkulation ist trotz der Schwierigkeiten bei der verursachungsgerechten Fixkostenzuordnung ein wichtiges Kalkulationsinstrument:

Trotz aller Probleme mit der Kostenzuordnung ist die Vollkostenkalkulation ein wichtiges Kostenrechnungsinstrument!

- Sie ist aufgrund gesetzlicher Vorschriften für die Bewertung von Lagerbeständen erforderlich.
- Für die Angebotspreisbildung sollte man in jedem Fall auch die Vollkosten kennen und nicht nur die Preisuntergrenze, die kurzfristig bei den variablen Kosten liegt.
- Für die Verrechnungspreisbildung in multinationalen Konzernen ist eine Kalkulation zu vollen Herstellkosten notwendig.
- Angesichts veränderter Produktionstechnologien mit sehr hohen Fixkosten ergeben sich für ein Produkt nur mehr verhältnismäßig geringe proportionale Kostenanteile. Für sinnvolle Entscheidungen ist in diesem Fall die Kenntnis der vollen Kosten notwendig.
- Mittel- bis langfristig sollte jedes Unternehmen zumindest die Substanzerhaltung, besser jedoch eine Weiterentwicklung anstreben. Dies bedingt eine Preispolitik, die sich an den vollen Produktkosten auszurichten hat.

Teilkostenkalkulation

Die Teilkostenkalkulation kalkuliert nur mit entscheidungsrelevanten Kosten (Grenzkosten bzw. Einzelkosten).

Bei dieser Kalkulationsart werden den betrieblichen Erzeugnissen nicht alle Kosten verrechnet, sondern nur jene, die entscheidungsrelevant bzw. kurzfristig veränderbar sind. Konkret sind dies:

- Grenzkosten: Dies sind jene Kosten, die für jede weitere Produkteinheit entstehen. Bei vorhandenen Kapazitäten sind das vor allem Material- und Energiekosten. Darin sind auch variable Gemeinkosten aus der Kostenstelle enthalten wie z.B. Hilfsmaterialien, Betriebsstoffe.
- Einzelkosten: Bei dieser Art von Kalkulation werden nur die Kostenträger-Einzelkosten direkt verrechnet. Die proportionalen Gemeinkosten aus den Kostenstellen werden nicht berücksichtigt. Diese Kalkulationsart wird vor allem in kleineren Gewerbebetrieben und im Handel verwendet. Die Probleme der Gemeinkostenverrechnung werden durch den Ansatz einer pauschalen Marge vermieden.
- Ausgabenwirksame Kosten: Unternehmen mit Liquiditätsschwierigkeiten kalkulieren Produkte zusätzlich zu ausgabenwirksamen Kosten. Dabei werden nicht-liquiditätswirksame Kosten, wie z.B. Kalkulatorische Afa, Eigenkapitalzinsen, manche Kalkulatorische Wagnisse nicht berücksichtigt. Kurzfristig können Preise bis zu den liquiditätswirksamen Kosten gesenkt werden.

Für kurzfristige Entscheidungen ist die Teilkostenkalkulation besonders wichtig.

Die Teilkostenkalkulation ist vor allem für kurzfristige Entscheidungssituationen eine sinnvolle Ergänzungsrechnung zur Vollkostenrechnung. Mit ihr können die Mängel der Vollkostenrechnung teilweise verringert werden. Produkte, die unter Vollkostengesichtspunkten nicht mehr marktfähig sind, können bei Teilkostenbetrachtung trotzdem noch interessant sein, da sie noch positive Deckungsbeiträge liefern. Die teilweise willkürliche Fixkostenverrechnung in der Vollkostenrechnung unterbleibt bei der Teilkostenkalkulation, da diese im Produkt nicht berücksichtigt werden. Bei Unterauslastung besteht bei Vollkostenkalkulation die Gefahr, dass man sich durch den Ansatz sehr hoher Stückfixkosten aus dem Markt kalkuliert und die Auslastungsprobleme dadurch noch zunehmen.

Ein wesentlicher Kritikpunkt der Teilkostenkalkulation bleibt jedoch, dass speziell am Anfang einer Rechnungsperiode schnell Preiszugeständnisse gemacht werden – nach dem Motto – „der Deckungsbeitrag ist eh noch positiv, die Absatzmengen müssen stimmen". Am Ende des Jahres muss man dann aber feststellen, dass das gesamte Deckungsbeitragsvolumen nicht ausreichend war, die Fixkosten zu decken und damit ein Verlust eingetreten ist.

2.4.3 Kostenträgerstückrechnung – Kalkulationsverfahren

Mit der Kostenträgerstückrechnung werden die Herstell- und Selbstkosten der betrieblichen Leistungseinheit errechnet, während mit der Kostenträgerzeitrechnung die Summe der Kosten für die einzelnen Leistungsarten, z.B. die Produktkosten je Rechnungsperiode, ermittelt werden.

Mit der Kostenträgerstückrechnung werden Herstell- bzw. Selbstkosten je Einheit errechnet.

Je nach Produktanzahl, Produktaufbau und Fertigungsverfahren gibt es unterschiedliche Kalkulationsverfahren. In der Praxis haben sich jedoch nicht alle Verfahren gleich gut bewährt.

2.4.3.1 Überblick und Systematik

Grundsätzlich unterscheidet man bei den Kalkulationsverfahren zwischen:

Kalkulationsverfahren

- Divisionskalkulation
- Äquivalenzziffernkalkulation
- Zuschlagskalkulation
- Bezugsgrößenkalkulation

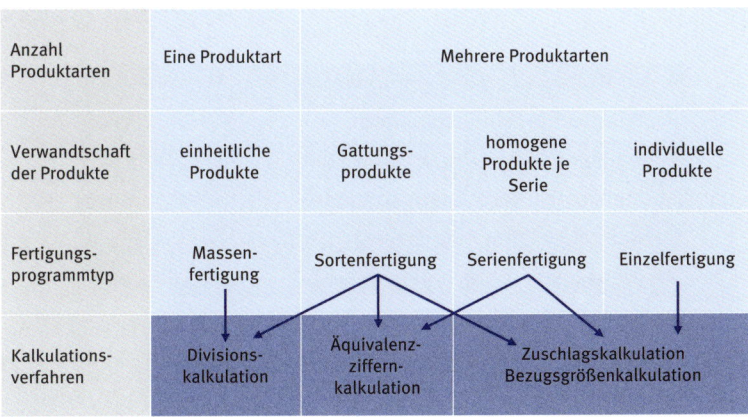

Abbildung 45: Kalkulationsverfahren und Fertigungsprogrammtyp

125

2.4.3.2 Divisionskalkulation

Einstufige Divisionskalkulation

Die Divisionskalkulation kommt in vielen Ausprägungsformen vor.

Diese Form der Kalkulation kann sinnvoll bei Einprodukt-Unternehmen angewendet werden, wo sich die Kosten proportional zur produzierten Stückzahl verhalten. Im Dienstleistungsbetrieb kommt sie auch in Form der Stundensatzkalkulation zur Anwendung.

Vorteilhaft ist die Einfachheit, außerdem benötigt man keine Kostenstellenrechnung.

Rechenweg:

$$\text{Selbstkosten je Leistungseinheit (LE)} = \frac{\text{Gesamtkosten der Abrechnungsperiode}}{\text{hergestellte Menge der Periode}}$$

$$= \text{z.B.} \frac{€\ 2.000.000}{50.000\ \text{Stück}} = €\ 40/\text{Stück}$$

Praktische Anwendungsfälle sind Elektrizitäts- und Heizkraftwerke, Transportunternehmen, Sport- und Freizeitanlagen (Kosten einer Stunde).

Zweistufige Divisionskalkulation

Die zweistufige Divisionskalkulation kommt zur Anwendung, wenn produzierte und abgesetzte Menge nicht übereinstimmen.

Wenn produzierte und abgesetzte Leistung nicht übereinstimmen, d.h. Lagerbestände existieren, kommt die zweistufige Divisionskalkulation zur Anwendung. Bei dieser Form der Kalkulation ist eine einfache Kostenstellenrechnung notwendig mit den Kostenstellen „Herstellung" und „Verwaltung und Vertrieb".

Auch hier gilt, dass sie vor allem bei Massenherstellung mit einem einheitlichen Produkt sinnvoll ist.

Rechenweg:

$$\text{Selbstkosten/LE} = \frac{\text{Gesamte Herstellkosten}}{\text{produzierte Menge der Periode}} + \frac{\text{Verwaltungs- und Vertriebskosten}}{\text{abgesetzte Menge der Periode}}$$

Beispiel:

Anfangsbestand an Fertigprodukten	8.400 kg
Produktion Abrechnungsperiode	24.800 kg
Endbestand an Fertigprodukten	7.700 kg
Herstellkosten Abrechnungsperiode	371.260 €
Verwaltungskosten Abrechnungsperiode	44.600 €
Vertriebskosten Abrechnungsperiode	69.240 €

$$\text{Selbstkosten/LE} = \frac{371.260}{24.800} + \frac{44.600 + 69.240}{8.400 + 24.800 - 7.700} = 14,97 + 4,46 = €\ 19,43/\text{kg}$$

2.4.3.3 Äquivalenzziffernkalkulation

Wenn artgleiche, ähnliche Produkte (Sorten) wie z.B. Bleche, Biersorten, Getränkesorten, Ziegel usw. in einem Unternehmen erzeugt werden, ist die sogenannte Äquivalenzziffernkalkulation sinnvoll anwendbar.

Da die Produkte artverwandt sind, ist davon auszugehen, dass sich die Kosten in einem bestimmten Verhältnis zueinander verhalten. In welchen Bereichen die Äquivalenz besteht, ist durch Beobachtung, Erfahrung oder Messung festzustellen. Bei Blechen könnte dies die Blechstärke oder die Anzahl der Walzdurchgänge sein, bei Kellereien die Lagerdauer der Produkte. Häufig ist es jedoch nicht nur ein Faktor, durch den die Kostenähnlichkeit darstellbar ist, sondern mehrere. Bei Ziegeleien wurde durch technische Kostenanalysen festgestellt, dass sowohl der Materialeinsatz als auch die Fertigungszeit für die Kostenverhältnisse und damit die Äquivalenzziffern maßgeblich sind.

Die Äquivalenzziffernkalkulation verwendet man bei artverwandten Produkten.

Vorgehensweise bei der Äquivalenzziffernkalkulation:

1. Ermittlung der Äquivalenzziffern (ÄZ) für alle Sorten
2. Ermittlung der Umrechnungszahl = ÄZ x Produktionsmenge
3. $\dfrac{\text{Gesamtkosten der Periode}}{\sum \text{Umrechnungszahlen}}$ = Stückkosten der Hauptsorte (Einheitssorte)
4. Stückkosten der Hauptsorte x ÄZ = Stückkosten der übrigen Sorten
5. Stückkosten x Produktionsmenge = Selbstkosten der jeweiligen Sorte

Äquivalenzziffern sind Umrechnungsziffern, die Kostenverhältnisse ausdrücken.

Beispiel: „Äquivalenzziffernkalkulation Walzbleche"

Gesamtkosten im Walzwerk: € 910.000,–

Es werden fünf Produkte mit unterschiedlichen Blechstärken gewalzt.

Die gewünschten Blechstärken hängen von der Anzahl der Walzdurchgänge ab. Sie wiederum bestimmen maßgeblich die Selbstkosten und damit auch die Äquivalenzziffern (ÄZ).

Vorgehensweise:

1. Ermittlung Äquivalenzziffern (ÄZ)
2. Ermittlung Umrechnungszahlen (UZ) = ÄZ x Herstellmengen in t
3. Ermittlung einer Hauptsorte = Gesamtkosten 910.000,– / Summe UZ 182.000 = 5
4. Ermittlung Stückkosten übrige Sorten = 5 x ÄZ der jeweiligen Sorte
5. Ermittlung Selbstkosten der Sorten = Stückkosten x Herstellmengen in t

Sorte (Blechstärke)	Herstellmengen in	ÄZ (Walzdurchgänge)	Umrechnungszahl (Menge x ÄZ)	Kosten je t	Selbstkosten Sorte
9 mm	4.000	1	4.000	5	20.000
6 mm	4.000	3	12.000	15	60.000
4 mm	8.000	4	32.000	20	160.000
2 mm	10.000	5	50.000	25	250.000
1 mm	14.000	6	84.000	30	420.000
	40.000		**182.000**		**910.000**

$$\text{Stückkosten Hauptsorte} = \frac{\text{Gesamtkosten}}{\Sigma\,\text{Umrechnungszahlen}} = \frac{910.000}{182.000} = 5$$

Der Hauptvorteil der Äquivalenzziffernrechnung ist, dass sie für fertigungstechnisch und kostenmäßig ähnliche Produkte sehr einfach durchgeführt werden kann.

2.4.3.4 Zuschlagskalkulation

Die Zuschlagskalkulation verwendet man in Mehrproduktunternehmen mit sehr heterogenen Produkten.

Wenn in einem Unternehmen Produkte, die fertigungstechnisch wenig verwandt sind, mehrstufige Produktionsabläufe aufweisen, sehr heterogen sind und zudem in Einzel- oder Serienfertigung hergestellt werden, wendet man die „Zuschlagskalkulation" an.

Charakteristisch für die Zuschlagskalkulation ist:

Bei der Zuschlagskalkulation wird zwischen Einzel- und Gemeinkosten unterschieden.

- Man unterscheidet zwischen Einzel- und Gemeinkosten
- Die Einzelkosten bilden die Basis für die Verrechnung der Gemeinkosten
- Gemeinkosten werden als Prozentsatz von den Einzelkosten dargestellt (Zuschlags- oder Kalkulationssatz).
- Die Kostenträgereinzelkosten werden dem Kostenträger *direkt* und verursachungsgerecht zugerechnet. Die Kostenträgergemeinkosten werden dem Kostenträger *indirekt* mittels Zuschlagssätzen zugerechnet.

Die Gemeinkosten werden auf indirektem Wege verrechnet, z.B. über Zuschlagssätze.

Bei der Zuschlagskalkulation unterscheidet man zwischen folgenden Varianten:

- Summarisch-kumulative
- Summarisch-elektive und
- Differenzierte

Summarisch-kumulative Zuschlagskalkulation

Bei dieser Form werden die Kostenarten in zwei Kategorien unterteilt, Einzel- und Gemeinkosten. Die Summe aller zusammengefassten Gemeinkosten (deswegen summarisch-kumulative Zuschlagskalkulation) einer Periode wird in einem Gesamtzuschlagssatz auf die Einzelkosten verrechnet.

Zuschlagsgrundlage bzw. Bezugsgröße sind entweder:

- die gesamten Einzelkosten oder
- einzelne Einzelkostenkategorien wie z.B.
  - Materialeinzelkosten
  - Lohneinzelkosten (Fertigungslöhne)

Gemeinkostenzuschlagssätze sind das Verhältnis zwischen Gemein- und Einzelkosten.

Dieses Verfahren eignet sich nur dann gut, wenn der Anteil der Gemeinkosten an den Einzelkosten verhältnismäßig gering ist und der Betrieb keine Kostenstellenunterteilung aufweist. Angewendet wird es, auch wegen der einfachen Vorgehensweise und des geringen Rechenaufwandes in Handwerks- und Gewerbebetrieben und in Betrieben des Einzelhandels.

Beispiel:

In einem Quartal sind in einem Betrieb folgende Kosten angefallen:

Einzelmaterial	100.000
Einzellöhne	50.000
Sondereinzelkosten Fertigung	5.000
Summe Einzelkosten	**155.000**

Hilfs- und Betriebsmaterial	8.000
Gas, Wasser, Strom	3.000
Reparaturen	1.500
Abschreibungen	10.000
Soziale Aufwendungen/Nichtleistungslöhne	40.000
Werbung und Vertrieb	4.000
Sonstige Kosten	5.500
Summe Gemeinkosten	**72.000**

Wie hoch sind die Zuschlagssätze auf Basis der

- Materialeinzelkosten?
- Lohneinzelkosten?
- Materialeinzelkosten + Lohneinzelkosten?
- der gesamten Einzelkosten?

Gemeinkostenzuschlagssätze:

Basis Materialeinzelkosten:

$$\frac{\text{Summe Gemeinkosten} \times 100}{\text{Einzelmaterial}} = \frac{72.000 \times 100}{100.000} = \mathbf{72\%}$$

Basis Lohneinzelkosten:

$$\frac{\text{Summe Gemeinkosten} \times 100}{\text{Einzellöhne}} = \frac{72.000 \times 100}{50.000} = \mathbf{144\%}$$

Basis Materialeinzelkosten + Lohneinzelkosten:

$$\frac{\text{Summe Gemeinkosten} \times 100}{\text{Einzelmaterial} + \text{Einzellöhne}} = \frac{72.000 \times 100}{150.000} = \mathbf{48\%}$$

Basis alle Einzelkosten:

$$\frac{\text{Summe Gemeinkosten} \times 100}{\text{Summe Einzelkosten}} = \frac{72.000 \times 100}{155.000} = \mathbf{46\%}$$

Abhängig davon, welcher Zuschlagssatz verwendet wird, ergeben sich verschiedene Kalkulationsergebnisse, wie das folgende Beispiel zeigt.

Dabei wird zwischen zwei Produktvarianten unterschieden (die Summe der Einzelkosten ist bei beiden gleich):

Je nach Einzelkostenbasis ergeben sich unterschiedliche Zuschlagssätze.

- Variante 1 weist hohe Materialeinzelkosten und wenig Lohnanteil auf.
- Variante 2 ist wesentlich lohnintensiver, benötigt dafür aber weniger Material.

Produktkalkulation			Variante 1	Variante 2
Einzelmaterial			300	180
Einzellöhne			180	300
Sondereinzelkosten Fertigung			20	20
Summe Einzelkosten			**500**	**500**

a)

Basis Materialeinzelkosten				
Summe Einzelkosten			500	500
+ Gemeinkostenzuschlag	72%	v. 300	216	130
= **Selbstkosten pro Einheit**			**716**	**630**

b)

Basis Lohneinzelkosten				
Summe Einzelkosten			500	500
+ Gemeinkostenzuschlag	144%	v. 180	259	432
= **Selbstkosten pro Einheit**			**759**	**932**

c)

Basis Materialeinzelkosten + Lohneinzelkosten				
Summe Einzelkosten			500	500
+ Gemeinkostenzuschlag	48%	v. 480	230	230
= **Selbstkosten pro Einheit**			**730**	**730**

d)

Basis alle Einzelkosten				
Summe Einzelkosten			500	500
+ Gemeinkostenzuschlag	46%	v. 500	232	232
= **Selbstkosten pro Einheit**			**732**	**732**

Abhängig von der Art des gewählten Zuschlagsatzes erhält man unterschiedliche Selbstkosten.

Je nach gewählter Basis und Einzelkostenzusammensetzung weichen die Ergebnisse erheblich voneinander ab.

Als Regel gilt: Materialintensive Betriebe sollten Materialeinzelkosten als Zuschlagsbasis verwenden, sehr lohnintensive Betriebe Fertigungslöhne. Üblicherweise wird jedoch aus Vereinfachungsgründen die Einzelkostensumme als Basis herangezogen.

Die Problematik der summarischen Zuschlagskalkulation wird an folgendem Beispiel erkennbar: Man verwendet für ein und dasselbe Produkt einmal ein billiges Ausgangsmaterial und das andere Mal ein qualitativ höherwertiges, aber auch doppelt so teures Material. Im ersten Fall werden wenig Unternehmensgemeinkosten verrechnet, im zweiten Fall sehr viel. Es ergibt sich dabei eine doppelte Verteuerung, einerseits durch die hohen Einzelkosten und andererseits durch die höher kalkulierten Gemeinkosten.

Wenn sich beispielsweise im Lebensmittelbereich die Rohstoffkosten, wie z.B. Fleisch, erhöhen, bringt eine solche Kalkulation auch eine Gemeinkostensteigerung. Die Preise steigen dann wesentlich stärker als durch die Verteuerung des Rohstoffes Fleisch notwendig wäre. Erkennbar ist das auch daran, dass die Landwirte die Verteuerungen im Handel nicht im gleichen Ausmaß beim Rohprodukt wahrnehmen.

Für die Erhöhung der Gemeinkosten gibt es oftmals aber keinen plausiblen Grund, außer dem der verwendeten Rechenmethode. Wenn der Gemeinkostenzuschlagssatz niedrig ist, ist der Mangel erträglich, bei sehr hohen Zuschlagssätzen ergeben sich jedoch beträchtliche Kalkulationsfehler.

Summarisch-elektive Zuschlagskalkulation

Bei dieser Kalkulationsart wird ebenfalls die gesamte Gemeinkostensumme des Unternehmens für die Zuschlagssatzbildung verwendet, allerdings wird die Gemeinkostensumme nach Betriebsbereichen differenziert. D.h. jene Gemeinkosten, die z.B. dem Betriebsbereich Material zuzuordnen sind, werden für die Ermittlung des „Materialgemeinkostenzuschlagssatzes" herangezogen. Ähnlich wird für andere Betriebsbereiche verfahren, wie z.B. Fertigung und Verwaltung und Vertrieb.

Die Summarisch-elektive Zuschlagskalkulation ist der differenzierenden Zuschlagskalkulation sehr ähnlich.

$$\text{Material-GK-Zuschlag} = \frac{\text{Materialgemeinkosten} * 100}{\text{Materialeinzelkosten}}$$

$$\text{Fertigungs-GK-Zuschlag} = \frac{\text{Fertigungsgemeinkosten} * 100}{\text{Fertigungslöhne}}$$

Bei den Verwaltungs- und Vertriebsgemeinkosten bilden die sogenannten „Herstellkosten" die Bezugsbasis. Herstellkosten sind alle in der Wertschöpfung vorgelagerten Einzel- und Gemeinkosten (z.B. Materialeinzel und -gemeinkosten, Fertigungseinzel- und -gemeinkosten)

$$\text{Verwaltungskostenzuschlag} = \frac{\text{Verwaltungsgemeinkosten} * 100}{\text{Herstellkosten}}$$

$$\text{Vertriebskostenzuschlag} = \frac{\text{Vertriebsgemeinkosten} * 100}{\text{Herstellkosten}}$$

Diese Form der Kalkulation ist dem nächsten Verfahren sehr ähnlich, es ist aber noch keine Kostenstellenbildung notwendig, stattdessen versucht man kostenartenweise eine Zuordnung auf die Betriebsbereiche herzustellen. Der Hauptvorteil ist eine verursachungsgerechtere Zuschlagssatzbildung als bei der summarisch kumulativen Methode. Dieses Verfahren eignet sich für kleinere Betriebe, in denen kein mehrstufiger Fertigungsprozess vorliegt.

Differenzierende Zuschlagssatzkalkulation

Eine Weiterentwicklung der elektiven Zuschlagskalkulation ist die differenzierende Zuschlagskalkulation. Diese wird vor allem in Unternehmen mit vie-

Differenzierende Zuschlagssatzkalkulation – Grundprinzip

len verschiedenen Kostenträgern, die in einem mehrstufigen Fertigungsprozess bearbeitet werden, angewendet. Zusätzlich beanspruchen die verschiedenen Produkte oder Leistungen einzelne Fertigungsstufen zeitlich unterschiedlich oder überhaupt nicht.

	Kostenstellen											
	Entwickl./ Konstrukt.	Mat 1	Mat 2	Mat 3	Fert.1	Fert.2	Fert.3	Fert.4	Fert.5	Montage	Verw.	Vertr.
Produkt 1												
Produkt 2												
Produkt 3												
Produkt 4												
Produkt 5	etc.											
Produkt 6	etc.											
Produkt 7	etc.											
Produkt 8	etc.											
Produkt 9	etc.											
Produkt 10	etc.											

Abbildung 46: Inanspruchnahme einzelner Unternehmensbereiche durch die Produkte

Je komplexer das Unternehmen und die Produkte, desto umfangreicher kann die obige Darstellung werden. In Industrieunternehmen ist es durchaus üblich, dass mehr als hundert Kostenstellen, mit einer Vielzahl an Produkten, existieren.

Abhängig von der Anzahl der Kostenstellen, nimmt auch die Zahl der Zuschlagssätze zu.

Grundsätzlich folgt die differenzierende Zuschlagskalkulation aber dem Kalkulationsschema in Abbildung 46.

In Mittel- und Großbetrieben wird die differenzierende Zuschlagskalkulation nach wie vor sehr häufig verwendet.

Diese Form der Kalkulation ist zwar in der Lage, die Stückkosten wesentlich realitätsgerechter zu ermitteln als die summarische Zuschlagskalkulation, trotzdem weist sie eine Reihe von Mängeln auf:

Mängel der differenzierenden Zuschlagskalkulation

- Die angenommene Proportionalität zwischen Einzel- und Gemeinkosten bzw. Herstellkosten ist nur teilweise gegeben, dies bewirkt, dass z.B. nach Lohnerhöhungen auch mehr Gemeinkosten kalkuliert werden, wenn nicht der Zuschlagssatz neu errechnet wurde. Man sollte daher die Proportionalität in jedem Fall kritisch hinterfragen bzw. periodisch neu berechnen.
- Einzelkosten als Zuschlagsbasis eignen sich nur dann, wenn diese im Verhältnis zu den Gemeinkosten hoch sind und sich damit niedrige Zuschlagssätze ergeben. Gerade in den letzten Jahrzehnten hat sich das jedoch massiv verändert. So ist aufgrund neuerer Fertigungstechnologien der Gemeinkostenanteil stark angestiegen. Außerdem sind planende, steuernde

Differenzierende
Zuschlagskalkulation –
Kalkulationsschema.

Fertigungsmaterial (Einzelkosten) € 5.000	MATERIAL-KOSTEN 5.000+500 = € 5.500	H E R S T E L L K O S T E N	S E L B S T K O S T E N

Abbildung 47: Schema einer differenzierenden Zuschlagskalkulation

und überwachende Tätigkeiten gegenüber ausführenden mehr geworden. Dadurch ist bei den Löhnen der Anteil direkter Lohnkosten geringer geworden.

- Die Gemeinkosten im Fertigungsbereich hängen nur bedingt von den Fertigungslöhnen ab, andere Bezugsgrößen sind wesentlich geeigneter, die Proportionalität abzubilden (Bezugsgrößenkalkulation!).

2.4.3.5 Bezugsgrößenkalkulation (Verrechnungssatzkalkulation)

Bei dieser Kalkulationsform werden die Fertigungsgemeinkosten nicht über Fertigungslohnzuschlagssätze verrechnet, sondern über sogenannte Verrechnungssätze. Dabei werden als Bezugsbasis Mengengrößen verwendet, wie z.B. Maschinenzeiten, Akkordzeiten, Rüstzeiten, Gewichte. Diese Mengengrößen sind besonders gut für die Kalkulation geeignet, wenn zwischen ihnen und der Gemeinkostenentwicklung eine möglichst proportionale Beziehung besteht.

Bezugsgrößenkalkulation
als Weiterentwicklung der
Zuschlagskalkulation

Die Verrechnungssatzkalkulation kommt vor allem in Industriebetrieben mit breitem und tiefem Produktions- und Absatzprogramm zur Anwendung. Solche Betriebe weisen aufgrund der hohen Anlagenintensität auch überproportional hohe Gemeinkosten auf. Diese kann man z.B. mit Hilfe von Maschinenstundensätzen auf die Kostenträger verrechnen. Häufig reicht jedoch für eine Kostenstelle eine Bezugsgröße bzw. ein Verrechnungssatz nicht aus. Dann kann man die Kostenstellengemeinkosten auf Kostenplätze (z.B. je Maschine ein Kostenplatz) aufteilen und für jeden Kostenplatz eine oder mehrere geeignete Bezugsgrößen suchen.

Die Verrechnungssatzkalkulation wird am häufigsten in Form der Maschinenstundensatzkalkulation angewendet.

Am häufigsten wird die Verrechnungssatzkalkulation in Form der Maschinenstundensatzkalkulation angewendet. Dabei werden die Gemeinkosten der Kostenstelle, die der Maschine zuordenbar sind, durch die Maschinenlaufzeit dividiert.

$$\text{Maschinenstundensatz} = \frac{\text{unmittelbar maschinenabhängige Kosten}}{\text{Maschinenlaufzeit}}$$

Sofern nur diese eine Bezugsgröße existiert, können die Restgemeinkosten mittels Zuschlagssatz verrechnet werden.

$$\text{Restgemeinkostenzuschlagssatz} = \frac{\text{Restgemeinkosten} \times 100}{\text{Fertigungseinzelkosten (z.B. Löhne)}}$$

Es sind aber auch andere Vorgehensweisen denkbar, wie das folgende Beispiel zeigt:

Beispiel Verrechnungssatzkalkulation mit drei Bezugsgrößen:

Beispiel Verrechnungssatzkalkulation mit drei Bezugsgrößen

Bei der Firma XY existiert die Bereichsstelle 7160 „Zuschneiderei" mit verschiedenen Maschinen. Die Maschine 7161 „Feinblech Coilschneideanlage" (ein „Coil" ist eine Bandstahlrolle) ist ein Kostenplatz. Innerhalb dieses Kostenplatzes lassen sich die Gemeinkosten in sogenannte leistungsabhängige und leistungsunabhängige Kosten unterteilen. Die leistungsabhängigen Kosten resultieren aus der Maschinenlaufzeit, den Rüstvorgängen und den Vorgabestunden für die Fertigungsmitarbeiter. Die leistungsunabhängigen Kosten sind Leitungskosten und Kosten, die in keinem direkten Zusammenhang zur Leistungserstellung stehen.

Entsprechend den Leistungsarten und den Kostenblöcken werden bei den leistungsabhängigen Kosten folgende Bezugsgrößen gewählt:

- Maschinenstunden
- Rüststunden
- Vorgabestunden

Die leistungsunabhängigen Kosten werden gleichmäßig auf die drei Leistungsbereiche umgelegt. Wie vorher dargelegt, könnten diese aber auch mittels Zuschlagssatz weiterverrechnet werden.

Prinzipiell ergeben sich für die Bezugsgrößenkalkulation folgende Arbeitsschritte:

a) Ermittlung der Kostenstellengemeinkosten

b) Aufteilung der Kostenstellengemeinkosten nach Leistungsarten z.B. in:

Kostenplanung Kostenstelle 7161 für 6 Monate

Kostenart	Leistungsunab-hängige Kosten	Leistungsabhängige Kosten			Vollkosten
		Maschinen	Rüsten – Akkord	Personal	
Umlage Leitung	x				x
Umlage Allgem. Betriebskosten	x				x
Strom		x			x
Kalk. Afa		x			x
Instandhaltung		x			x
Fertigungslohn Rüsten			x		x
Personalnebenkosten Rüsten			x		x
Fertigungslohn				x	x
Personalnebenkosten				x	x
Primäre Kosten	81.478,00	105.395,00	33.963,00	85.598,00	306.434,00
Umlage Leistungsunabh. Kosten	−1.478,00	27.159,33	27.159,33	27.159,33	–
Leistungsabh.+ unabhäng. Kosten	–	**132.554,33**	**61.122,33**	**112.757,33**	**306.434,00**
Bezugsgröße	gleichmäßig verteilen	Maschinen-h	Rüst-h	Vorgabestunden	
Bezugsgröße Mengen		2.574 h	1.800 h	4.140 h	
Verrechnungssatz/h		51,50	33,96	27,24	
Verrechnungssatz/min		0,86	0,57	0,45	

Kalkulation Zuschnitt Bodenblech

		2 Stk./ Arbeitsgang	1x je 1000 Stück	1 Stk./ Arbeitsgang	
Vorgabezeiten Bemerkungen					
Vorgabezeiten (aus Fertigungsplan)		0,263 Min	60,230 Min	0,526 Min	
Vollkosten auf Basis Fertigungsplan		0,226	0,034	0,239	**0,499**

Fertigungsplan – Kalkulation Bodenblech links Nr.: 285628112002						
Tätigkeit	KSt.	Bezugsgröße	Bezugsgröße	Bezugsgröße	Vorgabezeit	Vollkosten
10 Rüsten	7161		1	2	60,230 min.	0,034
20 Zuschneiden Coil	7161	3	1	2	0,526 min.	0,226
						0,239
28 Transport + Vorbereitung	7259		1	1	204,000 min.	
30 Aufrüsten	7259		3	6	475,500 min.	
40 R- Ziehen	7134		1	2	0,952 min.	
50 R- Beschneiden	7135		1	2	0,952 min.	
60 R- Abkanten	7136		1	2	0,952 min.	
76 Springer	7252			1	0,357 min.	
70 Abrüsten	7259		3	6	315,600 min.	
Summen					**1.059,069 min.**	

Abbildung 48: Beispiel Bezugsgrößenkalkulation „Coilschneideanlage"

- leistungsabhängige Kosten
  - Maschinenkosten
  - Rüstkosten
  - Personalkosten (Maschinenbedienung, -überwachung)
- leistungsunabhängige Kosten (Leitung, Umlagen von anderen Bereichen)

c) Ermittlung von Bezugsgrößen für die leistungsabhängigen Kosten

d) Ermittlung von Kostensätzen für die leistungsabhängigen Bereiche

e) Verteilung der Restgemeinkosten, z.B. entsprechend der Einzelkosten in der Kostenstelle.

f) Verwendung der Verrechnungssätze für die Produktkalkulation entsprechend den Arbeitsplänen (Mengengerüste: 0,526 Min. für einen Schnittvorgang, ein Rüstvorgang zu 60,23 Min. für 1.000 Stück)

Der Hauptvorteil der Bezugsgrößenkalkulation ist die realitätsgerechtere Abbildung der verursachten Kosten. Übrig bleibt nur mehr ein geringer Anteil an Gemeinkosten, für die es keine Verursachungsgröße gibt. Dieser Anteil muss wie bei der Zuschlagskalkulation pauschal verrechnet werden. Die Rechenungenauigkeit ist bei dieser Art von Kalkulation gering. Sie ist in der Vorgehensweise der Prozesskostenrechnung sehr ähnlich. In der Fertigung sind die Kosten verursachenden Prozesse Maschinenstunden, in der Verwaltung sind das regelmäßig wiederkehrende Arbeitsabläufe.

Nachteilig bei der Bezugsgrößenkalkulation ist, dass genaue Aufzeichnungen über die Bezugsgrößen und die dazugehörigen Kosten gemacht werden müssen.

2.4.3.6 Bezugsgrößenkalkulation in indirekten Bereichen – Prozesskostenkalkulation

Entwicklung der Prozesskostenrechnung

In Verwaltungs- und Vertriebsbereichen verwendet man statt der Verrechnungssatzkalkulation die Prozesskostenrechnung

Traditionelle Kostenrechnungssysteme basieren auf den Gegebenheiten des wirtschaftlichen Umfelds ihrer Entstehung. Homogene Fertigungsprogramme mit einem dominanten Anteil direkter Arbeitsleistung sind charakteristisch für ihre konzeptionellen Grundprinzipien. Derartige Bedingungen rechtfertigen das Paradigma der Beschäftigung als wichtigste Kosteneinflussgröße und die Schlüsselung des geringen Gemeinkostenanteils als Restgröße.

Die Veränderungen des wirtschaftlichen Umfelds, mit ihren gestiegenen Anforderungen an die Unternehmen haben sich in breiteren Produktsortimenten, größerer Variantenvielfalt, kürzeren Produktlebenszyklen und globaler Marktpräsenz bei gleichzeitiger Reduktion der Fertigungstiefe und hohem Automatisierungsgrad niedergeschlagen.

In vielen Unternehmen hat der indirekte Leistungsbereich heute mehr Bedeutung als früher.

Insgesamt haben diese Veränderungen der betrieblichen Wertschöpfung zu einer Stärkung des indirekten Leistungsbereichs und damit zu einer gravierenden Verschiebung der Kostenstruktur mit einem rasanten Anstieg des Gemeinkosten- bzw. Fixkostenblocks geführt. Als Konsequenz wird heute mit der klassischen Zuschlagskalkulation der Großteil der Kosten über die „Restgröße" Einzelkosten viel zu pauschal auf die Kostenträger aufgerechnet, womit die Aussagekraft konventioneller Kostenrechnungssysteme zusehends in Frage gestellt wird.

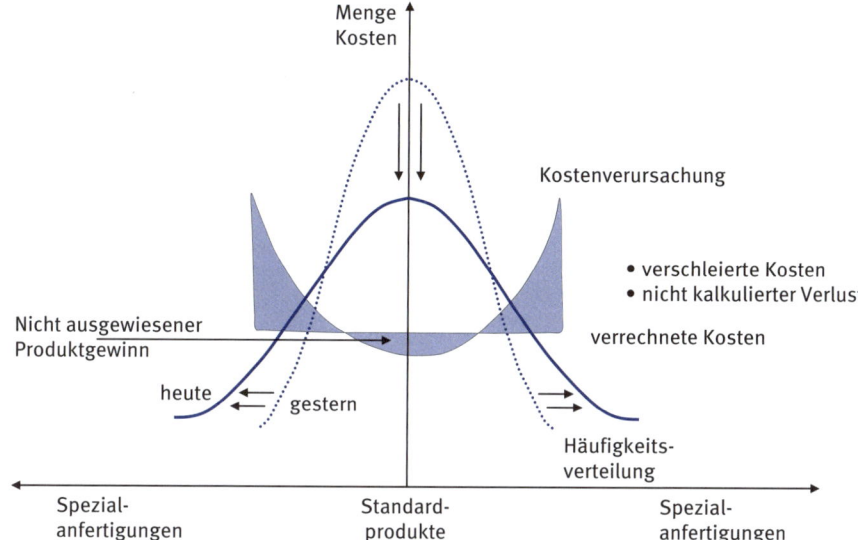

Eine pauschale Verrechnung der Gemeinkosten aus den indirekten Bereichen ist zu ungenau.

Abbildung 49: „Exoten" werden zu Lasten der Standardprodukte zu wenig Gemeinkosten zugewiesen (Vgl. Schuh/Kaiser (1994))

Durch das Schlüsseln nicht direkt zuordenbarer Gemeinkosten in der Produktkalkulation wird zwangsläufig das Kostenbild des Unternehmens und die Beurteilung des Produkterfolgs verfälscht. Weitreichende Fehlentscheidungen in der Produkt- und Preispolitik infolge mangelnder Kostenwahrheit können den langfristigen Unternehmenserfolg existenziell gefährden.

Die Prozesskostenrechnung hat sich als Reaktion auf das immer drängender werdende Problem steigender Gemeinkosten entwickelt. Mit dem Ansatz des *Activity Based Costing* (ABC) bzw. der *Prozesskostenrechnung* (Horváth/Mayer, 1993) wird versucht, den Anforderungen geänderter Kostenstrukturen gerecht zu werden und der pauschalen Gemeinkostenverrechung auf die Produkte zu begegnen. Während sich in Amerika das von Cooper und Kaplan entwickelte Activity Based Costing vorwiegend auf die Gemeinkosten des Fertigungsbereichs konzentriert, liegt der Schwerpunkt der von Horváth und Mayr im deutschen Sprachraum entwickelten Prozesskostenrechnung auf dem indirekten Gemeinkostenbereich. Wenngleich die Begriffe heute vielfach synonym verwendet werden, unterscheiden sie sich in ihrer grundlegenden Konzeption.

Activity Based Costing konzentriert sich auf die Gemeinkosten des Fertigungsbereichs.

Die Prozesskostenrechnung kümmert sich um den indirekten Gemeinkostenbereich.

137

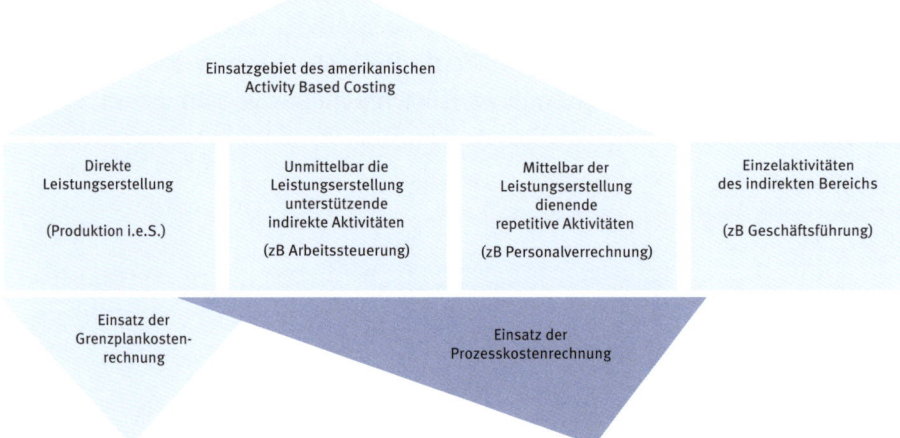

Abbildung 50: Anwendungsfelder des Activity Based Costing und der Prozesskostenrechnung

Das System der Prozesskostenrechnung. Die Prozesskostenrechnung ist kein völlig neues Kostenrechnungsverfahren. Ihrem Wesen nach ist sie eine Vollkostenrechnung, die geänderte Wege der Gemeinkostenverrechnung auf die Produkte einschlägt. Sie berücksichtigt die Erkenntnis, dass die den Produkten direkt zuordenbaren Einzelkosten und die verursachungsgerecht zurechenbaren beschäftigungsproportionalen Fertigungsgemeinkosten nur noch einen Bruchteil des Ressourcenverbrauchs darstellen, den die Produkte eigentlich verursachen.

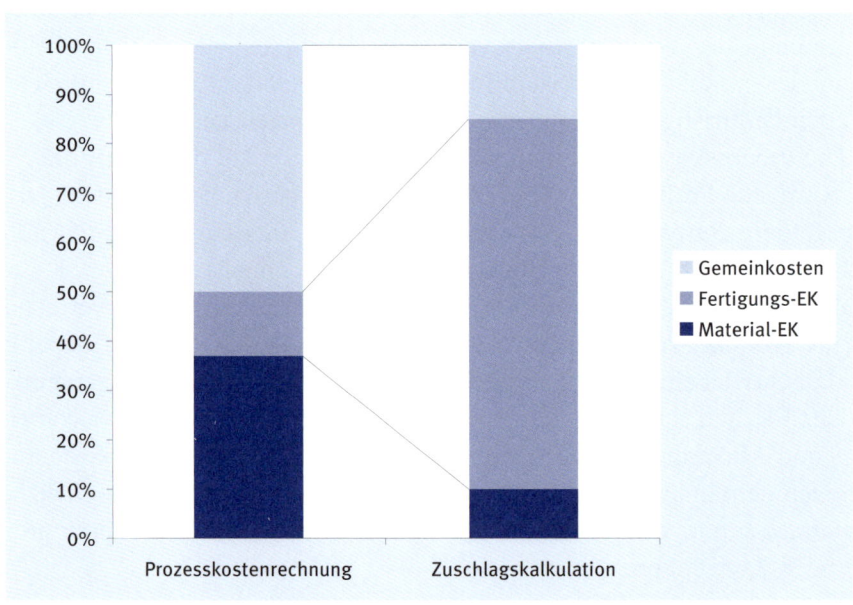

Abbildung 51: Veränderung der Kostenstruktur und ihre Systeme

Die mit der Herstellung eines Produkts verbundenen Gemeinkosten haben überwiegend andere Kostenverursacher (Cost Driver) als die in den Fertigungslöhnen oder Maschinenstunden ausgedrückte Beschäftigungs- bzw. Produktionsmenge. Die Prozesskostenrechnung versucht daher die unterschiedliche Inanspruchnahme der betrieblichen Ressourcen, wie Maschinenrüstzeiten, Entwicklungs-, Verwaltungs- und Vertriebsleistungen auf Basis der zugrundeliegenden Aktivitäten oder Prozesse verursachungsgerecht widerzuspiegeln.

Cost driver sind die Verursacher der Gemeinkosten.

Kennzeichnend für die Prozesskostenrechnung ist, dass die Kostenstellen als Ort der Kostenverursachung in den Hintergrund treten und abteilungsübergreifende Prozesse und ihre mengenmäßige Wiederholung in den Mittelpunkt der Betrachtung rücken.

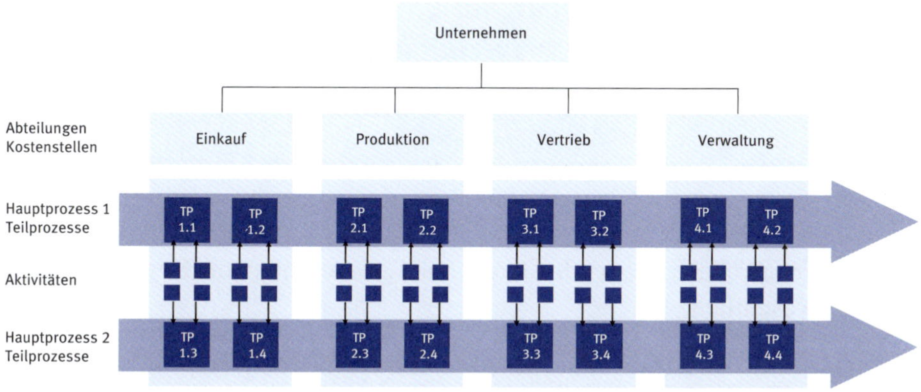

Abbildung 52: Auflösung und Verdichtung der Aktivitäten in der Prozesskostenrechnung

Wichtig ist das Verständnis, dass nahezu sämtliche für den Unternehmenserfolg entscheidende „betriebliche" Abläufe (Hauptprozesse) abteilungs- und damit auch kostenstellenübergreifend sind. Ihre Kosten lassen sich mit traditionellen Kostenrechnungsverfahren kaum messen. Während die klassische Kostenstellenrechnung aufzeigt, welche Kostenarten je Kostenstelle anfallen, zeigt die Prozesskostenrechnung, für welche abteilungsübergreifenden Aktivitäten Geld ausgegeben wird (Was kostet eine Bestellung von Serienmaterialien?).

Hauptprozesse sind kostenstellenübergreifende Prozesse.

Im Rahmen des Prozessmanagements bzw. der Prozesskostenrechnung wird nun in Anlehnung an den Produktionsbereich versucht, den Overheadbereich in repetitive Aktivitäten, wie z.B. Materialbestellung, Stücklistenänderung, etc. transparent zu zerteilen. Gelingt es, wiederkehrende Tätigkeitsmuster und die damit verbundenen Kosten zu ermitteln, können die Kostensätze für diese Tätigkeiten über ihre Planmengen ermittelt werden und entsprechend der Inanspruchnahme durch die Kostenträger auf diese mit Hilfe der Prozesskostensätze zugerechnet werden.

139

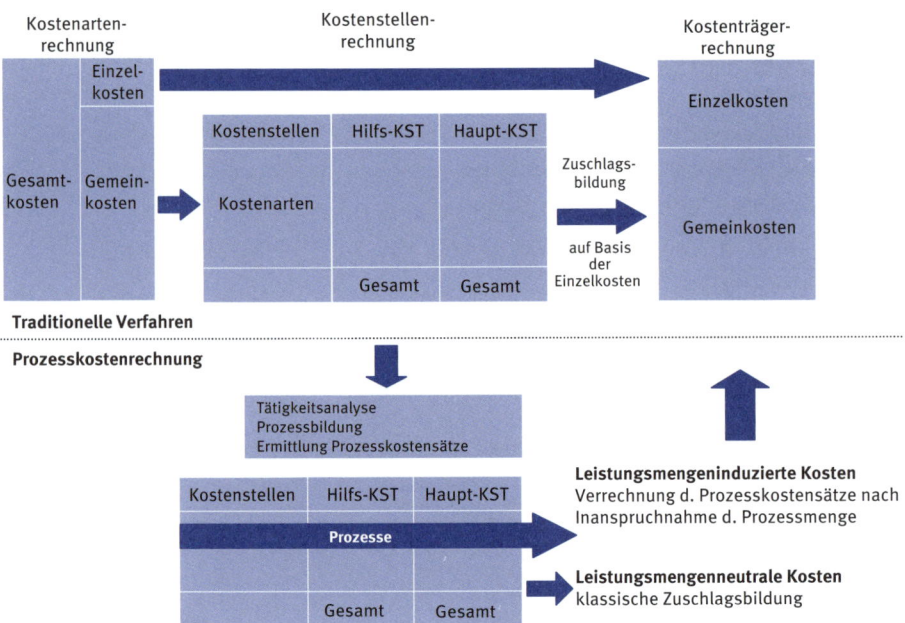

Abbildung 53: Gegenüberstellung traditioneller und prozessorientierter Kostenrechnung

Für das System der Prozesskostenrechnung sind folgende Begriffsbestimmungen wesentlich:

Begriffe der Prozesskostenrechnung.

Prozess	Folge von Aktivitäten, die sich auf ein Arbeitsobjekt beziehen und bei jedem Arbeitsobjekt identisch wiederholt werden
Hauptprozess	gesamte, abteilungsübergreifende Folge von Aktivitäten, die dem selben Kosteneinflussfaktor unterliegt
Teilprozess	Aktivitäten innerhalb einer Kostenstelle, die einem Hauptprozess zugeordnet sind
Cost Driver	Kosteneinflussfaktor bzw. Prozessbezugsgröße, die für die Kostenentstehung maßgeblich ist (z.B. Anzahl der Bestellungen)
Prozessmenge	Häufigkeit, mit der ein Prozess in einer Abrechnungsperiode wiederholt wird = Cost-Driver-Menge
Prozesskosten	Alle einem Prozess verursachungsgerecht zuordenbaren Kosten
Prozesskostensatz	Prozesskosten dividiert durch die Prozessmenge

Schritte zur Einführung der Prozesskostenrechnung

Ausgangspunkt der Prozesskostenrechnung bildet die Frage nach den Haupteinflussfaktoren der Kostenentstehung in den Gemeinkostenbereichen. Dabei versucht der Prozesskostenrechnungsansatz die Teilprozesse der einzelnen Kostenstellen zu wenigen abteilungsübergreifenden Hauptprozessen, die über ihre Cost Driver das Gemeinkostenvolumen bestimmen, zu verdichten. Aus diesem Gestaltungsansatz hat sich für die Einführung von Prozesskostenrechnungssystemen nachstehende Vorgangsweise bewährt:

1. Definition des Projektziels
2. Einschränkung der einzubeziehenden Unternehmensbereiche
3. Hypothese über die Hauptprozesse und Cost Driver
4. Tätigkeitsanalyse
5. Bestimmung der Prozesse
6. Identifikation der Cost-Driver
7. Ermittlung der Prozesskosten
8. Erhebung der Prozessmengen
9. Berechnung der Prozesskostensätze

Vorgangsweise bei der Einführung einer Prozesskostenrechnung

Ausgehend von den verschiedenen Anwendungsmöglichkeiten gilt es im Vorfeld die mit der Prozesskostenrechnung verbundene Zielsetzung (z.B. Prozesskalkulation) festzulegen und die einzubeziehenden Unternehmensbereiche bzw. Kostenstellen zu definieren. Nach Auswahl des Untersuchungsbereichs werden auf der im Unternehmen bestehenden Sachkenntnis Hypothesen über die Hauptprozesse und ihre Cost Driver aufgestellt. Auf Basis der gebildeten Hypothese über die Haupteinflussfaktoren der Kostenentstehung wird in den Kostenstellen des Untersuchungsbereichs eine Tätigkeitsanalyse durchgeführt, aus der sich die Teilprozesse je Kostenstelle ableiten lassen. Dabei ist es entscheidend, sich auf die wesentlichen, kostenrelevanten Aktivitäten zu beschränken um sich nicht in einer unüberschaubaren Menge detaillierter Aktivitäten zu verlieren.

Teilprozesse können grundsätzlich zwischen *leistungsmengeninduziert (lmi)* und *leistungsmengenneutral (lmn)* unterschieden werden. Für die Prozesskostenrechnung sind lediglich die leistungsmengeninduzierten Prozesse von Interesse, da sich diese über die Beanspruchung der Prozessmenge mit Hilfe der Cost Driver verursachungsgerecht auf die Kostenträger zuordnen lassen, während dies für leistungsmengenneutrale Kosten wie die der Geschäftsleitung nicht möglich ist.

Leistungsmengeninduzierte Prozesse

Leistungsmengenneutrale Prozesse

TP-Nr.	Teilprozess	lmi/lmn	Cost Driver	Prozesskosten	Prozessmenge	Prozesskostensatz lmi	Prozessumlage lmn	Gesamtprozesskostensatz
1	Rahmenverträge abschließen	lmi	Anz. Verträge	49.000	70	700	142,86	843
2	Abruf über Rahmenverträge	lmi	Anz. Abrufe	105.000	5.000	21	4,29	25
3	Einzelbestellung Serienmat.	lmi	Anz. Bestellungen	140.000	2.000	70	14,29	84
4	Bestellung GK-Mat.	lmi	Anz. Bestellungen	126.000	3.000	42	8,57	51
5	Kontaktpflege Lieferanten	lmi	Anz. Kontakte	70.000	70	1.000	204,08	1.204
6	Leitung KST	lmn		100.000				
	Gesamt			**590.000**				

Abbildung 54: Prinzip der Teilprozesskostenermittlung am Beispiel der Kostenstelle Einkauf (Vgl. Horváth, 1993, S. 85)

Die Anwendung der Prozesskostenrechnung

Die Prozesskostenrechnung wird in der Praxis für zwei primäre Zwecke verwendet:

1. Gemeinkostenmanagement – Ermittlung von abteilungsübergreifenden Prozesskosten
2. Prozessorientierte Kalkulation

Nachfolgend sei die Ermittlung der prozessbezogenen Kalkulationssätze sowie der Prozesskosten am vereinfachten Beispiel zweier Prozesse – Produktänderung & Variantenbetreuung – und zwei Kostenstellen – Fertigungsplanung und Qualitätssicherung – gezeigt (Quelle: Horváth, 1998, S. 533 ff.)

KST 5501 Fertigungsplanung						
Kostenart	Menge	EH	Kosten	variabel	fix	gesamt
Gehälter	11	Pers.	60.000		660.000	660.000
Sozialaufwand					200.000	200.000
Büromaterial				50.000		50.000
Telefon				30.000		30.000
Kalk. IS-Kosten				50.000	50.000	100.000
Kalk. Raumkosten	400	m²	100		40.000	40.000
Kalk. Abschreibungen					20.000	20.000
Gesamt				**130.000**	**970.000**	**1.100.000**

KST 5504 Qualitätssicherung						
Kostenart	Menge	EH	Kosten	variabel	fix	gesamt
Gehälter	10	Pers.	55.000		550.000	550.000
Sozialaufwand					160.000	160.000
Büromaterial				30.000		30.000
Telefon				20.000		20.000
Werkzeuge, Prüfm.				120.000		120.000
Kalk. Raumkosten	200	m²	100		20.000	20.000
Kalk. Abschreibungen					100.000	100.000
Gesamt				**170.000**	**830.000**	**1.000.000**

KST 5501 Fertigungsplanung								
Teilprozesse		Cost-Driver		Prozesskosten			P-Kostensatz	
Nr.	Bezeichnung	CD	Menge	lmi	lmn	gesamt	lmi	gesamt
1	Arbeitspläne ändern	Produktänderungen	200	400.000	40.000	440.000	2.000	2.200
2	Fertigung betreuen	Varianten	100	600.000	60.000	660.000	6.000	6.600
3	Abteilung leiten					100.000		
						1.100.000		

KST 5504 Qualitätssicherung								
Teilprozesse		Cost-Driver		Prozesskosten			P-Kostensatz	
Nr.	Bezeichnung	CD	Menge	lmi	lmn	gesamt	lmi	gesamt
1	Prüfpläne ändern	Produktänderungen	200	200.000	50.000	250.000	1.000	1.250
2	Produktqualität sichern	Varianten	100	600.000	150.000	750.000	6.000	7.500
3	Teilnahme Qualitätszirkel					100.000		
4	Abteilung leiten					100.000		
						1.000.000		

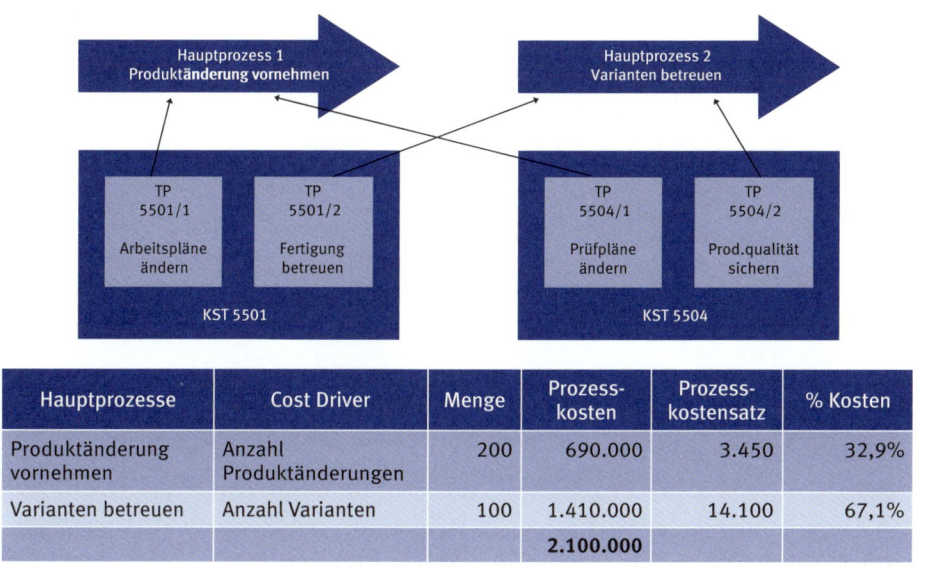

Abbildung 55: Beispiel Prozesskostensätze

Hauptprozesse	Cost Driver	Menge	Prozess-kosten	Prozess-kostensatz	% Kosten
Produktänderung vornehmen	Anzahl Produktänderungen	200	690.000	3.450	32,9%
Varianten betreuen	Anzahl Varianten	100	1.410.000	14.100	67,1%
			2.100.000		

Die Beurteilung und Aussagekraft der Prozesskostenrechnung

Im Zuge einer generellen Prozessorientierung und steigenden Gemeinkosten-anteilen hat die Prozesskostenrechnung in den genannten Anwendungsgebie-ten Anklang gefunden. Dennoch überwiegen im operativen Alltag der Kos-tenrechnungspraxis klassische Systeme. Die Prozesskostenrechnung wird zu-meist für strategische Fragestellungen oder die einmalige Ermittlung von Pro-zesskosten punktuell eingesetzt.

Trotz der ihr von der Praxis überwiegend zugewiesenen Parallel- oder Er-gänzungsfunktion erlaubt die Prozesskostenrechnung ein permanentes opera-tives Gemeinkostenmanagement, sowohl kostenstellenbezogen als auch pro-zessbezogen über Kostenstellengrenzen hinweg. Über die mengenorientierten Cost-driver kann die Prozesskostenrechnung jedoch nicht nur einen entschei-denden Beitrag zur Kostensenkung bestehender Prozesse, sondern auch zur strategischen Ausrichtung des Unternehmens liefern. Wie das Beispiel der Automobilindustrie zeigt, hat das Erkennen der Anzahl der Lieferanten als Cost Driver und die Reduktion der Cost-Driver-Menge die Beschaffungsstra-tegie grundlegend in Richtung „Single sourcing" verändert (vgl. Horváth, Controlling, S. 537).

Die Erkenntnisse der prozessorientierten Betrachtung der Beschaffungs-seite und ihrer Cost Driver können in gleicher Weise auf die Kundenseite übertragen werden und zu Verschiebungen der Zielgruppen und Veränderun-gen der Vertriebsstrategie führen. Auch im Bereich der Produktentwicklung hat die Transparenz über die Kosten von Varianten oder Produktänderungen in Verbindung mit dem Target-Costing-Ansatz zu einem Überdenken der bis-herigen Produktpolitik geführt.

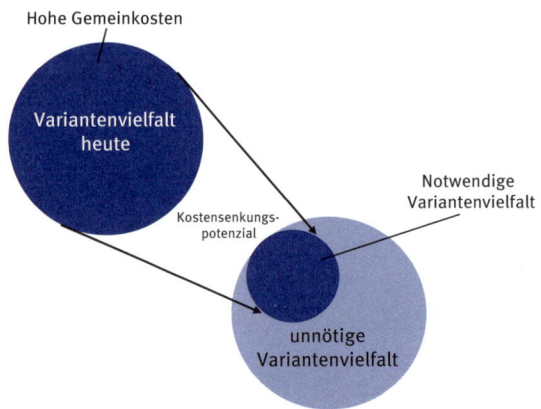

Hohe Gemeinkosten

Variantenvielfalt heute

Notwendige Variantenvielfalt

Kostensenkungspotenzial

unnötige Variantenvielfalt

Abbildung 56: Bis zu 64% der Varianten wären nicht notwendig, um die Kundenwünsche zu erfüllen

Prozesskostenrechnung bildet die Basis für Prozessmanagement.

Mit den grundlegenden Aussagen über Haupteinflussfaktoren der Kostenentstehung in den Gemeinkostenbereichen bildet die Prozesskostenrechnung die Basis für das Prozessmanagement. Darüber hinaus gibt sie für die verursachungsgerechte Beurteilung des Produkterfolgs im Rahmen der Kalkulation entscheidende Signale. Klassische Zuschlagskalkulationen auf Basis der Einzelkosten negieren die tatsächliche Ressourceninanspruchnahme durch die Produkte.

Wie gravierend die Unterschiede in der Produktbeurteilung, gerade bei sehr heterogenen Produktionsprogrammen sein können, soll das nachfolgende Beispiel verdeutlichen.

Beispiel: Traditionelle Zuschlagskalkulation gegenüber prozessorientierter Kalkulation.

Beispiel zur Durchführung einer Prozesskosten-Kalkulation auf Basis einer Vollkostenrechnung (Quelle: leicht verändert Holzwarth, J.: Wie Sie aus Ihrem Kostenrechnungssystem eine Prozesskostenrechnung ableiten)

Das nachfolgende Unternehmen ist in der kunststoffverarbeitenden Industrie tätig und stellt drei Produkte im Spritzgussverfahren her.

- Produkt A: 10.000 Stück jährlich, 20 Lose,
- Produkt B: 3.000 Stück jährlich, 10 Lose, sehr hoher Rüstzeitenaufwand
- Produkt C: Sonderanfertigung für einen Kunden, jährlich 500 Stück, 5 Lose à 100 Stück.

Die vorhandene Kostenrechnung ist eine flexible Plankostenrechnung, die Kalkulation wird auf Vollkostenbasis durchgeführt.

Die Analyse der Gemeinkosten und deren Neuverteilung auf Kostenträger erfolgt in drei Schritten:

1. Ermittlung der kostentreibenden Faktoren in den Gemeinkostenbereichen
2. Bildung von Prozesskostensätzen
3. Korrektur der Kalkulationen

Zu 1.) In den Gemeinkostenbereichen Rohmaterialprüfung, Verwaltung und Vertrieb haben Gespräche mit den Kostenstellenleitern gezeigt, dass die Kostenstellenkosten nur begrenzt von den Materialeinzel- bzw. Herstellkosten abhängig sind. Geeignete Kostentreiber sind z.B. die Anzahl der zu prüfenden Lose bzw. die Anzahl der zu betreuenden Produkte. In Verwaltung und Vertrieb sind jedoch ein Großteil der Gemeinkosten (80 bzw. 70%) leistungsmengenneutral, d.h. diese Kosten sind unabhängig von der Leistungsmenge.

Bei der Maschinenstundensatzberechnung wurde ein durchschnittlicher Maschinenstundensatz ermittelt. Für die drei Produkte sind jedoch erhebliche Umrüstzeiten zu berücksichtigen, außerdem existieren große Unterschiede bei den Rüstzeiten. Von den bisherigen 330 h Maschinenlaufzeit sind 65 h für Rüstvorgänge angefallen. Eine weitere Analyse hat ergeben, dass sich die Maschinenkosten (inkl. Fertigungslohn) von 594.000,– aufteilen lassen in: Maschinenkosten ohne Rüsten (583.011,–) und Rüstkosten (10.989,–).

Zu 2.) Es werden jährlich 35 Produktionslose überprüft. Die Verwaltungs- und Vertriebskosten (nur die leistungsmengeninduzierten) sind auf die drei betreuten Produkte aufzuteilen. Für die leistungsmengenneutralen Kosten (80 bzw. 70%) wird weiterhin ein Herstellkostenzuschlag ermittelt. Der Maschinenstundensatz erhöht sich von 1.800,– (Durchschnittswert) auf 2.200,– (583.011,–/(330h – 65h)) bzw. 169,– (10.989,–/65h).

Bei der Kalkulation ergeben sich erheblich veränderte Produktselbstkosten. Vor allem für Produkt C (unser Spezialprodukt mit sehr geringer Stückzahl) errechnen sich auf Prozesskostenbasis wesentlich höhere Selbstkosten/Stück, weil für die Rohmaterialprüfung und für Verwaltung und Vertrieb überproportional hohe Kosten anfallen. Dies ist vor allem durch die hohe Losanzahl im Verhältnis zu den Stückzahlen bedingt.

Zuschlagskalkulation in €			
Produkt	A	B	C
Menge	10.000	3.000	500
Anzahl der Lose/Jahr	20	10	5
Losgröße	500	300	100
Rohmaterial	40,00	30,00	40,00
Rohmaterialprüfung	20,00	15,00	20,00
Materialkosten	**60,00**	**45,00**	**60,00**
Maschinenbelegung in Stunden	0,02	0,04	0,02
Maschinenstundensatz inkl. Fertigungslohn	1.800	1.800	1.800
Maschinenkosten inkl. Fertigungslohn	36,00	72,00	36,00
Instandhaltung	15,00	30,00	15,00
sonstige Fertigungsgemeinkosten	8,00	16,00	8,00
Fertigungskosten	**59,00**	**118,00**	**59,00**
Herstellkosten	**119,00**	**163,00**	**119,00**
Verwaltung (30%)	35,70	48,90	35,70
Vertrieb (25%)	29,75	40,75	29,75
Konzernumlage (5%)	5,95	8,15	5,95
Selbstkosten	**190,40**	**260,80**	**190,40**

Abbildung 57: Kalkulation mit herkömmlicher Zuschlagskalkulation

Kostenträgerzeitrechnung					
Produkt	A	B	C	Summe	Kostenanteile
Menge	10.000	3.000	500	13.500	
Anzahl der Lose/Jahr	20	10	5	35	
Rohmaterial	400.000	90.000	20.000	510.000	**18,3%**
Rohmaterialprüfung	200.000	45.000	10.000	255.000	**9,2%**
Materialkosten	**600.000**	**135.000**	**30.000**	**765.000**	
Maschinenbelegung in Stunden	200	120	10	330	
Maschinenstundensatz inkl. Fertigungslohn	1.800	1.800	1.800		
Maschinenkosten inkl. Fertigungslohn	360.000	216.000	18.000	594.000	**21,4%**
Instandhaltung	150.000	90.000	7.500	247.500	**8,9%**
sonstige Fertigungsgemeinkosten	80.000	48.000	4.000	132.000	**4,7%**
Fertigungskosten	**590.000**	**354.000**	**29.500**	**973.500**	
Herstellkosten	**1.190.000**	**489.000**	**59.500**	**1.738.500**	
Verwaltung (30%)	357.000	146.700	17.850	521.550	**18,8%**
Vertrieb (25%)	297.500	122.250	14.875	434.625	**15,6%**
Konzernumlage (5%)	59.500	24.450	2.975	86.925	**3,1%**
Selbstkosten	**1.904.000**	**782.400**	**95.200**	**2.781.600**	**100,0%**

Abbildung 58: Kostenträgerzeitrechnung

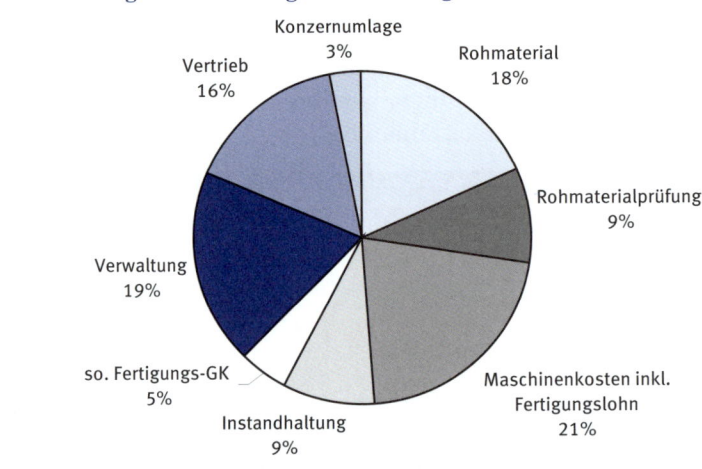

Gemeinkosten	Vollkosten	Cost driver	Bezugsmenge	P-Kostensatz/ Bezugseinheit
Rohmaterialprüfung	255.000	Anz. Lose	35	7.286
Verwaltung	521.550	80%: lmn.	Herstellkosten	24%
		20%: Anz. Produkte	3 Produkte	34.770
Vertrieb	434.625	70%: lmn.	Herstellkosten	17,50%
		30%: Anz. Produkte	3 Produkte	43.463
Maschinenkosten ohne Rüsten	583.011	produktive Zeit	265	2.200,04
Rüstkosten	10.989	Rüstzeit	65	169,06

Abbildung 59: Die wichtigsten Gemeinkostenbereiche und ihre kostentreibenden Faktoren – Berechnung der Prozesskostensätze

Rohmaterialprüfung für Produkt A	
Traditionelle Kalkulation	Prozesskosten - Kalkulation
1. Berechnung des Zuschlagssatzes	1. Berechnung des Verrechnungssatzes
Rohmaterialkosten gesamt 510.000,– Kosten für Prüfung gesamt 255.000,– → Zuschlagssatz 50%	Anzahl Lose gesamt 35 Kosten für Prüfung gesamt 255.000,– → Verrechnungssatz 7.286,– je Los
2. Berechnung des Zuschlags	2. Verrechnung der Prüfkosten

Rohmaterialkosten je Stück   40,–
50% Zuschlag für Prüfung   20,–
	Pro Jahr 20 Lose für Produkt A:
	    145.714,20
	Bezogen auf jedes der 10.000 Stück:
	    14,57

Abbildung 60: Änderung der Kalkulation durch Verwendung der Prozesskostensätze am Beispiel Produkt A

Prozesskalkulation in €			
Produkt	A	B	C
Menge	10.000	3.000	500
Anzahl der Lose/Jahr	20	10	5
Losgröße	500	300	100
Rohmaterial	40,00	30,00	40,00
Rohmaterialprüfung	14,57	24,29	72,86
Materialkosten	**54,57**	**54,29**	**112,86**
Maschinenbelegung in Stunden prod.Zeit	0,016	0,032	0,016
Maschinenkosten inkl. FL ohne Rüsten	35,20	70,40	35,20
Rüstzeit in h/Los	0,50	5,00	1,00
Rüstkosten/Los	84,53	845,31	169,06
Rüstkosten/Stück	0,17	2,82	1,69
Instandhaltung	15,00	30,00	15,00
sonstige Fertigungsgemeinkosten	8,00	16,00	8,00
Fertigungskosten	**58,37**	**119,22**	**59,89**
Herstellkosten	**112,94**	**173,50**	**172,75**
Verwaltung			
– lmn 24% d. HK	27,11	41,64	41,46
– lmi produktbezogen	3,48	11,59	69,54
Vertrieb			
– lmn 17,5% d. HK	19,76	30,36	30,23
– lmi produktbezogen	4,35	14,49	86,93
Konzernumlage (5%)	5,65	8,68	8,64
Selbstkosten	**173,28**	**280,26**	**409,54**

Abbildung 61: Korrigierte Kostenträgerrechnung (Prozesskostenkalkulation)

147

Änderung der relativen Produktattraktivität			
	A	B	C
Preis	200,00	285,00	285,00
Selbstkosten Zuschlagskalkulation	190,40	260,80	190,40
Stückgewinn Zuschlagskalkulation	9,60	24,20	94,60
Umsatzrentabilität Zuschlagskalk.	4,8%	8,5%	33,2%
Preis	200,00	285,00	285,00
Selbstkosten Prozesskalkulation	173,28	280,26	409,54
Stückgewinn Prozesskalkulation	26,72	4,74	−124,54
Umsatzrentabilität Prozesskalk.	13,4%	1,7%	−43,7%

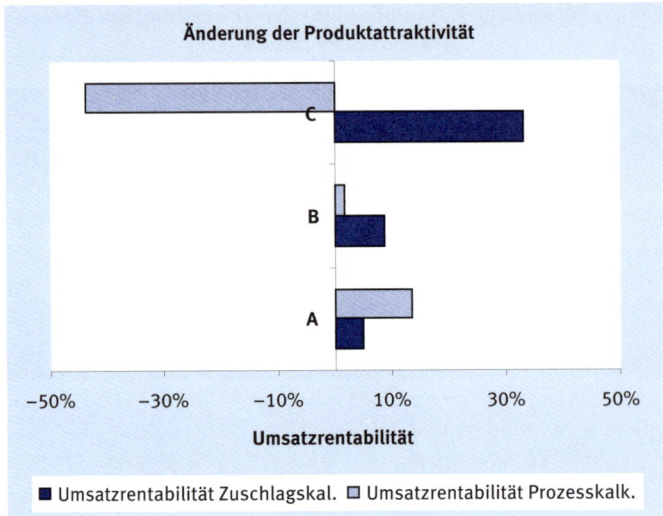

Abbildung 62: Änderung der relativen Produktattraktivität durch Anwendung der Prozesskostenkalkulation

Zusammenfassend ist festzuhalten, dass die Prozesskostenrechnung eine intensive betriebswirtschaftliche Diskussion über ihre Anwendbarkeit und Aussagekraft ausgelöst hat. Mit dementsprechend unterschiedlichen Schwerpunkten wird sie daher auch in der Praxis eingesetzt. Wenngleich die Kritiker in ihr „alten Wein in neuen Schläuchen der Vollkostenrechnung" sehen, kann die Prozesskostenrechnung mit dem richtigen Verständnis entscheidende Informationen zur Unternehmenssteuerung liefern.

Im heutigen Unternehmensumfeld, das von Überkapazitäten und dem Trend zur Produktindividualisierung und damit kürzeren Produktlebenszyklen, kleineren Losgrößen, höherer Variantenvielfalt und steigenden Gemeinkosten geprägt ist, muss die Prozesskostenrechnung in ihren grundsätzlichen Zielen befürwortet werden. Gleichzeitig ist bei ihrer Anwendung eine realistische Erwartungshaltung notwendig. Einerseits ist der Anteil leistungsmengenneutraler Kosten entgegen den Lehrbuchbeispielen nicht unerheblich und andererseits lassen sich verursachungsgerechte Cost Driver zumeist nur auf Ebene der Aktivitäten oder Teilprozesse, nicht jedoch für die Hauptprozesse finden.

2.4.4 Kostenträgerzeitrechnung – kurzfristige Erfolgsrechnung

2.4.4.1 Grundlagen und Aufgaben

In den vorhergehenden Kapiteln haben wir uns damit beschäftigt, wie viel *ein* Produkt oder *eine* Dienstleistung „kostet". Dies ist für Entscheidungen wie z.B.: „welcher Preis ist gerade noch akzeptabel", sehr wichtig. Für die Unternehmensführung benötigt man aber zusätzliche Informationen, z.B. über den Erfolgsbeitrag der verschiedenen Produkte in einer bestimmten Periode oder den Gesamterfolg auf Periodenbasis (Monat, Quartal). Der Erfolg ermittelt sich aus der Differenz der betrieblichen Leistungen und deren Kosten.

Betriebliche Leistungen sind:

- Umsatzerlöse
- Noch nicht verkaufte Halb- und Fertigprodukte
- Zu aktivierende innerbetriebliche Leistungen

Betriebliche Kosten sind:

- Alle in der Periode angefallenen Kosten (sofern für die Erfolgsermittlung alle betrieblichen Leistungen herangezogen werden) bzw.
- nur die für die Umsatzerlöse entstandenen Kosten (wenn die Periodenumsätze für die Erfolgsermittlung herangezogen werden).

Die Bezeichnung „Kostenträgerzeitrechnung" steht für:

Erfolgsermittlung
(Betriebsergebnis, Produktergebnis, Absatzmarktergebnis, Filialergebnis etc.),
der Kostenträger
(Produkte, Produktgruppen, Leistungen etc.),
für einen definierten Zeitraum
(Monat, Quartal, Jahr etc.)

Kostenträgerzeitrechnung bedeutet „Erfolgsermittlung der Kostenträger für einen definierten Zeitraum".

Neben der Bezeichnung Kostenträgerzeitrechnung wird in der Praxis auch „kurzfristige Erfolgsrechnung" oder „Betriebsergebnisrechnung" verwendet. Die Kostenträgerzeitrechnung kann man auch als besondere Ausformung der Gewinn- und Verlustrechnung (GuV) ansehen. Die GuV ermittelt das Ergebnis jedoch nicht so detailliert. Außerdem verwendet man dort Aufwand statt Kosten.

Die Kostenträgerzeitrechnung nennt man auch „kurzfristige Erfolgsrechnung" oder „Betriebsergebnisrechnung".

Aufgaben der Kostenträgerzeitrechnung

- Erfolgsermittlung nach relevanten Kriterien, wie z.B.
  - Produkte, Produktgruppen, Sparten
  - Absatzmärkte (Länder, Regionen)

- Kundengruppen (Industrie, Großhandel, Einzelhandel)
- Unternehmensteile (Werke, Filialen etc.)
- Kombinationen aus den genannten Teilbereichen (Produkt X in Filiale Z)

• Erfolgskontrolle und -analyse durch Beobachtung der
  - Preise und Absatzmengen in den verschiedenen Segmenten
  - Kostenstruktur
    a. auf funktionaler Ebene (z.B. Herstellungs-, Vertriebs-, Verwaltungskosten)
    b. auf Kostenartenebene (z.B. Material-, Energie-, Personalkosten)

• Früherkennung von Chancen und Risiken: Durch die detaillierte, unterjährige Ergebnisdarstellung können mögliche Probleme und Risiken, aber auch Chancen wesentlich frühzeitiger erkannt werden als mit der traditionellen GuV-Rechnung.

Es gibt zwei grundlegende Möglichkeiten der Betriebsergebnisrechnung:
– Gesamtkostenverfahren
– Umsatzkostenverfahren

Für die Ermittlung des Betriebserfolges gibt es zwei grundlegende Möglichkeiten, die auch im österreichischen Unternehmensgesetzbuch (UGB) gesetzlich geregelt sind:

• Gesamtkostenverfahren, § 231 Abs. 2 UGB bzw.
• Umsatzkostenverfahren, § 231 Abs. 3 UGB.

Beide Verfahren führen zum gleichen Ergebnis, aber zu unterschiedlichen Aussagen über die Ergebnisbestandteile. Mehr Information über die Ergebniszusammensetzung erhält man durch das Umsatzkostenverfahren. Das Gesamtkostenverfahren hingegen erfordert keine detaillierte Kostenrechnung und ist einfacher zu handhaben. Aus diesem Grund wird in Österreichs Klein- und Mittelunternehmen überwiegend das Gesamtkostenverfahren eingesetzt.

Schematisch lassen sich die Vorgehensweisen folgendermaßen darstellen:

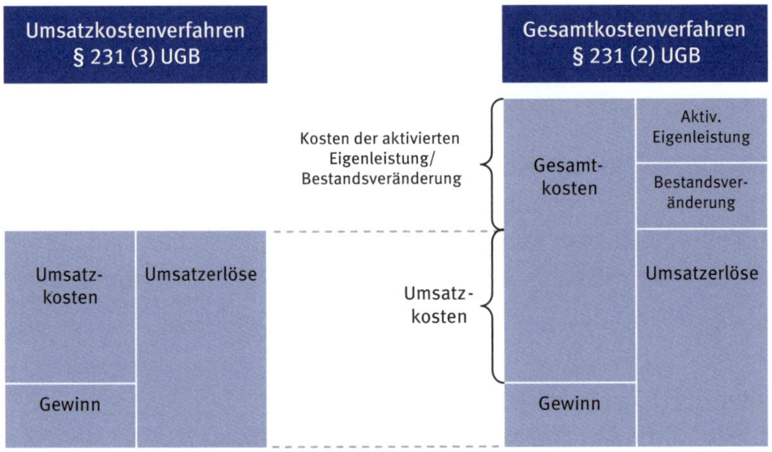

Abbildung 63: Grundstruktur Umsatz- und Gesamtkostenverfahren

2.4.4.2 Gesamtkostenverfahren (GKV)

Beim Gesamtkostenverfahren werden den betrieblichen Leistungen einer Periode die gesamten Kosten gegenübergestellt. Die Kosten werden dabei nach Kostenarten, wie z.B. Material, Löhne, Energie, Abschreibungen, sonstige Kosten getrennt dargestellt.

Die betrieblichen Leistungen einer Periode beinhalten nicht nur die Umsatzerlöse, sondern auch die Wertschaffung in Form von Halb- und Fertigprodukten bzw. aktivierten Eigenleistungen (Leistungen, die nicht verkauft werden, sondern für den Betrieb dienen).

Die Bewertung der Halb- und Fertigprodukte – umgangssprachlich auch als Bestände bezeichnet – und der aktivierten Eigenleistungen erfolgt zu kostenrechnerischen Herstellkosten.

Beim Gesamtkostenverfahren werden den Periodenleistungen alle Periodenkosten gegenübergestellt.

Kosten werden beim Gesamtkostenverfahren getrennt nach Kostenarten dargestellt.

Beispiel einer GuV-Rechnung auf Aufwandsbasis (Gesamtkostenverfahren)	
Umsatzerlöse	136.828.277
Veränderungen des Bestandes an unfertigen und fertigen Erzeugnissen	– 387.122
andere aktivierte Eigenleistungen	775.933
sonstige betriebliche Erträge	882.602
Aufwendungen für Material und sonstige bezogene Herstellungsleistungen	71.785.862
Personalaufwand	34.094.142
Abschreibungen	8.352.919
sonstige betriebliche Aufwendungen	22.308.564
Betriebserfolg	**1.558.203**
Finanzerfolg	– 1.444.665
Ergebnis der gewöhnlichen Geschäftstätigkeit	**113.538**
Steuern vom Einkommen und vom Ertrag	– 27.805
Jahresüberschuss	**85.733**
Veränderung Rücklagen	– 79.477
Jahresgewinn	**6.256**
Gewinnvortrag aus dem Vorjahr	12.135
Bilanzgewinn	**18.391**

Abbildung 64: GuV – Rechnung Gesamtkostenverfahren

Das Gesamtkostenverfahren kommt vor allem bei Unternehmen zur Anwendung, die keine Kostenrechnung oder nur eine Kostenartenrechnung haben. Die Kostenarten werden dabei aus den Aufwands- und Ertragsarten der Finanzbuchhaltung abgeleitet.

Wenn die hergestellten und verkauften Leistungen übereinstimmen, d.h. keine Bestandsveränderung existiert, dann ist die Betriebserfolgsrechnung sehr einfach. Von den Umsatzerlösen werden die *gesamten* (deshalb Gesamtkostenverfahren) Kosten der Periode saldiert. Als Differenzgröße erhält man das Periodenbetriebsergebnis.

Vor allem in kleineren Unternehmen kommt das Gesamtkostenverfahren zur Anwendung.

Wenn jedoch, und das ist eher der Regelfall, hergestellte und verkaufte Leistung nicht übereinstimmen, kommt es zu:

- Bestandserhöhungen → es wurde mehr produziert als verkauft, d.h. Halb- und Fertigprodukte liegen auf Lager, der Endbestand ist höher als der Anfangsbestand
- Bestandsminderungen → es wurde mehr verkauft als produziert, d.h. es wurden Verkäufe aus dem Vorperiodenlager getätigt, der Endbestand ist niedriger als der Anfangsbestand.

Im Falle einer Bestandserhöhung ist der Wert für diesen Mehrbestand als Mehrleistung in der Betriebsergebnisrechnung zu berücksichtigen. Die Bewertung des Bestandes muss zu Herstellkosten erfolgen und nicht, wie man glauben könnte, zu Selbstkosten oder gar zu Marktpreisen.

Eine exakte Ermittlung der Herstellkosten erfordert aber eine Kostenträgerrechnung (Kalkulation), die jedoch wie vorher erwähnt bei den Klein- und Mittelunternehmen oftmals nur fragmentarisch vorhanden ist. Deshalb wird der Wert der Bestandsveränderung häufig geschätzt oder durch Abzug des sogenannten „Rohaufschlages" (Differenz zwischen Verkaufspreis und Einstandspreis) vom Verkaufspreis ermittelt. In beiden Fällen kommt es zu keiner genauen Ermittlung der Herstellkosten.

Insbesondere Unternehmen, die Ergebnisschwierigkeiten haben, neigen dazu, die Bestände an unfertigen und fertigen Produkten „überzubewerten", was wiederum manche Kreditprüfer von Banken dazu veranlasst, den Wert dieser Bestände grundsätzlich um einiges (ein Drittel) niedriger anzunehmen.

Ein Problem des Gesamtkostenverfahrens ist die Bewertung der Bestandsveränderungen.

Beurteilung Gesamtkostenverfahren:

Vorteile:

- ☺ Leichte und rasche Handhabung, da relativ einfach aus der Finanzbuchhaltung ableitbar.
- ☺ Keine Kostenstellen- und Kostenträgerrechnung erforderlich, insbesondere, wenn keine oder nur geringe Bestandsveränderungen vorliegen.
- ☺ Vergleichsmöglichkeit der Kostenstruktur nach Kostenarten.

Nachteile:

- ☹ Für die Bestandsbewertung sind unterjährige (Monat, Quartal) Inventuren notwendig. Diese sind im laufenden Betriebsprozess kaum oder gar nicht durchführbar.
- ☹ Die Herstellkosten für die Bestände können oftmals nur geschätzt werden. Schätzung der Mengen und der Kosten ergibt doppelten Fehler → sehr ungenaue Ergebnisermittlung bei großen Bestandsveränderungen.
- ☹ Die Erfolgsbeiträge der einzelnen Kostenträger sind nicht feststellbar, weil die Gesamtkosten den einzelnen Produkten, Verkaufsgebieten etc. nicht zugeordnet werden.

Leistung/Kosten		Berichts-monat (€/Periode)	Kumuliert für		Veränderung (%/ Periode)
			Berichtsjahr (€/Periode)	Vorjahr (€/Periode)	
	Nettoerlöse eigene Erzeugnisse				
	davon Österreich Nord				
	davon Österreich Süd				
	davon Österreich Ost				
	davon Österreich West				
+	Nettoerlöse für Warenverkäufe				
=	Gesamtnettoerlöse				
+	Bestandserhöhung unfertige und fertige Erzeugnisse				
+	aktivierte Eigenleistungen				
=	GESAMTLEISTUNG				
–	Fertigungsmaterial				
–	Gemeinkostenmaterial				
	.				
	.				
	.				
–	kalkulatorische Zinsen				
–	kalkulatorischer Unternehmerlohn				
–	Bestandsminderung unfertige und fertige Erzeugnisse				
–	GESAMTKOSTEN				
=	BETRIEBSERGEBNIS				

Abbildung 65: Gesamtkostenverfahren

2.4.4.3 Umsatzkostenverfahren (UKV) auf Vollkostenbasis

Beim Umsatzkostenverfahren werden nur die Umsätze der jeweiligen Periode und die dafür entstandenen Vollkosten gegenübergestellt.

Betriebserfolg = Umsatzerlöse ./. Vollkosten des Umsatzes

Die Erfolgsdarstellung erfolgt aufgeschlüsselt nach Kostenträgern bzw. weiteren Gesichtspunkten (Produkte, Absatzmärkte, Kundengruppen etc.), um detaillierte Erfolgsauskünfte zu erhalten.

Beim Umsatzkostenverfahren werden den Umsätzen die damit verbundenen Kosten gegenübergestellt.

		Produkt A	Produkt B	Produkt C	Gesamt
	Netto-Verkaufserlöse (Nettoumsatz)	1.225.000	1.212.750	1.071.000	3.508.750
–	Herstellkosten der abgesetzten Erzeugnisse	682.500	1.040.000	702.000	2.424.500
=	Bruttoergebnis vom Umsatz	542.500	172.750	369.000	1.084.250
–	Vertriebsgemeinkosten	58.500	115.500	70.200	244.200
–	Verwaltungsgemeinkosten	87.750	173.250	105.300	366.300
=	**Selbstkosten der abgesetzten Erzeugnisse**	828.750	1.328.750	877.500	3.035.000
=	**Betriebsergebnis (BE)**	396.250	- 116.000	193.500	473.750
	Umsatzrentabilität (BE / Nettoumsatz)	32,3% ☺	−9,6% ☹	18,1% ☺	13,5% ☺

Abbildung 66: Beispiel Umsatzkostenverfahren

Kosten werden beim Umsatzkostenverfahren nach Funktionskosten aufgeschlüsselt.

Die Kosten des Umsatzes werden nach Kostenstellen bzw. betrieblichen Funktionen (Herstell-, Verwaltungs-, Vertriebs-, Forschungs- und Entwicklungskosten) gegliedert.

GuV KTM Power Sports AG 2014 Umsatzkostenverfahren (in Tsd. €)		
	Umsatzerlöse	864.636
–	Herstellungskosten der zur Erzielung der Umsatzerlöse erbrachten Leistungen	-593.912
=	Bruttoergebnis vom Umsatz	270.723
–	Vertriebs- und Rennsportaufwendungen	-114.245
–	Forschungs- und Entwicklungsaufwendungen	-31.423
–	Infrastruktur- und Verwaltungsaufwendungen	-32.626
–	Sonstige betriebliche Aufwendungen	-17.353
+	Sonstige betriebliche Erträge	302
=	Ergebnis der betrieblichen Tätigkeit	75.377
+	Zinsertrag	822
–	Zinsaufwand	-8.024
–	Sonstiges Finanz- und Beteiligungsergebnis	-1.833
	Gewinnanteil von assoziierten Unternehmen, die nach der Equity-Methode bilanziert wurden	628
=	Gewinn vor Steuern	70.636
+	Steueraufwendungen	13.474
=	**Gewinn des Geschäftsjahres**	**57.162**

Abbildung 67: GuV-Rechnung Umsatzkostenverfahren KTM Power Sports AG 2014

Das Umsatzkostenverfahren ist international weitaus verbreiteter als das Gesamtkostenverfahren.

Anwendung Umsatzkostenverfahren

Unternehmen, die einen detaillierten Ergebnisausweis benötigen, verwenden das Umsatzkostenverfahren. International hat sich das Umsatzkostenverfahren weitgehend durchgesetzt, nicht zuletzt durch die internationalen Rechnungslegungsvorschriften, in denen das Umsatzkostenverfahren klar bevorzugt wird. Internationale Konzerne weisen ihr Betriebsergebnis fast immer nach dem Umsatzkostenverfahren aus.

Beurteilung Umsatzkostenverfahren

Vorteile:

☺ Neben dem Gesamterfolg kann auch der Erfolgsbeitrag einzelner Produkte, Produktgruppen, Filialen etc. ermittelt werden.

☺ Keine Inventur notwendig

☺ Aussagefähiger als das Gesamtkostenverfahren

☺ Aufwands- bzw. Kostenstruktur wird nach Funktionsbereichen dargestellt. Dies schafft gute Vergleichsmöglichkeiten mit anderen Unternehmen (Anteil Herstellkosten vom Umsatz, Vertriebskostenanteil für einzelne Vertriebsgebiete etc.)

☺ International weit verbreitet (nach US-GAAP vorgeschrieben, nach IAS sind sowohl UKV als auch GKV zulässig)

Nachteile:

☹ Nicht so einfach implementierbar, da eine vollständige Kostenrechnung notwendig ist.

☹ Aus der Finanzbuchhaltung nicht unmittelbar ableitbar.

☹ Für Produktprogrammentscheidungen nur begrenzt tauglich, da Fixkosten proportionalisiert werden.

2.4.4.4 Umsatzkostenverfahren (UKV) auf Teilkostenbasis

Bei diesem Verfahren werden von den Umsätzen der verkauften Einheiten einer Periode nur die variablen Selbstkosten der abgesetzten Produkte abgezogen. Als Zwischenergebnis erhält man den Deckungsbeitrag. Von diesem werden die gesamten Unternehmensfixkosten abgezogen. Daraus resultiert das Betriebsergebnis.

Beim UKV auf Teilkostenbasis erhält man als Zwischenergebnis einen Deckungsbeitrag.

Wenn ein positives Betriebsergebnis erreicht werden soll, muss der Gesamtdeckungsbeitrag aller Kostenträger größer als der Fixkostenblock sein.

		Produkt A	Produkt B	Produkt C
	Brutto-Verkaufserlöse (lt. Preislisten)	1.361.111	1.347.500	1.190.000
–	Erlösschmälerungen (Skonti, Rabatte)	136.111	134.750	119.000
=	Netto-Verkaufserlöse (Nettoumsatz)	1.225.000	1.212.750	1.071.000
–	var. Herstellkosten der abgesetzten Erzeugnisse	477.750	728.000	491.400
–	variable Vertriebskosten	40.950	80.850	49.140
–	variable Verwaltungskosten	61.425	121.275	73.710
=	var. Selbstkosten der abgesetzten Erzeugnisse	580.125	930.125	614.250
=	Deckungsbeitrag (DB)	644.875	282.625	456.750
	Unternehmensfixkosten der Periode		910.500	
	Betriebsergebnis (BE)		473.750	
	Deckungsbeitragsquote DBU (DB / Nettoumsatz)	52,6% ☺	23,3% ☺	42,6% ☺

Abbildung 68: Beispiel Umsatzkostenverfahren auf Teilkostenbasis

Wenn es zu Bestandsveränderungen kommt, stimmen die Betriebsergebnisse des Umsatzkostenverfahrens auf Teilkostenbasis nicht mit denen des Umsatzkostenverfahrens auf Vollkostenbasis überein, da die Fixkosten unterschiedlich behandelt werden.

In der Teilkostenrechnung werden die Fixkosten der Periode angelastet, in der sie entstanden sind. In der Vollkostenrechnung werden nur die Selbstkosten der abgesetzten Menge abgezogen und damit auch nur die entsprechenden Fixkostenbestandteile. Bei Bestandserhöhungen werden die anteiligen Fixkosten in die nächste Periode verlagert, dadurch tritt die Ergebnisbelastung erst verzögert ein. Bei der Teilkostenrechnung ist das Betriebsergebnis bereits in der aktuellen Periode belastet.

Das Umsatzkostenverfahren auf Teilkostenbasis wird auch als einstufige Deckungsbeitragsrechnung bezeichnet, da man nur einen Deckungsbeitrag ermittelt.

Wenn man den Unternehmensfixkostenblock genauer analysiert, kann man oftmals Teile dieser Fixkosten den Produkten, Produktgruppen oder Märkten zuordnen. Diese differenzierte Fixkostenzurechnung führt zum Instrument der sogenannten stufenweisen Fixkostendeckungsrechnung oder auch mehrstufige Deckungsbeitragsrechnung genannt.

Näheres hierzu im Kapitel 3.4.3

2.4.5 Target Costing

Target Costing klärt die Frage, wie viel ein Produkt kosten darf, um am Markt erfolgreich zu sein und welche Einsparungsnotwendigkeiten sich für einzelne Komponenten daraus ergeben.

Target Costing ist ein Ansatz des Kostenmanagements, der bereits 1965 vom japanischen Automobilhersteller Toyota entwickelt wurde. Es handelt sich dabei um kein neues Kostenrechnungssystem, sondern um eine marktorientierte Managementphilosophie. Im Zentrum der Marktausrichtung steht nicht länger die Frage „was *wird* ein Produkt kosten?", sondern „Was *darf* ein Produkt kosten?".

Die Grundidee und der damit verbundene Sichtwechsel des Target Costing ist einfach. In immer enger werdenden Märkten können sich Unternehmen immer weniger dem Preis- und Kostendruck entziehen. In bestehenden Märkten mit mehreren Wettbewerbern haben die Kunden sehr konkrete Vorstellungen über die gewünschten Produkteigenschaften und den dafür angemessenen Preis. Der Erfolg von Produkten ist daher entscheidend davon abhängig, wie weit es gelingt, ein konsequent auf die Kundenanforderungen ausgerichtetes Produkt innerhalb des vom Markt akzeptierten Preisrahmens anzubieten.

Die Outside-in-Denkweise im Target Costing trägt den Marktanforderungen Rechnung, indem die Produkteigenschaften und die Preisgestaltung bedingungslos am Kundenwunsch ausgerichtet werden. Der Sichtwechsel beruht auf einer Abkehr der Cost-Plus-Kalkulation hin zu einer marktgerechten Produktmerkmals-Preisgestaltung.

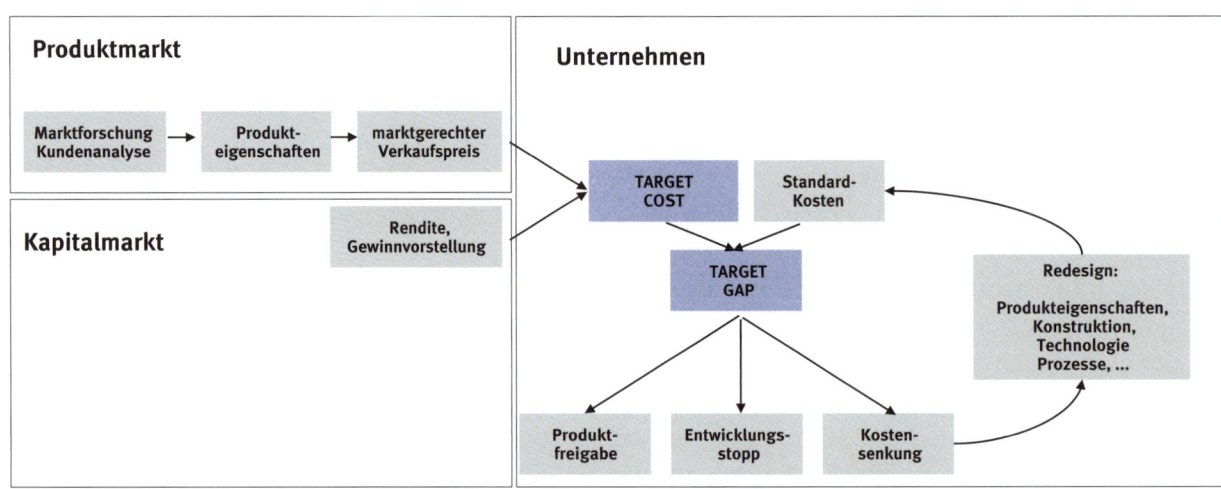

Abbildung 69: Der Target-Costing-Prozess im Überblick

Aus einer Marktforschung und Kundenanalyse werden die gewünschten Produkteigenschaften und ein marktgerechter Verkaufspreis abgeleitet. Zieht man von diesem Verkaufspreis die zu erzielende Rendite ab, ergeben sich die Target Costs für das neue Produkt. Diese Target Costs werden mit den Standardkosten verglichen. Sind die Standardkosten geringer als die Target Costs, erfolgt die Produktfreigabe. Sind die Target Costs deutlich geringer als die Standardkosten und erscheint eine Reduktion der Standardkosten auf das erforderliche Niveau unmöglich, wird die Produktentwicklung gestoppt. Liegen die Standardkosten über den Target Costs, eine Kostensenkung erscheint aber möglich, wird überlegt, mit welchen Maßnahmen diese realisiert werden kann.

Die Philosophie der Marktausrichtung kann sowohl auf bestehende als auch auf geplante Produkte angewendet werden. Da jedoch bereits in der Phase der Produktplanung bzw. -entwicklung die späteren Herstellkosten nahezu vollständig festgelegt werden, zeigt Target Costing seine größte Effizienz, wenn es von der ersten Stunde der Produktidee zum Einsatz gelangt.

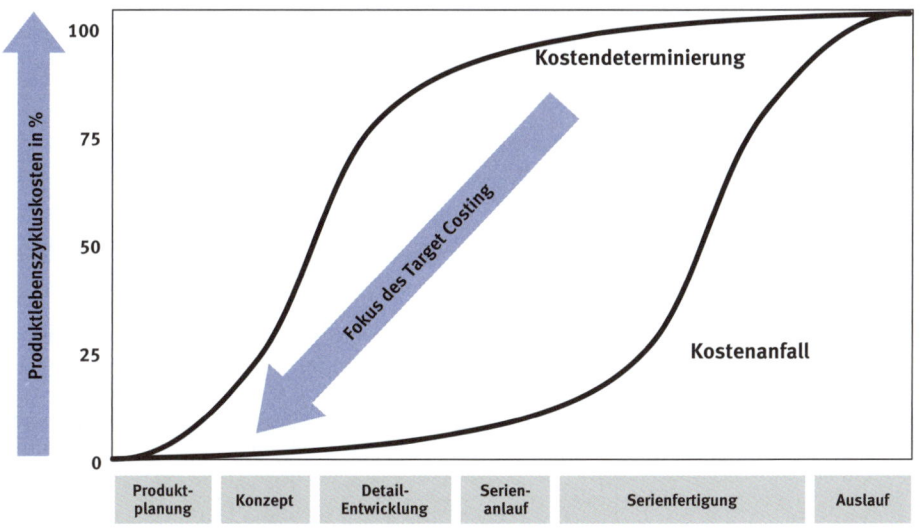

Abbildung 70: Kostenbestimmung – Kostenanfall

Die Kosten eines Produktes werden zum Großteil bereits in der Konzeptions- und Entwicklungsphase determiniert.

Der Erfolg im Target Costing und damit der zukünftige Produkterfolg hängen entscheidend davon ab, wie weit es gelingt, zuverlässige Marktdaten zu ermitteln. Die dezidierte Ermittlung des Kundenwunsches in Hinblick auf Design, Funktion, Service oder Preis ist der Schlüsselfaktor im Rahmen einer marktorientierten Produkt- und Kostenplanung. Für die Ermittlung des „strategischen Pflichtenhefts" sind die bestehenden oder potenziellen Kunden intensiv einzubinden. Aus der Markterhebung muss hervorgehen, welchen Nutzen einzelne Produkteigenschaften liefern und wie viel sie dem Kunden in Form des Produktpreises wert sind.

Die exakte Ermittlung der Kundenwünsche ist Schwierigkeit und Erfolgsfaktor zugleich.

Die vom Markt erlaubten Kosten (allowable costs) werden durch Abzug des angestrebten Gewinns (target profit) vom Preis des geplanten Produkts ermittelt. Aufbauend auf den Zielkosten für das gesamte Produkt findet eine Zielkostenaufspaltung auf die einzelnen Komponenten oder Bauteile des Produkts mit Hilfe der Funktionsmatrix statt. In der Funktionsmatrix wird der prozentuelle Anteil ermittelt, den die einzelnen Komponenten zur Erfüllung der Produktmerkmale sowohl im Detail je Merkmal als auch für das Gesamtprodukt beitragen.

Produktmerkmale		Produktkomponenten		
	Gewichtung	Rahmen	Griff	Bespannung
Gewicht	15%	80%	10%	10%
Präzision	25%	68%	20%	12%
Schlagkraft	20%	60%	20%	20%
Styling/Prestige	15%	70%	10%	20%
Lebensdauer	10%	60%	20%	20%
Ergonomie	15%	50%	40%	10%
Gesamt	100%	65%	20%	15%

Abbildung 71: Funktionsmatrix am Beispiel eines Tennisschlägers

Die Zielkosten der einzelnen Komponenten werden unmittelbar aus ihrer relativen Bedeutung für die Produktmerkmale abgeleitet: Liegen die gesamten Ziel-Herstellkosten eines Tennisschlägers im obigen Beispiel bei € 100,00, dann betragen die Zielkosten für den Rahmen € 65,00, für den Griff € 20,00 und die Bespannung € 15,00.

Die Gegenüberstellung von prognostizierten Standardkosten und Zielkosten zeigt, bei welchen Produktkomponenten Einsparungen erforderlich sind:

	Rahmen	Griff	Bespannung	Gesamt
Prognostizierte Standardkosten	70,00	18,00	20,00	108,00
Zielkosten	65,00	20,00	15,00	100,00
Differenz	5,00	−2,00	5,00	8,00
Differenz in % der Standardkosten	7%	−11%	25%	7%

Rahmen und Bespannung sind in diesem Beispiel noch zu teuer. Bei diesen Produktkomponenten ist eine Senkung der Herstellkosten erforderlich um zumindest die Zielkosten von € 100,00 zu erreichen. Wenn es gelingt, Rahmen und Bespannung zu den Zielkosten herzustellen und beim Griff die niedrigeren prognostizierten Standardkosten zu halten, könnte der Tennisschläger sogar um € 98,00 hergestellt werden.

Die Anwendung. Obwohl die Grundidee des Target Costing in allen Branchen angewandt werden kann, ist es in montierenden Industriebranchen mit hoher Produktvielfalt und starkem Wettbewerb, wie der Automobil- oder Elektronikindustrie am meisten verbreitet. (vgl. Horváth, Controlling, S. 527). Wie empirische Studien zeigen, wird Target Costing in der KFZ-Industrie bereits nahezu flächendeckend eingesetzt und auch in anderen Branchen zunehmend an Bedeutung gewinnen.

2.5 Integriertes Fallbeispiel AGRUTECH GmbH (verändert, Quelle: Becker/Ferstl, 2000)

2.5.1 Ausgangssituation und Zielsetzung

Die Agrutech GmbH ist Produzentin von Maschinenbauteilen. Im folgenden Fallbeispiel werden drei verschiedene Bauteile erzeugt, die Produkte S1, K1, und S2. Die folgende Tabelle zeigt das Mengengerüst für das Jahr 20XX:

	Produktarten			Summe
	S1	K1	S2	
Lagerbestand 1.1.20XX	160	660	40	860
Produktionsmenge 20XX	5.840	3.980	2.980	12.800
Absatzmenge 20XX	6.000	3.200	2.800	12.000
Lagerbestand 31.12.20XX	0	1.440	220	1.660

Im Jahr 20XX wurde bei einem Umsatz von € 7.413.667,– ein Jahresüberschuss von € 369.373,– erzielt. Die Gewinn- und Verlustrechnung zum 31.12.20XX ist im Folgenden abgebildet:

Umsatzerlöse			7.413.667
Bestandsveränderungen			391.306
Gesamtleistung			**7.804.973**
Materialaufwand			2.770.800
davon	Roh-, Hilfs-, Betriebsstoffe, Verpackung	1.278.000	
	Aufwand für bezogene Leistungen	1.492.800	
Personalaufwand			3.353.000
davon	Löhne	2.063.400	
	Gehälter	1.289.600	
Abschreibungsaufwand			291.800
Sonstiger betrieblicher Aufwand			860.800
Betriebsergebnis			**528.573**
Zinsen			129.200
EGT			**399.373**
Außerordentlicher Aufwand			30.000
Jahresüberschuss			**369.373**

Die Gewinn- und Verlustrechnung der Agrutech GmbH gibt keinen Aufschluss über

- die Rentabilität der einzelnen Produkte sowie
- die Kosten in den einzelnen Abteilungen.

Der Geschäftsführer der Agrutech GmbH erachtet die GuV daher für die Steuerung des Unternehmens als nicht ausreichend und beauftragt seinen Finanzleiter, eine Kostenrechnung einzuführen.

Der Finanzleiter überlegt sich nun, wie er die drei zentralen Instrumente

- Kostenartenrechnung (welche Kosten?)
- Kostenstellenrechnung (wo?) und
- Kostenträgerrechnung (wofür?)

für die Agrutech GmbH aufbauen könnte.

2.5.2 Kostenartenrechnung

Im Rahmen der Erstellung der Kostenartenrechnung hat der Finanzleiter der Agrutech GmbH drei zentrale Aufgaben vor sich:

1. Aufgliederung der Gewinn- und Verlustrechnung, sodass alle relevanten Kosten in ihrer Entwicklung beobachtet und gesteuert werden können.
2. Ausscheidung der neutralen Aufwendungen aus der Kostenrechnung und Ergänzung der kalkulatorischen Kosten (Betriebsüberleitung = BÜB).
3. Unterscheidung, welche Kosten den Produkten
   - direkt zugerechnet werden können (Einzelkosten) und welche
   - nur über sogenannte „Zuschlags-/Verrechnungssätze" zugerechnet werden können (Gemeinkosten).

Der folgende Kostenartenplan zeigt das Ergebnis der Arbeit des Finanzleiters:

	Gesamtkosten	Einzelkosten	Gemeinkosten
Rohstoffe	760.000	760.000	
Kaufteile	1.492.800	1.492.800	
Hilfsstoffe	173.800		173.800
Betriebsstoffe	216.600		216.600
Verpackungsmaterialien	127.600	127.600	
Materialkosten	2.770.800		
Fertigungslöhne	1.593.000	1.593.000	
Hilfslöhne	470.400		470.400
Gehälter	1.269.600		1.269.600
Sonderentgelte	20.000		20.000
Personalkosten	3.353.000		
Kalkulatorische Abschreibungen	431.000		
Kalkulatorische Zinsen	184.600		
Kapitalkosten	615.600		615.600
Mietkosten	374.000		374.000
Sonstige Kosten	486.800		486.800
Gesamtkosten	**7.600.200**	**3.973.400**	**3.626.800**

Anmerkungen:

a) Die zwei wichtigsten Kostenfaktoren Material und Personal wurden detaillierter aufgegliedert.

b) Aus dem sonstigen betrieblichen Aufwand wurde der Mietaufwand herausgelöst.

c) Im Zuge der Betriebsüberleitung wurden der außerordentliche Aufwand ausgeschieden und die buchhalterischen Abschreibungen und Zinsen durch kalkulatorische Werte ersetzt.

Aufwand Gesamt	7.435.600
Neutraler Aufwand	−30.000
Anderskosten (Abschreibungen)	−291.800
Kalkulatorische Abschreibungen	431.000
Anderskosten (Zinsen)	−129.200
Kalkulatorische Zinsen	184.600
Kosten Gesamt	7.600.200

d) Die Kosten für Rohstoffe und Kaufteile stellen Einzelkosten („Materialeinzelkosten") dar. Für jedes der drei Produkte liegt ein Konstruktionsplan vor, in dem als Stücklisteninformation verzeichnet ist, welche Rohstoff- bzw. Kaufteilarten und -mengen planmäßig verbraucht werden.

e) Ob Verpackungsmaterialkosten Einzel- oder Gemeinkosten darstellen, hängt vom jeweiligen unternehmensindividuellen Einzelfall ab. In der Agrutech GmbH ist aufgrund von entsprechenden Aufzeichnungen eine direkte Zurechnung zu den einzelnen Produkten möglich. Man bezeichnet diese Position als „Sondereinzelkosten des Vertriebs", da die Kosten im Vertriebsbereich entstehen.

f) Die Fertigungslöhne fallen für Arbeitskräfte an, die direkt an der Herstellung der drei Produkte S1, K1, S2 beteiligt sind. In Arbeitsplänen sind die Arbeitsschritte und Sollarbeitszeiten für jedes der drei Produkte festgehalten. Entsprechend werden die Fertigungslöhne auf Basis der zeitlichen Inanspruchnahme des Fertigungspersonals den Produkten zugerechnet („Fertigungseinzelkosten").

g) Hilfslöhne sind Entgelte für unterstützende Tätigkeiten im Fertigungsbereich, z.B. Reinigungs- oder Transportarbeiten. Im Gegensatz zu den Fertigungslöhnen fallen sie nicht unmittelbar für die Herstellung der verschiedenen Erzeugnisse an und haben daher Gemeinkostencharakter.

h) Es wird davon ausgegangen, dass alle Einzelkosten variabel und alle Gemeinkosten fix sind.

Mit Hilfe von Informationen aus Stücklisten sowie der Buchhaltung gliedert der Finanzleiter die Einzelkosten nach Produkten auf:

	S1	K1	S2	Gesamt
Rohstoffkosten	277.000	104.000	379.000	760.000
Kaufteile	369.200	172.400	951.200	1.492.800
Materialeinzelkosten	646.200	276.400	1.330.200	2.252.800
FL Presserei	104.000	62.000	257.000	423.000
FL Pulverbeschichtung	76.000	62.000	82.000	220.000
FL Gehäusebau	170.000	130.000	0	300.000
FL Montage	225.000	151.000	274.000	650.000
Fertigungseinzelkosten	575.000	405.000	613.000	1.593.000
SEK Vertrieb	60.000	25.600	42.000	127.600
Summe Einzelkosten	1.281.200	707.000	1.985.200	3.973.400

Für das Produkt S2 werden in der Agrutech GmbH überproportional viele Bestandteile zugekauft. Daher fallen für diese Produktart im Gehäusebau keine Fertigungslöhne an. Die Kosten für Kaufteile sind dementsprechend höher.

2.5.3 Kostenstellenrechnung

Die Kostenstellenrechnung

- schafft Kostentransparenz nach Verantwortungsbereichen und
- die Voraussetzung dafür, dass die den einzelnen Erzeugnissen nicht direkt zurechenbaren Kosten auf die Kostenträger verrechnet werden können. Zu diesem Zweck werden Kalkulationssätze (= Zuschlags- oder Verrechnungssätze) gebildet.

Die Agrutech GmbH ist in

- drei Vorkostenstellen (Gebäude, Arbeitsvorbereitung, Instandhaltung) und
- vier Hauptkostenstellen (Material, Fertigung, Verwaltung, Vertrieb) gegliedert,
- wobei die Fertigung weiter unterteilt wird in Presserei, Pulverbeschichtung, Gehäusebau und Montage

Die Einzelkosten können direkt einer bestimmten Kostenstelle zugeordnet werden:

- Materialeinzelkosten → Lager
- Fertigungseinzelkosten → Fertigung (im Detail: Presserei, Pulverbeschichtung, Gehäusebau und Montage)
- Sondereinzelkosten des Vertriebs → Vertrieb

Gemeinkosten können entweder

- direkt einer Kostenstelle zugeordnet werden (= „Kostenstelleneinzelkosten", z.B. Personalkosten des Lagerleiters → KST Lager) oder
- sie müssen mit Hilfe von „Verteilungsschlüsseln" auf die Kostenstellen verteilt werden (= Kostenstellengemeinkosten), z.B. werden Personalkosten des Produktionsleiters nach Arbeitszeitanteil auf die einzelnen Produktionsbereiche verteilt.

Die Kostenstellenrechnung der Agrutech GmbH zeigt folgendes Bild:

| | Vorkostenstellen | | | Hauptkostenstellen | | | | | | | | Gesamt |
| | Gebäude | Arbeits-vorbe-reitung | Instand-haltung | Einkauf | Fertigung | | | | Vertrieb | Verwal-tung | |
					Presserei	Pulverbe-schichtung	Gehäuse-bau	Montage			
Materialeinzelkosten				2.252.800							2.252.800
Fertigungseinzelkosten					423.000	220.000	300.000	650.000			1.593.000
SEK Vertrieb									127.600		127.600
Summe Einzelk.				2.252.800	423.000	220.000	300.000	650.000	127.600		3.973.400
Hilfsstoffe	1.400	12.400	20.800	5.000	42.400	25.600	25.000	41.200	0	0	173.800
Betriebsstoffe	6.400	0	21.000	3.400	64.000	57.600	31.800	32.400	0	0	216.600
Hilfslöhne	0	21.800	161.200	48.400	64.800	24.000	23.400	52.000	45.600	29.200	470.400
Gehälter	0	130.600	94.400	240.000	96.000	88.000	48.600	96.000	136.000	340.000	1.269.600
Sonderentgelte	0	0	0	0	0	0	0	0	0	20.000	20.000
Kalk. Afa	126.200	2.200	10.600	62.000	78.400	70.600	27.000	30.000	8.000	16.000	431.000
Kalk. Zinsen	102.600	600	3.200	18.400	19.400	16.400	9.600	8.000	2.200	4.200	184.600
Mieten	256.000	0	0	112.000	0	0	0	0	0	6.000	374.000
Sonstige GK	63.800	81.600	40.200	38.800	45.400	41.200	22.400	44.400	24.400	84.600	486.800
Primäre GK	556.400	249.200	351.400	528.000	410.400	323.400	187.800	304.000	216.200	500.000	3.626.800

Damit wird transparent, welcher Bereich im Unternehmen welche Kosten verursacht.

Die Gesamtkosten der Hauptkostenstellen können aber erst durch die Verrechnung der durch die Vorkostenstellen erbrachten innerbetrieblichen Leistung ermittelt werden.

Dazu erhebt der Finanzleiter folgende Informationen:

- Die Vorkostenstelle Gebäude erbringt Leistungen, indem sie ein Firmengebäude mit einer Fläche von 2.400 m² allen anderen Kostenstellen zur Nutzung bereitstellt.
- Die Arbeitsvorbereitung gibt ihre Leistungen, 3.050 h (AV) an den gesamten Fertigungsbereich ab.
- Die Instandhaltung gibt ihre Leistungen 4.476h (IH) ebenfalls an den Fertigungsbereich ab.
- Die Verteilung erfolgt nach dem Stufenleiterverfahren, die Verteilungsschlüssel entnehmen Sie der folgenden Tabelle:

	Gebäude	Arbeits-vorberei-tung	Instand-haltung	Einkauf	Presserei	Pulver-beschich-tung	Gehäuse-bau	Montage	Vertrieb	Verwal-tung
Umlage Gebäude	**2.400**	80	140	300	680	300	160	480	60	200
Umlage AV		**3.050**			1.080	270	580	1.120		
Umlage IH			**4.476**		1.270	1.400	986	820		

Nach Durchführung der innerbetrieblichen Leistungsverrechnung zeigt der BAB die Gesamtkosten je Hauptkostenstelle:

	Vorkostenstellen			Hauptkostenstellen							
					Fertigung						Gesamt
	Gebäude	Arbeits-vorberei-tung	Instand-haltung	Einkauf	Presserei	Pulverbe-schichtung	Gehäuse-bau	Montage	Vertrieb	Verwal-tung	
Materialeinzelkosten				2.252.800							2.252.800
Fertigungseinzelkosten					423.000	220.000	300.000	650.000			1.593.000
SEK Vertrieb									127.600		127.600
Summe Einzelk.				2.252.800	423.000	220.000	300.000	650.000	127.600		3.973.400
Hilfsstoffe	1.400	12.400	20.800	5.000	42.400	25.600	25.000	41.200	0	0	173.800
Betriebsstoffe	6.400	0	21.000	3.400	64.000	57.600	31.800	32.400	0	0	216.600
Hilfslöhne	0	21.800	161.200	48.400	64.800	24.000	23.400	52.000	45.600	29.200	470.400
Gehälter	0	130.600	94.400	240.000	96.000	88.000	48.600	96.000	136.000	340.000	1.269.600
Sonderentgelte	0	0	0	0	0	0	0	0	0	20.000	20.000
Kalk. Afa	126.200	2.200	10.600	62.000	78.400	70.600	27.000	30.000	8.000	16.000	431.000
Kalk. Zinsen	102.600	600	3.200	18.400	19.400	16.400	9.600	8.000	2.200	4.200	184.600
Mieten	256.000	0	0	112.000	0	0	0	0	0	6.000	374.000
Sonstige GK	63.800	81.600	40.200	38.800	45.400	41.200	22.400	44.400	24.400	84.600	486.800
Primäre GK	556.400	249.200	351.400	528.000	410.400	323.400	187.800	304.000	216.200	500.000	3.626.800
Umlage Gebäude	−556.400	18.547	32.457	69.550	157.647	69.550	37.093	111.280	13.910	46.367	0
Umlage AV		−267.747	0	0	94.809	23.702	50.916	98.320	0	0	0
Umlage IH	0		−383.857	0	108.914	120.062	84.558	70.322	0	0	0
Summe GK	0	0	0	597.550	771.769	536.715	360.367	583.922	230.110	546.367	3.626.800

2.5.4 Kostenträgerstückrechnung (Kalkulation)

Nun möchte der Finanzleiter wissen, wie hoch die Kosten der einzelnen Produkte sind. Dazu ist es erforderlich, die Gemeinkosten mit Hilfe „geeigneter Schlüssel" auf die Produkte zu verrechnen.

2.5.4.1 Summarische Zuschlagskalkulation

Im einfachsten Fall könnte der Finanzleiter einen einheitlichen Gemeinkostenzuschlagssatz auf Basis der Summe der Einzelkosten ermitteln.

$$\text{GK-Zuschlagssatz} = \frac{\text{GK-Summe}}{\text{EK-Summe}} \quad \frac{3.626.800}{3.973.400} \times 100 = 91{,}3\%$$

Damit würden sich folgende Selbstkosten je Produkt ergeben:

	Gesamt			Pro Stück		
	S1	K1	S2	S1	K1	S2
Materialeinzelkosten	646.200	276.400	1.330.200	111	69	446
Fertigungseinzelkosten	575.000	405.000	613.000	98	102	206
SEK Vertrieb	60.000	25.600	42.000	10	6	14
Summe Einzelkosten	1.281.200	707.000	1.985.200	219	178	666
GK-Zuschlag (91,3%)	1.169.441	645.328	1.812.031	200	162	608
Selbstkosten	2.450.641	1.352.328	3.797.231	420	340	1.274
Produktionsmenge 2008	5.840	3.980	2.980			

Der Produktionsleiter bemängelt an dieser Kalkulation, dass sie die unterschiedliche Inanspruchnahme der einzelnen Kostenstellen in keiner Weise berücksichtigt und damit zu relativ ungenauen Ergebnissen führt.

2.5.4.2 Differenzierende Zuschlagskalkulation

Um zu genaueren Ergebnissen zu kommen, beschließt der Finanzleiter, die Kalkulation auf Basis einer differenzierenden Zuschlagskalkulation durchzuführen. Dabei wird je Hauptkostenstelle ein eigener GK-Zuschlagssatz ermittelt.

- Für die Gemeinkosten im Lagerbereich (= Materialgemeinkosten) berechnet er den Zuschlagssatz in % der Materialeinzelkosten.
- Bezugsbasis für die Fertigungsgemeinkosten bilden die Fertigungseinzelkosten der jeweiligen Kostenstelle.
- Die GK-Zuschlagssätze für den Verwaltungs- und Vertriebsbereich werden auf Basis der Herstellkosten (= Summe aus Material- und Fertigungskosten) berechnet.

Die folgende Tabelle zeigt das Ergebnis der differenzierenden Zuschlagskalkulation:

| | Vorkostenstellen | | | Hauptkostenstellen | | | | | | | | |
| | | | | | Fertigung | | | | | | |
	Gebäude	Arbeits-vorberei-tung	Instand-haltung	Einkauf	Presse-rei	Pulverbe-schichtung	Gehäuse-bau	Montage	Vertrieb	Verwal-tung	Gesamt
Materialeinzelkosten				2.252.800							2.252.800
Fertigungseinzelkosten					423.000	220.000	300.000	650.000			1.593.000
SEK Vertrieb									127.600		127.600
Summe Einzelk.				2.252.800	423.000	220.000	300.000	650.000	127.600		3.973.400
Hilfsstoffe	1.400	12.400	20.800	5.000	42.400	25.600	25.000	41.200	0	0	173.800
Betriebsstoffe	6.400	0	21.000	3.400	64.000	57.600	31.800	32.400	0	0	216.600
Hilfslöhne	0	21.800	161.200	48.400	64.800	24.000	23.400	52.000	45.600	29.200	470.400
Gehälter	0	130.600	94.400	240.000	96.000	88.000	48.600	96.000	136.000	340.000	1.269.600
Sonderentgelte	0	0	0	0	0	0	0	0	0	20.000	20.000
Kalk. Afa	126.200	2.200	10.600	62.000	78.400	70.600	27.000	30.000	8.000	16.000	431.000
Kalk. Zinsen	102.600	600	3.200	18.400	19.400	16.400	9.600	8.000	2.200	4.200	184.600
Mieten	256.000	0	0	112.000	0	0	0	0	0	6.000	374.000
Sonstige GK	63.800	81.600	40.200	38.800	45.400	41.200	22.400	44.400	24.400	84.600	486.800
Primäre GK	**556.400**	**249.200**	**351.400**	**528.000**	**410.400**	**323.400**	**187.800**	**304.000**	**216.200**	**500.000**	**3.626.800**
Umlage Gebäude	−556.400	18.547	32.457	69.550	157.647	69.550	37.093	111.280	13.910	46.367	0
Umlage AV		−267.747	0	0	94.809	23.702	50.916	98.320	0	0	0
Umlage IH	0		−383.857	0	108.914	120.062	84.558	70.322	0	0	0
Summe GK	**0**	**0**	**0**	**597.550**	**771.769**	**536.715**	**360.367**	**583.922**	**230.110**	**546.367**	**3.626.800**
Basis f. GK-Zuschlags-satz				2.252.800	423.000	220.000	300.000	650.000	6.696.123	6.696.123	
Zuschlagssatz				**26,5%**	**182,5%**	**244,0%**	**120,1%**	**89,8%**	**3,4%**	**8,2%**	

Auf Basis der in dieser Form ermittelten Zuschlagssätze kann nun die Kalkulation durchgeführt werden:

		Zuschlags-sätze	je Stück		
			S1	K1	S2
	Materialeinzelkosten		111	69	446
	Materialgemeinkosten	26,5%	29	18	118
Materialkosten			**140**	**88**	**565**
	FL Presserei		18	16	86
	FGK Presserei	182,5%	32	28	157
	Presserei		**50**	**44**	**244**
	FL Pulverbeschichtung		13	16	28
	FGK Pulverbeschichtung	244,0%	32	38	67
	Pulverbeschichtung		**45**	**54**	**95**
	FL Gehäusebau		29	33	0
	FGK Gehäusebau	120,1%	35	39	0
	Gehäusebau		**64**	**72**	**0**
	FL Montage		39	38	92
	FGK Montage	89,8%	35	34	83
	Montage		**73**	**72**	**175**
Fertigungskosten			**232**	**242**	**513**
Herstellkosten			**372**	**329**	**1.078**
Vertriebsgemeinkosten		3,4%	13	11	37
Verwaltungsgemeinkosten		8,2%	30	27	88
SEK Vertrieb			10	6	14
Selbstkosten			**426**	**374**	**1.217**

Bei der differenzierenden Zuschlagskalkulation werden statt des Einheitszuschlagssatzes (91,3% aus summarischer Zuschlagskalkulation) differenzierte Gemeinkostenzuschläge verwendet.

2.5.4.3 Verrechnungssatzkalkulation (Maschinenstundensatzrechnung)

Die angenommene proportionale Beziehung zwischen Fertigungsgemeinkosten und Fertigungslöhnen (bzw. Fertigungseinzelkosten) ist in der heutigen Realität selten gegeben. In Wirklichkeit trifft dies nur näherungsweise zu bzw. ist eine Hilfskonstruktion um die Fertigungsgemeinkosten weiterverrechnen zu können.

Außerdem existiert heute folgendes gravierende Problem: In Industriebetrieben hat sich durch die zunehmende Mechanisierung und Automatisierung der Fertigungsprozesse der Anteil der Fertigungslöhne an den Fertigungskosten stark verringert, sodass die Lohnzuschlagssätze unverhältnismäßig stark gestiegen sind.

Auch die Agrutech GmbH weist bspw. in der Kostenstelle „Pulverbeschichtung" einen Zuschlagssatz von 244% aus. Kleine Erfassungsfehler bei den Fertigungslöhnen bedingen damit erhebliche Kalkulationsfehler.

Insbesondere im Bereich der Fertigung ist es daher sinnvoll, wesentliche Teile der Fertigungsgemeinkosten über Maschinenstundensätze und somit anhand leistungsorientierter Schlüssel auf die Kostenträger zu verrechnen.

Die Maschinenstundenssatzrechnung unterteilt die Kostenstellenkosten in:

- Maschinenabhängige Gemeinkosten und
- Restgemeinkosten

Maschinenstundensatz = unmittelbar maschinenabhängige GK : Maschinenstunden

Für die Kostenstelle „Pulverbeschichtung" der Agrutech GmbH errechnet der Finanzleiter folgenden Maschinenstundensatz und GK-Zuschlag für die restlichen (nicht maschinenabhängigen) Gemeinkosten.

	Pulver-beschichtung	maschinen-abhängige GK	Rest - GK
Hilfsstoffe	25.600		25.600
Betriebsstoffe	57.600	57.600	
Hilfslöhne	24.000		24.000
Gehälter	88.000		88.000
Sonderentgelte	0		0
Kalk. Afa	70.600	70.600	
Kalk. Zinsen	16.400	16.400	
Mieten	0		0
Sonstige GK	41.200	24.600	16.600
Umlage Gebäude	69.550	69.550	
Umlage AV	23.702	23.702	
Umlage IH	120.062	120.062	
Fertigungsgemeinkosten	**536.715**	**382.515**	**154.200**
Maschinenstunden		7.400	
Fertigungslöhne			220.000
Maschinenstundensatz		**51,69**	
GK-Zuschlagssatz (Rest -GK)			**70,1%**

Analog könnte der Maschinenstundensatz in den anderen Fertigungsbereichen ermittelt werden. An dieser Stelle wird jedoch darauf verzichtet. Die weiteren Berechnungen basieren auf den Ergebnissen der differenzierenden Zuschlagskalkulation (siehe Punkt 3.2). Eine vergleichende Betrachtung zwischen Zuschlags- und Maschinenstundensatzkalkulation zeigt, dass es zu einer unterschiedlichen Behandlung der Gemeinkosten in der Kostenstelle Pulverbeschichtung kommt. Entsprechend der Maschinenstundenbeanspruchung erhalten die einzelnen Produkte dann ebenfalls unterschiedliche Gemeinkosten verrechnet.

	Gesamt	Kalk.-sätze	S1	K1	S2
Maschinenstunden	**7.400**		**2.140**	**2.460**	**2.800**
Maschinenabhängige GK	382.515	51,69	110.619	127.160	144.735
Fertigungslöhne	220.000		76.000	62.000	82.000
Sonstige GK	154.200	70,1%	53.269	43.456	57.475
Gesamtkosten Pulverbeschichtung	**756.715**		**239.888**	**232.617**	**284.210**
Vergleich reine Zuschlagskalkulation	756.715		261.410	213.256	282.048
Differenz	**0**		**−21.522**	**19.361**	**2.162**

		Kalk.-sätze	je Stück		
			S1	K1	S2
	Materialeinzelkosten		111	69	446
	Materialgemeinkosten	26,5%	29	18	118
Materialkosten			**280**	**176**	**1.130**
	FL Presserei		18	16	86
	FGK Presserei	182,5%	32	28	157
Presserei			**50**	**44**	**244**
	Maschinenabhängige GK	51,69	19	32	49
	FL Pulverbeschichtung		13	16	28
	Sonstige GK	70,1%	9	11	19
Pulverbeschichtung			**41**	**58**	**95**
	FL Gehäusebau		29	33	0
	FGK Gehäusebau	120,1%	35	39	0
Gehäusebau			**64**	**72**	**0**
	FL Montage		39	38	92
	FGK Montage	89,8%	35	34	83
Montage			**73**	**72**	**175**
Fertigungskosten			**229**	**246**	**514**
Herstellkosten			**369**	**334**	**1.078**
Vertriebsgemeinkosten		3,4%	13	11	37
Verwaltungsgemeinkosten		8,2%	30	27	88
SEK Vertrieb			10	6	14
Selbstkosten Maschinenstundensatzkalkulation			**422**	**379**	**1.217**
Selbstkosten reine Zuschlagskalk.			**426**	**374**	**1.217**
Differenz			**−4**	**5**	**1**

Bedingt durch die unterschiedliche Gemeinkostenverrechnung unterscheiden sich auch die Selbstkosten der einzelnen Produkte.

2.5.5 Kostenträgerzeitrechnung (Periodenerfolgsrechnung)

Die genaue Erfassung der Erlöse ist nur sehr schwer durchzuführen, da Änderungen der Erlöse auch noch zu späteren Zeitpunkten erfolgen können (Rabatte, Skonti, Garantieleistungen).

Die Agrutech GmbH erzielte im Jahr 2012 folgende Erlöse:

	Einheit	S1	K1	S2	Gesamt
Nettoerlöse vor Erlösbericht.	€	3.237.500	1.326.667	3.494.167	8.058.333
– Erlösberichtigungen	€	–259.000	–106.133	–279.533	–644.667
Effektiver Nettoerlös	€	2.978.500	1.220.533	3.214.633	7.413.667
Absatzmenge	Stück	6.000	3.200	2.800	12.000
Produktionsmenge	Stück	5.840	3.980	2.980	12.800
Bestandsveränderung	Stück	-160	780	180	800

In der Periodenerfolgsrechnung werden Erlöse und Kosten gegenübergestellt. Sie kann auf Basis einer Voll- oder Teilkostenrechnung erstellt werden:

Möglichkeiten der Ergebnisrechnung:

Auf Basis Vollkostenrechnung (Nettoergebnisrechnung)

- Gesamtkostenverfahren
- Umsatzkostenverfahren

Auf Basis Teilkostenrechnung (Bruttoergebnisrechnung)

- Einstufige Deckungsbeitragsrechnung
- Mehrstufige Deckungsbeitragsrechnung

2.5.5.1 Nettoergebnisrechnung nach Gesamtkostenverfahren

Das Gesamtkostenverfahren stellt der gesamten Periodenleistung (Umsatzerlöse + Bestandsveränderung an fertigen und halbfertigen Produkten) die gesamten angefallenen Kosten gegenüber.

Die Bestandsveränderung wird zu Herstellkosten bewertet (die Herstellkosten wurden im Beispiel auf Basis Zuschlagssatzkalkulation und nicht auf Basis Maschinenstundensatzkalkulation errechnet, siehe Kapitel 2.5.4.2)

	Einheit	S1	K1	S2	Gesamt
Bestandsveränderung	Stück	–160	780	180	800
HSK pro Stück	€	372	329	1.078	
Bestandsveränderung	€	–59.564	256.910	193.961	391.306

Unter Berücksichtigung dieser Bestandsveränderung ergibt sich folgendes Betriebsergebnis für das Jahr 2012:

	Einheit	S1	K1	S2	Gesamt
Umsatzerlöse	€	2.978.500	1.220.533	3.214.633	7.413.667
Bestandsveränderung	€	–59.564	256.910	193.961	391.306
Gesamtleistung	€	**2.918.936**	**1.477.443**	**3.408.594**	**7.804.973**
– Materialkosten	€				–2.770.800
– Personalkosten	€				–3.353.000
– Kapitalkosten	€				–615.600
– Mieten	€				–374.000
– Sonstige Kosten	€				–486.800
Betriebsergebnis	€				**204.773**

Das Betriebsergebnis laut Kostenrechnung kann sehr einfach auf das Ergebnis der gewöhnlichen Geschäftstätigkeit (EGT) laut GuV (Finanzbuchhaltung) übergeleitet werden:

Betriebsergebnis					–204.773
+ Kalk. Kapitalkosten	€				615.600
– Abschreibungsaufwand	€				–291.800
– Zinsaufwand	€				–129.200
EGT laut GuV	€				**399.373**

Im Gesamtkostenverfahren ist, wenn keine Kostenrechnung vorliegt, der Beitrag des einzelnen Produktes zum Gesamterfolg nicht ersichtlich.

2.5.5.2 Nettoergebnisrechnung nach Umsatzkostenverfahren

Das Umsatzkostenverfahren stellt den Umsatzerlösen die Herstellkosten der abgesetzten Einheiten gegenüber. Verwaltungs- und Vertriebskosten werden in voller Höhe angesetzt. Das ermittelte Betriebsergebnis ist gleich wie beim Gesamtkostenverfahren.

	Einheit	S1	K1	S2	Gesamt
Nettoerlöse	€	2.978.500	1.220.533	3.214.633	7.413.667
HSK abgesetzte Einheiten	€	–2.233.662	–1.053.989	–3.017.166	–6.304.817
Bruttoergebnis	€	**744.838**	**166.544**	**197.468**	**1.108.850**
– Verwaltungskosten	€	–177.394	–106.962	–262.010	–546.367
– Vertriebskosten	€	–134.712	–70.649	–152.349	–357.710
Betriebsergebnis	€	**432.731**	**–11.067**	**–216.892**	**204.773**

2.6 Blick in die Praxis

Hinsichtlich der Berechnung der Kalkulatorischen Abschreibung gibt es zwar in der Theorie eine eindeutige Lehrmeinung, die lautet: *Kalkulatorische Abschreibung = Wiederbeschaffungswert durch tatsächliche Nutzungsdauer.* Diese Lehrmeinung, so einfach und plausibel sie auch klingen mag, stellt viele Unternehmen vor erhebliche Probleme, die sich aus der Ermittlung

a) des Wiederbeschaffungswertes und

b) der tatsächlichen Nutzungsdauer ergeben.

Der Wiederbeschaffungswert muss sich am Preisindex des jeweiligen Anlagegutes orientieren. Dieser ist zwar für einige wenige Anlagegüter noch relativ einfach zu ermitteln, wenn es sich aber um hunderte oder sogar tausende Vermögensgüter handelt, wird dies schon recht schwierig. Zum zweiten ist der Wiederbeschaffungswert in naher oder auch ferner Zukunft zu ermitteln. Dies ist wiederum nur mittels Hochrechnung der Preisindizes möglich. Wenn man dies aber bspw. für einen Zeitpunkt 2020 tun will, wird schnell klar, dass der Wiederbeschaffungswert nur mehr ein Näherungswert ist und kein realer Wert.

Aus den genannten Gründen ermitteln viele Unternehmen entweder gar keinen Wiederbeschaffungswert und verwenden nur Anschaffungswerte oder sie ziehen den jeweils aktuellen Wiederbeschaffungswert heran, also den aktuellen Tageswert. Bei steigenden Preisen würde dies aber bedeuten, dass man das Prinzip der Substanzerhaltung nur teilweise anwendet. In beiden Fällen müsste man eine Wertaufholung vornehmen, das wiederum dem Prinzip der Kostennormalisierung widerspricht. Gespräche mit Controllern dieser Unternehmen haben ergeben, dass man mit dieser Unzulänglichkeit auch deswegen schon leben kann, weil bei Preissenkungen von Vermögensgütern im Grunde genommen auch eine Anpassung des Wiederbeschaffungswertes erfolgen müsste, was in den genannten Unternehmen natürlich auch nicht passiert. Auf diese Art und Weise erfolgt ein gewisser Ausgleich der zu niedrig verrechneten Abschreibung.

Das andere Problem der Ermittlung der tatsächlichen Nutzungsdauer ist ein noch viel schwierigeres, da man bei Anlagen, die eine längere als die angenommene Nutzungsdauer haben, eine Anpassung des Abschreibungssatzes vornehmen müsste. Häufig erfährt man recht spät, dass eine Anlage länger als vorgesehen genutzt werden kann. Wenn man zu diesem Zeitpunkt eine Änderung der Abschreibungsdauer bzw. des Kalkulationssatzes vornimmt, hat man die Jahre zuvor schon eine zu hohe jährliche Abschreibung vorgenommen. Man müsste in den nächsten Jahren überproportional weniger abschreiben, damit ein Wertausgleich passiert. Auch hier gehen Unternehmen oftmals recht pragmatisch vor. So werden Anlagen, die zwar handelsrechtlich und auch kostenrechnerisch schon abgeschrieben sind, solange weiter abgeschrieben, bis die Anlage ausgeschieden wird. Ein möglicherweise zu gering angesetzter Wiederbeschaffungswert wird auf diese Art und Weise ausgeglichen.

Eine weitere, in der Unternehmenspraxis sehr unterschiedlich gehandhabte Kostenart ist die der „kalkulatorischen Zinsen". Hinter dieser Kostenart steht der Gedanke, dass nicht nur Fremdkapitalzinsen Kosten verursachen, sondern auch Eigenkapitalzinsen, nämlich in Form von Opportunitätskosten – also entgangenem Nutzen oder Gewinn. In manchen Branchen, wie z.B. der

Ein konkretes Beispiel findet man beim „Verband Schweizerischer Elektrizitätsunternehmen VSE" unter: http://www.strom.ch/upload/cms/user/071220_KRSV_D.pdf

Pharmabranche, wurden diese Kosten tatsächlich in die Produktkalkulation einbezogen. Andere Unternehmen haben einen pragmatischen Weg gewählt und anstatt der Berücksichtigung von Eigenkapitalzinsen auf der Kostenseite gleich einen entsprechenden Gewinnaufschlag einkalkuliert, der diese Kosten beinhaltet. Dieser früher häufig beschrittene Weg findet heutzutage insofern eine gewisse Fortsetzung, als man in Konzernen in die Renditeansprüche die Kapitalkosten, damit auch die Eigenkapitalkosten, bereits eingerechnet hat. Der Renditeanspruch wird in Form des sogenannten WACC (Weighted Average Cost of Capital) berücksichtigt.

Eine andere, von der Lehrmeinung abweichende, Situation findet man bei der sogenannten Gemeinkostenschlüsselung. Lehrbücher unterscheiden bei Kostenstellenkosten grundsätzlich zwischen Kostenstelleneinzelkosten und Kostenstellengemeinkosten. Die Kostenstelleneinzelkosten werden auf Basis von Belegen den betreffenden Kostenstellen direkt angelastet, während man die Kostenstellengemeinkosten nach Inanspruchnahme mit Hilfe von geeigneten Schlüsselgrößen aufteilt. Dieser Auffassung wird in größeren Unternehmen nur mehr begrenzt gefolgt. Meistens wird die Gemeinkostenschlüsselung dadurch umgangen, dass man entsprechende Hilfs- bzw. Vorkostenstellen bildet, denen man die betreffenden Kostenarten, wie z.B. Gebäudeabschreibung oder Heizkosten, zuordnet. Erst von diesen Vorkostenstellen werden die Primärkosten dann mittels entsprechender Schlüsselgrößen auf andere Hilfs- oder Hauptkostenstellen weiterverrechnet.

2.7 Zusammenfassung

Die Vollkostenrechnung ist heute in vielen Unternehmen immer noch das dominierende Kostenrechnungsverfahren, auch wenn die Begriffe Deckungsbeitrag bzw. variable Kosten heute schon weit verbreitet sind.

Eine Vollkostenrechnung besteht aus drei wesentlichen Elementen:

- Kostenarten-
- Kostenstellen- und
- Kostenträgerrechnung.

Die Kostenartenrechnung ist in der Lage, Wertverbrauch eines Unternehmens (Kosten) auf vielerlei Art und Weise darzustellen. Klassisch ist die Aufteilung nach verbrauchten Produktionsfaktoren, sie entspricht weitgehend der GuV-Gliederung. Kosten können aber auch noch nach anderen Kriterien, wie z.B. betriebliche Funktionen, strukturiert werden; das Ergebnis sind dann sogenannte Herstell-, Verwaltungs-, Vertriebs- oder Forschungs- und Entwicklungskosten.

Besondere Bedeutung in der Kostenartenrechnung haben Personal-, Material-, und Kalkulatorische Kosten. Prozentuell gesehen haben diese den größten Anteil an den Gesamtkosten. Für die Leistungskalkulation in Gewerbe-

und Handwerksbetrieben ist insbesondere die Behandlung der Personalkosten sehr wichtig, man spricht dabei von der sogenannten Stundensatzkalkulation. Kalkulatorische Kosten, wie z.B. Abschreibung und Zinsen, sind hingegen in sehr vermögensintensiven Branchen wie der Industrie von großer Bedeutung.

Vielfach begnügen sich Unternehmen mit einer Kostenartenrechnung. Sofern man aber das Unternehmen in mehrere Teile mit eigenständigen Verantwortungsbereichen gliedern kann, ist eine Kostenstellenrechnung sinnvoll. Sie ermöglicht eigene Kostenbudgets und damit eine Verteilung der Kostenverantwortung. Außerdem können Leistungen bzw. Produkte exakter kalkuliert werden, wenn die Verrechnung der Gemeinkosten differenzierter, nämlich nach Inanspruchnahme der Kostenstellenleistung, erfolgt. Die Kostenstellenrechnung mit ihren Kalkulationssätzen schafft die Basis hierfür.

Die Kalkulation selbst geschieht in der sogenannten Kostenträgerrechnung. Auch hier gibt es in den Unternehmen viele verschiedene Anwendungsformen. In Kleinunternehmen ist nach wie vor die summarische Zuschlagskalkulation vorherrschend. Großunternehmen bzw. Industriebetriebe verwenden die differenzierende Zuschlagskalkulation, wobei gerade die Industrie zusätzlich zur Zuschlagskalkulation die Maschinenstundensatz-, auch Verrechnungssatzkalkulation genannt, verwendet.

Als letzter Teilbereich der Vollkostenrechnung ist die Kostenträgerzeitrechnung, auch Periodenerfolgsrechnung oder kurzfristige Erfolgsrechnung genannt, zu erwähnen. Von dieser Rechnung gibt es zwei Varianten, das Gesamtkosten- und das Umsatzkostenverfahren. Ersteres stellt der erbrachten Unternehmensleistung, dazu gehören Umsatzerlöse und Bestandsveränderungen bei den Halb- und Fertigprodukten, die gesamten Kosten einer Periode gegenüber. Das Umsatzkostenverfahren hingegen verwendet nur die Umsatzerlöse und die damit verbundenen Kosten. Dieses Verfahren hat sich international weitgehend durchgesetzt und wird auch von fast allen österreichischen börsennotierten Konzernen verwendet. Das Gesamtkostenverfahren wird von fast allen österreichischen Klein- und Mittelunternehmen angewandt, da es in der Handhabung einfacher ist.

Die Vollkostenrechnung unterscheidet bei den Kosten nicht zwischen beschäftigungsabhängigen (variablen) und beschäftigungsunabhängigen (fixen) Kosten. Sie ist deshalb für kurzfristige Entscheidungssituationen nur bedingt geeignet. Wesentliche Mängel sind die Fixkostenproportionalisierung, unzureichende Gemeinkostenverrechnung und damit Mängel im Ergebnisausweis. Die Teilkostenrechnung versucht dem durch eine Trennung von variablen und fixen bzw. entscheidungsabhängigen Einzel- und Gemeinkosten Herr zu werden. Das folgende Kapitel soll dies zeigen.

2.8 Tutorials

Beispiel T05: Kostenfunktion – Streupunktdiagramm

Eine Unternehmung hat in den vergangenen 20 Monaten die monatlich anfallenden Kosten sowie die jeweils realisierten Beschäftigungsgrade erfasst.

Monat	Realisierter Beschäftigungs- grad X [%]	Realisierte Kostenhöhe K [€]
1	90	800
2	85	790
3	90	830
4	95	850
5	110	1020
6	110	950
7	100	930
8	95	870
9	90	850
10	80	780
11	70	740
12	60	700
13	60	680
14	50	660
15	75	730
16	85	760
17	90	820
18	100	880
19	115	970
20	120	1030

Aufgabenstellung

a) Erstellen Sie aufgrund dieser Beobachtungen ein Streupunktdiagramm.

b) Die Unternehmung beabsichtigt, zukünftig Kostenplanungen vorzunehmen. Versuchen Sie, die angetragenen Wertepaare durch eine lineare Funktion zu approximieren. Verwenden Sie hierfür EXCEL und die lineare Regressionsfunktion.

c) Planen Sie die Kosten für den kommenden Monat, wenn eine Beschäftigung von x = 92 realisiert werden soll.

Lösungen

a) Streupunktdiagramm

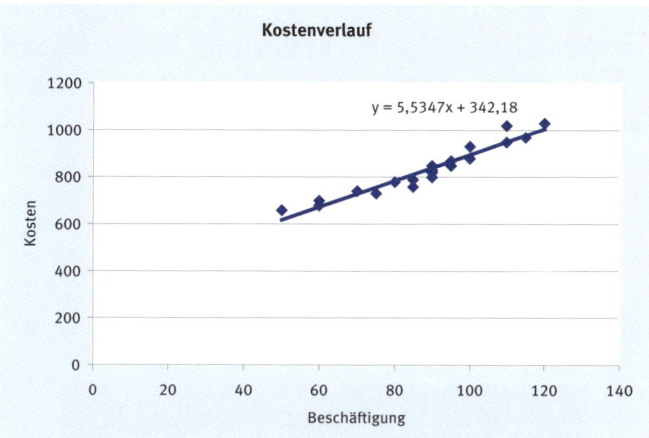

b) Kostenfunktion: y = 5,5347x + 342,18
c) Kostenhöhe: 851,38

Beispiel T06: Personalkosten

Schwierigkeitsgrad: ●

Ein Mittelbetrieb beschäftigt Arbeiter mit einem Bruttostundenlohn von € 10,–, die sozialen Lasten des Dienstgebers betragen insgesamt 30% des Bruttolohnes. Aus der Personalstatistik stehen Ihnen folgende Durchschnittswerte zur Verfügung:

Urlaub	5	Wochen
bezahlte Feiertage	2,2	Wochen
Krankenstand (entsprechend folgender Grafik)	2,6	Wochen
bezahlte Verhinderungszeit	0,8	Wochen
Weihnachtsremuneration	4,3	Wochenlöhne
Urlaubszuschuss	4,3	Wochenlöhne

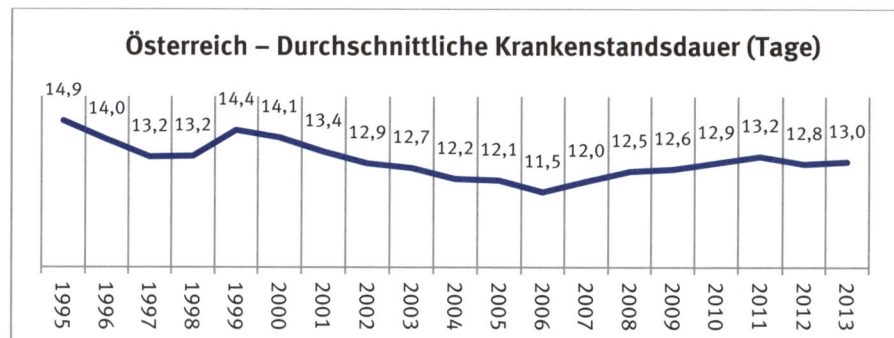

Abbildung 72: Durchschnittliche Krankenstandsdauer pro Beschäftigten (Quelle: Hauptverband der österreichischen Sozialversicherungsträger)

175

Aufgabenstellung

a) Ermitteln Sie die Lohnkosten je Anwesenheitsstunde.
b) Kalkulieren Sie den Bruttoverkaufspreis einer Leistungsstunde, wenn 90% der Anwesenheitszeit direkt verrechenbar sind, die sonstigen Gemeinkosten € 28,– pro Stunde und die USt 20% betragen. Es wird mit einem Gewinnzuschlag von 10% gerechnet.

Lösungen

a) € 19,034
b) € 64,88

Schwierigkeitsgrad: ●●

Beispiel T07: Kalkulatorische Abschreibung

	Preisindex Österreich	
	Werkzeug-maschinen	Datenverarbei-tungsgeräte, elektronische u. optische Erzeugnisse
2005	100,0	100,0
2006	101,4	97,0
2007	103,4	99,5
2008	106,4	96,1
2009	104,9	93,4
2010	105,4	94,8

Anschaffung einer Werkzeugmaschine am 1.1.2005 um € 125.000,–, betriebsgewöhnliche (steuerliche und kostenrechnerische) Nutzungsdauer acht Jahre.

Aufgabenstellung

a) Prognostizieren Sie die Preisindexentwicklung für Werkzeugmaschinen und Büromaschinen bis 2012, sowohl rechnerisch als auch grafisch (mit MS Excel, lineare Trendlinie hinzufügen, Gleichung im Diagramm darstellen).
b) Wie hoch ist der Wiederbeschaffungswert der Werkzeugmaschine (Tageswert) 2012?
c) Darstellung der Abschreibungsbeträge auf Basis Anschaffungswert und auf Basis Wiederbeschaffungswert (wenden Sie dabei das Prinzip der Nachholung versäumter Abschreibungen an).

Lösungen

a) Prognose Preisentwicklung

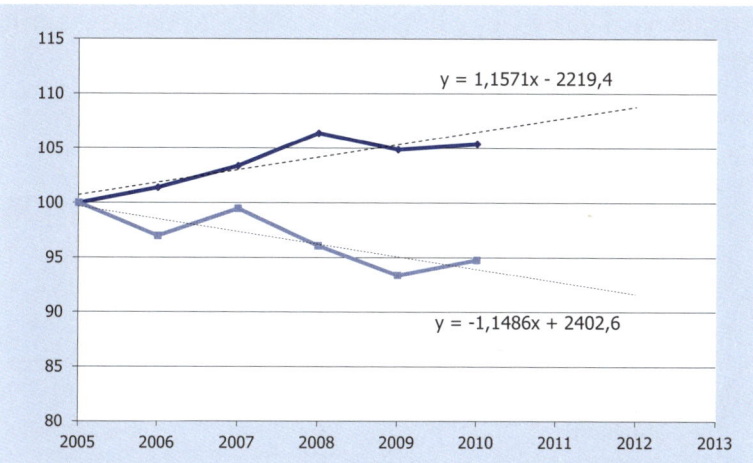

b) € 135.856,50
c) Afa auf Basis Wiederbeschaffungswerten

Jahr	WBW (Tageswert)	Abschreibungssatz	Kalk. Afa
2005	125.000,0	12,5%	15.625,0
2006	126.750,0	12,5%	15.843,8
2007	129.250,0	12,5%	16.156,3
2008	133.000,0	12,5%	16.625,0
2009	131.125,0	12,5%	16.390,6
2010	131.750,0	12,5%	16.468,8
2011	134.410,1	12,5%	16.801,3
2012	**135.856,5**	12,5%	16.982,1
Summe			**130.892,7**

Fehlender Abschreibungsbetrag: 135.856,5 − 130.892,7 = 4.963,8

Jahr	WBW (Tageswert)	Kumulierte Abschreibung		Kalk. Jahres-Afa
		Satz	Betrag	
2005	125.000,0	12,5%	15.625,0	15.625,0
2006	126.750,0	25,0%	31.687,5	16.062,5
2007	129.250,0	37,5%	48.468,8	16.781,3
2008	133.000,0	50,0%	66.500,0	18.031,3
2009	131.125,0	62,5%	81.953,1	15.453,1
2010	131.750,0	75,0%	98.812,5	16.859,4
2011	134.410,1	87,5%	117.608,9	18.796,4
2012	**135.856,5**	100,0%	135.856,5	18.247,6
Summe				**135.856,5**

Beispiel T08: Kostenüberleitung, Betriebsabrechnung mit Primärkostenverteilung

Die Aufwendungen eines Gewerbebetriebes betrugen für das Abrechnungsjahr (Werte in €)

a)	Rohstoffverbrauch	1.200.000,–
b)	Hilfsmaterial	50.000,–
c)	Energie	300.000,–
d)	Fertigungslohn	600.000,–
e)	Soziale Aufwendungen, Nichtleistungslöhne	630.000,–
f)	Fremdkapitalzinsen	100.000,–
g)	Abschreibungen	100.000,–
h)	Gehälter	120.000,–
i)	Hilfslöhne	180.000,–
j)	Transporte	100.000,–
k)	Schadensfälle	16.000,–
l)	Sonstige Aufwendungen	64.000,–

Der Betrieb arbeitet mit folgenden vier Kostenstellen:

- Material
- Fertigung (6000 Stunden)
- Montage (6000 Stunden)
- Verwaltung und Vertrieb

Aufgabenstellung

Führen Sie die Betriebsüberleitung und die Betriebsabrechnung für das Abrechnungsjahr unter Berücksichtigung der nachstehenden Informationen durch. Ermitteln Sie weiters die Gemeinkostenzuschlagssätze bzw. die Verrechnungssätze. Berücksichtigen Sie für die Verrechnungssatzbildung sowohl Einzel- als auch Gemeinkosten.

a) Die Rohstoffe werden im nächsten Jahr voraussichtlich um 2,5% teurer sein.

b) Wird je zur Hälfte in den Kostenstellen Fertigung und Montage eingesetzt.

c) Laut Anschlusswerten beträgt der Schlüssel 1: 8: 4: 2.

d) 60% in der Fertigungsstelle, 40% in der Montage.

e) Beziehen auf Lohn- und Gehaltssumme.

f) Das gesamte betriebsnotwendige Kapital beträgt 2.000.000,–; ein Zinssatz von 10% wird verwendet; der Schlüssel beträgt 3: 6: 6: 5.

g) Der Preisindex beträgt mittlerweile 120%, der Verteilungsschlüssel lautet 1: 5: 5: 1.

h) ......

i) Entstanden im Verhältnis 2: 1 in der Produktion (Fertigung und Montage).

j) Entstanden im Verhältnis 1: 0: 0: 4.

k) Im mehrjährigen Durchschnitt sind 12.000,– anzusetzen. Betreffen je zur Hälfte die Fertigungsstelle und die Montage.

l) Gleichmäßig auf alle Kostenstellen aufzuteilen.

Lösungen

- Aufwandssumme: € 3.460.000,–, Kostensumme: 3.606.000,–
- Zuschlags- bzw. Verrechnungssätze:
  - Materialzuschlagssatz: 7,80%
  - Fertigungsverrechnungssatz: € 188,83
  - Montageverrechnungssatz: € 124,50
  - Verwaltungs/Vertriebszuschlagssatz: 12,48%

Beispiel T09: Innerbetriebliche Leistungsverrechnung – Stufenleiterverfahren

Schwierigkeitsgrad: ●

Für die Umlage der Vorkostenstellen Wasser, Energie und Reparatur nach dem Stufenleiterverfahren liegen folgende Mengenangaben vor:

Kostenstelle	Wasser in m3	Energie in kWh	Reparatur-zeit in h
Wasser			
Energie	500		
Reparatur	900	2.200	
Meisterbüro		1.300	
Material	700	4.500	35
Fertigung 1	3.500	7.800	300
Fertigung 2	3.500	5.800	
Verwaltung	500	4.000	40
Vertrieb	800	3.800	130
Summen	**10.400**	**29.400**	**505**

Die Umlage des Meisterbüros erfolgt im Verhältnis 1:2 auf die Kostenstellen Fertigung 1 und Fertigung 2. Für die Hauptkostenstellen gelten folgende Bezugsgrößen:

Material: € 10.000,– Einzelmaterialkosten

Fertigung 1:   400 Maschinenstunden

Fertigung 2:   322 Akkordstunden

Die Verwaltungs- und Vertriebsgemeinkosten sind als einheitlicher Zuschlag auf die Herstellkosten in Höhe von € 67.000,– zu verteilen.

Aufgabenstellung

Führen Sie die innerbetriebliche Leistungsverrechnung nach dem Stufenleiternverfahren durch und ermitteln Sie die Zuschlags-, Verrechnungssätze.

179

Die Primärkosten der Kostenstellen betragen (Werte in €):

Kostenstelle	Primär-kosten	Umlage	Primär + Sekundär-kosten	Bezugsbasis	Zuschlags-, Verrech-nungssatz
Wasser	3.000				
Energie	6.000				
Reparatur	2.000				
Meisterbüro	4.000				
Material	6.200				
Fert. 1	15.800				
Fert. 2	20.000				
Verwaltung	8.000				
Vertrieb	4.000				

Lösungen

Kostenstelle	Primär-kosten	Umlage	Primär- + Sekundär-kosten	Bezugsbasis	Zuschlags-, Verrech-nungssatz
Wasser	3.000				
Energie	6.000				
Reparatur	2.000				
Meisterbüro	4.000				
Material	6.200				75,3%
Fert. 1	15.800				53,7
Fert. 2	20.000				77,9
Verwaltung	8.000				22,3%
Vertrieb	4.000				

Schwierigkeitsgrad: ●

Beispiel T10: Differenzierte Zuschlagskalkulation

Die Kostenplanung eines Fertigungsbetriebes für eine bestimmte Periode zeigt unter der Annahme der Vollbeschäftigung folgendes Bild (Werte in €):

	Material-stelle	Fertigung 1	Fertigung 2	Fertigung 3	Verwaltung/ Vertrieb
Fertigungsmaterial	160.000				
Fertigungslöhne		30.000	40.000	30.000	
Gemeinkosten	24.000	66.000	80.000	85.500	77.325
Bezugsgrößen	Material-kosten	Fertigungs-löhne	Masch. (h)	Masch. (h)	Herstell-kosten

In der Fertigungsstelle 2 sind 2.000 und in der Fertigungsstelle 3 sind 3.000 Maschinenstunden geplant.

Aufgabenstellung

Für einen noch nicht angenommenen Auftrag würden anfallen:

- Fertigungsmaterial € 160,–
- Fertigungslöhne in F1 € 200,–
- 3 Mh in F2
- 4 Mh in F3

Kalkulieren Sie die Selbstkosten dieses Auftrages.

Würden Sie unter diesen Annahmen einen Auftrag, bei dem Sie € 1.050,– erlösen würden, akzeptieren?

Lösungen

Selbstkosten: 1.331,70, Preis ist nicht kostendeckend.

Beispiel T11: Betriebsergebnisrechnung Gesamtkostenverfahren – Umsatzkostenverfahren

Schwierigkeitsgrad: ●●

Ein Elektronik-Produkte-Fabrikant produziert drei verschiedene Arten von DVD-Playern.

Aus der Verkaufs- und Produktionsstatistik des Monats Mai sowie aus der Artikelbeschreibung liegen folgende Daten vor:

Produkt	RDX 650	RDX 750	RDX 950
Absatz (Stück)	18.200	42.600	25.800
Produktion (Stück)	18.200	43.000	25.800
Verkaufspreis (€/Stück)	52,5	64	68
Material (€/Stück)	11	12,5	12,5
Fertigungslohn (€/Stück)	9	10	11
Herstellkosten (€/Stück)	38,4	43	45,8

Ferner entnimmt der Kostenrechner dem Betriebsabrechnungsbogen für den Monat Mai folgende Gemeinkosten:

Personalgemeinkosten	859.000
Fremdleistungskosten	469.000
Sonstige Kosten	1.391.800

Aufgabenstellung

a) Berechnen Sie:
- den gesamten Umsatz,
- die gesamten Materialeinzelkosten,
- die gesamten Fertigungslöhne und
- den Wert der Bestandsveränderungen der fertigen Erzeugnisse.

Produkt	RDX 650	RDX 750	RDX 950	Gesamt
Umsatz (€)				
Materialeinzelkosten (€)				
Fertigungslöhne (€)				
Bestandsänderung (Stück)				
Bestandsänderung (€)				

b) Erstellen Sie die Betriebsergebnisrechnung nach dem Gesamtkostenverfahren.

Umsatz	
Bestandsmehrung Erzeugnisse	
Gesamtleistung	
Materialeinzelkosten	
Fertigungslöhne	
Personalgemeinkosten	
Fremdleistungskosten	
Sonstige Kosten	
Gesamtkosten	
Betriebsergebnis	

Nachdem das Unternehmen seine Kostenrechnung fertig implementiert hat, existiert nunmehr ein BAB. Die Betriebsergebnisrechnung für den Monat Mai soll auf das Umsatzkostenverfahren umgestellt werden.

Neben den schon bekannten Daten liegen folgende Informationen aus dem BAB vor:

Kostenstelle	Materialstelle	Fertigung	Verw./Vertrieb	Gesamt
Personalgemeinkosten	61.000	618.500	179.500	859.000
Fremdleistungskosten	21.500	166.000	281.500	469.000
Sonstige Kosten	129.540	795.180	467.080	1.391.800
Gemeinkosten gesamt	212.040	1.579.680	928.080	2.719.800
Zuschlagsbasis	Material EK	Fertigungs-löhne	HK d. Umsatzes	
	1.060.200	877.600	3.712.320	
Zuschlagssatz	20,0%	180,0%	25,0%	

c) Kalkulieren Sie für die drei Produkte Herstellkosten und Selbstkosten je Stück

Produkt	Zuschlags-satz	RDX 650	RDX 750	RDX 950
Materialeinzelkosten				
Materialgemeinkosten				
Fertigungslöhne				
Fertigungsgemeinkosten				
Herstellkosten				
Verw.-Vertriebskosten				
Selbstkosten				

d) Ermitteln Sie anhand der folgenden Tabelle, die eine Kostenträgerzeitrechnung beinhaltet, das Betriebsergebnis nach dem Umsatzkostenverfahren.

Produkt	ZS	RDX 650	RDX 750	RDX 950	Gesamt
Materialeinzelkosten					
Materialgemeinkosten	...%				
Fertigungslöhne					
Fertigungsgemeinkosten	...%				
Herstellkosten d. Produkt.					
Bestandsmehrung Erz.					
Herstellkosten d. Ums.					
Verw.-Vertriebskosten	...%				
Selbstkosten d. Umsatzes					
Umsatz					
Betriebsergebnis					

e) Erstellen Sie eine verkürzte Betriebsergebnisrechnung (Umsatzkostenverfahren) mit den Daten aus c.) und d.)

Produkt	RDX 650	RDX 750	RDX 950	Gesamt
Absatz				
Nettoerlös (€/Stück)				
Selbstkosten (€/Stück)				
Umsatz (€)				
Selbstkosten d. Umsatzes (€)				
Betriebsergebnis				

Lösungen

a) Umsatz, Kosten, Bestandsänderung:

Produkt	RDX 650	RDX 750	RDX 950	Gesamt
Umsatz (€)				5.436.300
Materialeinzelkosten (€)				1.060.200
Fertigungslöhne (€)				877.600
Bestandsänderung (Stück)				400
Bestandsänderung (€)	0	17.200	0	17.200

b) Betriebsergebnis

Betriebsergebnis	**795.900**

c) Herstellkosten, Selbstkosten je Stück

Produkt	RDX 650	RDX 750	RDX 950
Herstellkosten	38,40	43,00	45,80
Selbstkosten	48,00	53,75	57,25

183

d) Betriebsergebnis nach dem Umsatzkostenverfahren

Produkt	ZS	RDX 650	RDX 750	RDX 950	Gesamt
Materialeinzelkosten					1.060.20
Materialgemeinkosten	...%				212.040
Fertigungslöhne					877.600
Fertigungsgemeinkosten	...%				1.579.680
Herstellkosten d. Produkt.					3.729.520
Bestandsmehrung Erz.					17.200
Herstellkosten d. Ums.					3.712.320
Verw.-Vertriebskosten	...%				928.080
Selbstkosten d. Umsatzes					4.640.400
Umsatz					5.436.300
Betriebsergebnis		81.900	436.650	277.350	795.900

e) Verkürzte Betriebsergebnisrechnung (Umsatzkostenverfahren)

Produkt	RDX 650	RDX 750	RDX 950	Gesamt
Absatz	18.200	42.600	25.800	
Nettoerlös (€/Stück)	52,50	64,00	68,00	
Selbstkosten (€/Stück)	48,00	53,75	57,25	
Umsatz (€)	955.500	2.726.400	1.754.400	5.436.300
Selbstkosten d. Umsatzes (€)	873.600	2.289.750	1.477.050	4.640.400
Betriebsergebnis	81.900	436.650	277.350	795.900

Schwierigkeitsgrad: ●●

Beispiel T12: Prozesskostenrechnung – Externe Festplattengehäuse

Das Unternehmen LogoTec GmbH ist ein Hersteller von IT-Hardware. Um die Produktpalette zu erweitern, wird die Herstellung zweier Typen von Gehäusen für Multimedia-Festplatten (A und B) geplant. Dazu wird eine Einschätzung der über den Produktlebenszyklus anfallenden Absatzmenge und der damit einhergehenden Kosten getroffen.

- eine Produktion von 100.000 Stück Typ A und 500.000 Stück Typ B
- Materialeinzelkosten pro Gehäuse von € 15,– (A) und € 10,– (B)
- Material- und Fertigungsgemeinkosten von € 15.600.000,–
- Verwaltungsgemeinkosten von € 3.315.000,– und
- Vertriebsgemeinkosten von € 4.420.000,–

Aufgabenstellung:

a) Ermitteln Sie die Herstellkosten und Selbstkosten auf Basis einer klassischen Zuschlagskalkulation (insgesamt und je Stück). Zuschlagsbasen: Materialeinzelkosten für Material- und Fertigungsgemeinkosten, Herstellkosten für Verwaltungs- und Vertriebsgemeinkosten.

b) Die gesamten geplanten Material- und Fertigungsgemeinkosten in Höhe von € 15.600.000,– sowie die gesamten Vertriebsgemeinkosten in Höhe von € 4.420.000,– sollen unter Verwendung einer *Prozesskostenrechnung* auf die Gehäusearten A und B zugerechnet werden. Die geplanten Verwaltungskosten sollen unverändert auf Basis der Herstellkosten zugerechnet werden. Für die Durchführung der Prozesskostenrechnung wurden folgende Informationen erhoben:

Relevante Angaben für die Lösung der Aufgabe b):

Eine Analyse der Prozesse ergab für die Kostenstellen die folgenden Tätigkeiten und Gemeinkosten:

Kostenstelle	Prozesse und Plan-Prozessmengen	
	Prozessabhängig (leistungs-mengenindizierte Prozesse, lmi)	Prozessunabhängig (leistungs-mengenneutrale Prozesse, lmn)
Beschaffung	5.000 Beschaffungsprozesse	Abteilung leiten, sonstige Tätigkeiten
Wareneingang	10.000 Wareneingangsprozesse	Abteilung leiten, sonstige Tätigkeiten
Produktion	20.000 Maschinenstunden	Abteilung leiten, sonstige Tätigkeiten
Vertrieb	5.000 Kundenaufträge	Abteilung leiten, Marktanalysen, sonstige Aufgaben

Kostenstelle	Prozesse und Plan-Prozessmengen	Geplante Gemeinkosten		
		Gesamt	davon lmi	davon lmn
Beschaffung	5.000 Beschaffungs-prozesse	4.200.000	4.000.000	200.000
Wareneingang	10.000 Wareneingangs-prozesse	3.400.000	3.250.000	150.000
Produktion	20.000 Maschinen-stunden	8.000.000	6.500.000	1.500.000
Vertrieb	5.000 Kundenaufträge	4.420.000	3.536.000	884.000
Gesamt		**20.020.000**	**17.286.000**	**2.734.000**

Zur Ermittlung der Prozesskostensätze werden noch folgende Daten erhoben. Die Produktion von 1.000 Gehäusen erfordert:

	A	B
Anzahl Beschaffungsprozesse	10	8
Anzahl Wareneingangsprozesse	25	15
Maschinenstunden in Produktion	40	32

Das Unternehmen geht davon aus, dass die produzierten Gehäuse vom Typ A (100.000 Stück) mit 2.500 Kundenaufträgen und die Gehäuse vom Typ B (500.000 Stück) ebenfalls mit 2.500 Kundenaufträgen verkauft werden können.

Ermitteln Sie die Herstellkosten und Selbstkosten der beiden Gehäuse auf Basis einer prozessorientierten Kalkulation (insgesamt und je Stück).

Lösungen

Zu a) Herstellkosten: Typ A: 51,00, Typ B: 34,00
Selbstkosten: Typ A: 68,85, Typ B: 45,90

Zu b) Herstellkosten: Typ A: 47,90, Typ B: 34,62
Selbstkosten: Typ A: 77,19, Typ B: 44,23

2.9 Übungsbeispiele und -aufgaben

Schwierigkeitsgrad: ●●

Beispiel U06: Kostenfunktion – Streupunktdiagramm

Aus den Kostenaufzeichnungen vergangener Perioden ergeben sich für die Gemeinkosten einer Kostenstelle, deren Beschäftigung x in Fertigungsstunden gemessen wird, die folgenden Werte.

X	90	120	140	160
K [€]	4.250,00	5.500,00	5.000,00	6.000,00

Aufgabenstellung

a) Ermitteln Sie mit Hilfe eines Streupunktdiagramms die Kostenfunktion dieser Gemeinkosten, die Höhe der Fixkosten und die Höhe der Plankosten bei einer Planbeschäftigung von x = 180.

b) Wie beurteilen Sie die Zuverlässigkeit der ermittelten Kostenfunktion für Kostenprognosen?

c) Nennen Sie zwei Größen, die neben den Fertigungsstunden zur Messung der Beschäftigung herangezogen werden könnten.

d) Formulieren Sie ein praktisches Beispiel, bei dem es sinnvoll ist, die Gemeinkosten einer Kostenstelle mit Hilfe von zwei verschiedenen Bezugsgrößen zu planen.

Lösungen

a) Kostenfunktion

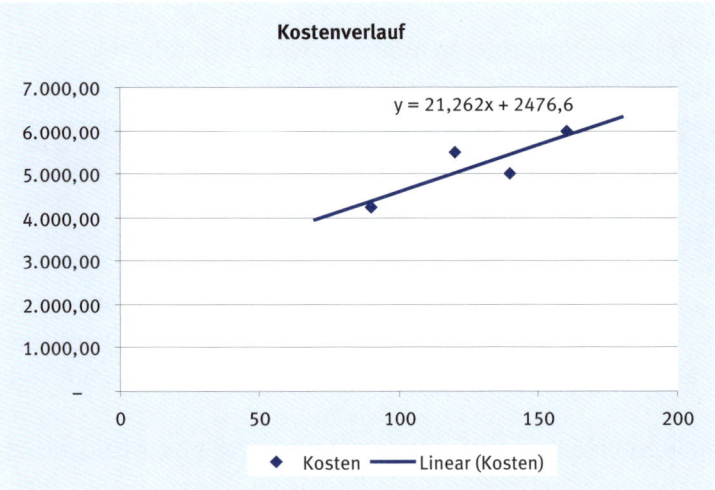

b) Zur Zuverlässigkeit:
  - Man geht von Istwerten aus und unterstellt konstante Bedingungen
  - …

c) Größen für die Messung der Beschäftigung
  - Ausbringungsmenge
  - …

d) Praktische Beispiele:
  - Differenz von Rüst- und Fertigungszeiten bei Serienfertigung
  - …

Beispiel U07: Ermittlung von Kostenarten

Schwierigkeitsgrad: •

Für eine Produktionsanlage sind folgende Daten gegeben:

Anschaffungswert € 148.000,–; Wiederbeschaffungswert € 160.000,–; voraussichtliche Nutzungsdauer 8 Jahre; Grundgebühr für Energie € 1.200,–/ Jahr; laufzeitabhängige Energiekosten € 0,15/ Maschinenstunde; Instandhaltungskosten 5 % des Wiederbeschaffungswertes; Stellfläche und Arbeitsraum 30 m²; Raumkosten € 90,–/ m²; Werkzeugkosten € 4.200,– / Jahr; Nutzungszeit 2000 h/ Jahr

Aufgabenstellung

Ermitteln Sie kostenartenweise die jährlichen maschinenabhängigen Kosten!

Lösungen

Abschreibung	20.000,–	€
Raumkosten		€
Instandhaltungskosten		€
Energiekosten		€
Werkzeugkosten		€

Beispiel U08: Personalkosten

Schwierigkeitsgrad: ••

In einem Gewerbebetrieb sind neben dem Unternehmer zwei Monteure beschäftigt. Beide arbeiten je 37 Stunden in der Woche. Im Jahr fallen pro Monteur 45 Anwesenheitswochen an. Der Unternehmer widmet sich vorwiegend der Geschäftsführung, rund 280 Stunden p. a. ist er auch in der Produktion tätig.

Von den angeführten Stundenleistungen aller drei Personen entfallen 10% auf innerbetriebliche Tätigkeiten und können den Kunden nicht direkt weiterverrechnet werden.

Im Betrieb fallen, vor allem infolge hoher Investitionstätigkeit und Werbung, hohe Gemeinkosten von € 98.000,– an, davon können € 3.000,– durch die Materialverrechnung gedeckt werden. Diese Gemeinkosten beinhalten nicht die lohnabhängigen Gemeinkosten.

Für die Materialverrechnung wird das Material direkt erfasst und zur Abdeckung der Materialgemeinkosten in der Kalkulation mit einem Aufschlag von 10% angesetzt.

Aufgabenstellung

a) Wie hoch ist der Nettoverkaufspreis pro Stunde eines Monteurs, wenn mit einer Lohnhöhe von € 12,– brutto, 130% lohnabhängigen Gemeinkosten (Nichtleistungslöhne, soziale Lasten, Unproduktivzeiten) und einem Gewinnzuschlag von 10% gerechnet wird?

b) Mit welchen Selbstkosten muss der Unternehmer für einen Auftrag rechnen, für den € 55,– an Materialeinzelkosten und 6 Stunden Arbeitszeit der Monteure anfallen?

Lösungen

a) € 62,52
b) € 401,54

Schwierigkeitsgrad: ●●

Beispiel U09: Kalkulatorische Wagnisse

Den Bilanzen und den Gewinn- und Verlustrechnungen der **letzten fünf Jahre** (2008-2012) werden folgende Zahlen (**Angaben in 1.000 €**) entnommen:

Werte in T €	Geschäftsjahr				
	2008	2009	2010	2011	2012
Materialeinsatz	2.000	2.200	2.400	2.700	3.100
Schadensfälle Material	40	30	45	31	68
Zielverkäufe	9.000	9.200	9.800	10.400	10.900
Forderungsausfälle	130	160	500	120	240
Verkäufe mit Garantieverpflichtungen	9.800	9.700	10.300	10.700	12.000
Gewährleistungsaufwand	140	160	500	300	240

Der Buchwert der Maschinen beträgt 2013 T€ 3.200, Indexänderung 140 (Anschaffungszeitpunkt) auf 180; Anlagenwagnis 1,8 %

Aufgabenstellung

Errechnen Sie Wagnisquoten per 2012 und die voraussichtlichen Wagnisse für 2013. Gehen Sie dabei von folgenden budgetierten Werten aus:

- Materialeinsatz: 3500,--
- Zielverkäufe: 11.500,--
- Verkäufe mit Garantieverpflichtungen: 12.500

Lösungen

Werte in T €	Geschäftsjahr					
	2008	2009	2010	2011	2012	2013
Beständewagnis						60
Forderungsrisiko						268
Gewährleistungsrisiko						319
Anlagenwagnis						74
Gesamtwagnis						**722**

Beispiel U10: Betriebsabrechnung mit innerbetrieblicher Leistungsverrechnung

Ein Fertigungsbetrieb mit den Kostenstellen:

Material	Fertigung I	Fertigung II	Verwaltung	Vertrieb	Fuhrpark	Werks-küche

zeigt folgende Daten (Werte in €):

Fertigungsmaterial: 900.000,–

Fertigungslöhne: 450.000,– für Fertigung I bzw. 180.000,– für Fertigung II

Gemeinkosten für die jeweiligen Kostenstellen:

Material	Fertigung I	Fertigung II	Verwaltung	Vertrieb	Fuhrpark	Werks-küche
52.600	70.550	340.900	83.250	81.135	89.650	12.250

Vom Fuhrpark werden in der abzurechnenden Periode 14.000 km geleistet, wobei 30% der Leistung für die Materialstelle, 10% für die Fertigung I, 15% für die Fertigung II, 20% für die Verwaltung und 25% für den Vertrieb erbracht werden.

Die Kostenstelle Werksküche ist nach in Anspruch genommenen Menüs umzulegen, die sich wie folgt verteilen:

Menüs: Materialstelle 4, Fertigung I 17, Fertigung II 16, Verwaltung 4, Vertrieb 3, Fuhrpark 1 und Werksküche 2.

Die Materialstelle und die Fertigungsstelle II sind von den jeweiligen Einzelkosten, Verwaltung und Vertrieb von den Herstellkosten abhängig.

Die Verwaltungsgemeinkosten sind von den Herstellkosten der Produktion abhängig. Die Vertriebsgemeinkosten von den Herstellkosten der Absatzleistung. 15% der erzeugten Produkte gingen auf Lager. In der Fertigungsstelle I wurden 2.000 Fertigungsstunden geleistet.

Aufgabenstellung

Erstellen Sie einen vollständigen BAB für den Fertigungsbetrieb und ermitteln Sie die Gemeinkosten-Zuschlags/Verrechnungssätze!

Lösungen

	Material	Fertigung I	Fertigung II	Verwaltung	Vertrieb
Zuschlagssätze	9,0%		199,3%	5,0%	6,0%
Verrechnungssätze		267,1			

Beispiel U11: Differenzierte Zuschlagskalkulation

Ein Produktionsbetrieb stellt Polster her, dazu sind vier verschiedene Arbeitsvorgänge notwendig. Nachfolgend die Aufgliederung über die Arbeitszeit der einzelnen Schritte und die entsprechenden Kosten.

Fertigungsstelle	Bezugsgrößen		Kostensätze (€/Min)
	Art	Menge/Stück	
Zuschneiden	Maschinenminute	2	0,5
Nähen	Fertigungsminute	5	1,3
Füllen	Fertigungsminute	2	1,5
Prüfen	Prüfminute	1	0,8

Für die Polsterherstellung benötigt man drei verschiedene Materialen:

- 1,5 m Stoff zu einem Preis von € 3,00/m
- 800g Füllmaterial zu einem Preis von € 2,00/kg
- 1,3 m Nähgarn zu einem Preis von € 1,50/m

Die Materialgemeinkosten betragen 11% der Materialeinzelkosten zusätzlich fallen für die Fertigung € 2,– Lizenzgebühren an.

Die Verwaltungs- und Vertriebsgemeinkosten betragen 8% der Herstell-kosten. Zusätzlich existieren Verpackungskosten je Stück in Höhe von 0,75 € und eine Verkaufsprovision von 4% des Marktpreises (22 €/Stück).

Aufgabenstellung

a) Wie hoch sind die Herstellkosten/Stück?

b) Wie hoch sind die Selbstkosten/Stück. Ist der Marktpreis kostendeckend? Interpretieren Sie das Ergebnis. Wo gäbe es noch Einsparungspotenziale?

Lösungen

a) € 22,24

b) € 25,64 – Marktpreis ist nicht kostendeckend

Schwierigkeitsgrad: ●

Beispiel U12: Differenzierte Zuschlagskalkulation

Die Firma Huber GmbH, Linz, Produzent von Alu- und Plastikbehältern für Großküchen kalkuliert mit folgenden Gemeinkostensätzen:

- Materialgemeinkosten (MGK) 8,2%
- Fertigungsgemeinkosten F1 (FGK1) 243,4% (Basis Fertigungslöhne)
- Maschinenminutensatz F2 € 1,64/min
- Verwaltungs-, Vertriebsgemeinkosten (Vw-Vt-GK) 29,6%
- Gewinnzuschlag 15%
- Skonto 2%
- USt. 20%

Es wird folgender Auftrag (Behälter K3450) kalkuliert:

- Fertigungsmaterial (FM) € 3,50
- Fertigungslöhne in F1 (FL1) € 2,80
- 23 Maschinenminuten in F2

Aufgabenstellung

Errechnung des Bruttoverkaufsreises pro Behälter K3450

Lösungen

Bruttopreis Behälter: € 93,30

Beispiel U13: Differenzierte Zuschlagskalkulation

Schwierigkeitsgrad: ●●

Die Molto Lucca GmbH; Marburg erzeugt für ihre Herbstkollektion spezielle Designerlampen. Für das Modell „casa nova" wurden folgende Daten ermittelt:

- Materialbedarf: diverse Folien, Glaskörper, Lampen und Kleinmaterial € 32,20
- Lampenträger vier Stück zu je € 15,10/m
- Materialgemeinkosten 9 % der Materialeinzelkosten
- Für das Verarbeiten der Folien benötigt man sechs Maschinenminuten zu € 0,7/min.
- Der Zusammenbau erfordert 12,5 Fertigungsminuten zu € 0,60/min;
- Qualitätskontrolle: € 7,–/Lampe
- Sondereinzelkosten der Fertigung: 6 % Lizenzgebühren vom Verkaufspreis € 180,–
- Verwaltungs- und Vertriebsgemeinkosten 17 % der Herstellkosten

Aufgabenstellung

Errechnen Sie die Selbstkosten, den Gewinn pro Lampe und die Umsatzrendite

Lösungen

- Selbstkosten: € 152,61
- Gewinn: € 27,39
- Umsatzrendite: 15,2%

Beispiel U14: Betriebsabrechnungsbogen – Kalkulation Heiz- und Lüftungstechnik

Schwierigkeitsgrad: ●●●

Ein Heiz- und Lüftungstechnikunternehmen erstellt folgende Betriebsabrechnung:

Kostenart	Kostenstellen			
	Materiallager	Gewerbe (Werkstätte und Montage)	Handel	Verwaltung
Löhne (inkl. Lohnnebenkosten)		550.140		
Gehälter (inkl. GNK)			41.250	41.250
Material (f. Gewerbebetrieb)	270.000			
Handelswareneinsatz			360.000	
Kleinteile und Betriebsstoffe	21.000	3.000		
Büromaterial				7.500
Kalk. Abschreibung	18.000	4.500		4.500
Kalk. Zinsen	10.500	7.500	30.000	6.000
Energie	4.500	1.500	3.750	6.750
Sonst. Gemeinkosten	27.000	18.000	15.000	11.250
	351.000	**584.640**	**450.000**	**77.250**

Für die Erstellung des BAB sind folgende Zusatzinformationen relevant:

Materiallager: Als Bezugsgröße gilt die Summe des Materials des Gewerbetriebs.

Gewerbe: Bezugsbasis sind hier die Gesamtkosten des Gewerbes. Für die Kalkulation benötigt man den Stundensatz je Facharbeiter. Es sind zehn Facharbeiter beschäftigt, die durchschnittlich 38,5 Std./Woche arbeiten. Die Facharbeiter haben einen Urlaubsanspruch von 5,3 Wochen. Ferner fallen 2,2 Wochen bezahlte Feiertage und eine Woche Krankenstand an. Von der Anwesenheitszeit können 85 % direkt auftragsbezogen verrechnet werden.

Handel: Alle Gemeinkosten dieser Stelle werden auf Basis der Einstandspreise der verkauften Waren verteilt.

Verwaltung: Die Kosten dieser Stelle werden zu 25% dem Handel und zu 75% dem Materiallager und dem Gewerbe angelastet; die Weiterverrechnung bei Gewerbeaufträgen erfolgt über die Herstellkosten (Vw.-Zuschlagssatz = Verwaltungskosten/ Herstellkosten aus Material + Werkstätte).

Aufgabenstellung

a) Berechnen Sie den Bruttoverkaufspreis eines Installationsauftrages unter Beachtung folgender Daten: Verbrauchtes Installationsmaterial € 400,–; 25 Arbeitsstunden; 10 % Gewinnaufschlag und 20 % Umsatzsteuer!

b) Zusätzlich ist der Verkauf des Heizkessel aus dem Handel zu kalkulieren: Einstandspreis € 3000,–; 15 % Gewinnaufschlag und 20 % Umsatzsteuer!

c) Wie hoch ist die Rechnungssumme des Gesamtauftrages?

Lösungen

a) Kalkulationssätze und Bruttoverkaufspreis Installationsauftrag:
   – Material: 30%
   – Werkstätte: € 41,07
   – Handel: 30,36%
   – Verwaltung: 6,19%
   – Bruttoverkaufspreis Installationsauftrag: € 2.168,12
b) Bruttoverkaufspreis Heizkessel: € 5.397,09
c) Gesamtbetrag (brutto): € 7.565,22

Schwierigkeitsgrad: ●●

Beispiel U15: Prozesskostenkalkulation

Bei der Fa. Huber GmbH wurde die Prozesskostenrechnung eingeführt. Im Kalkulationsbüro sollen die Stückkosten für zwei Fertigungsaufträge von neuen Stempelvarianten ermittelt werden. Auftrag 1 umfasst 60 Stempel Typ „Printus", Auftrag 2 umfasst 600 Stempel Typ „Copy". Es liegen folgende Daten vor:

Materialeinzelkosten	1 €	pro Stempel Typ Printus und Typ Copy
Rüstkosten	30 €	pro Fertigungsauftrag
Brenn- und Glasurkosten	5 €	für jeweils 10 Stempel Typ Printus
Brenn- und Glasurkosten	10 €	für jeweils 10 Stempel Typ Copy
Verpackungskosten	3 €	für jeweils 6 Stempel Typ Printus und Typ Copy
Fakturierung und Versand	24 €	pro Fertigungsauftrag

Aufgabenstellung

a) Wie hoch sind die Stückkosten für jeweils einen Stempel Typ Printus und Typ Copy?

b) Wie ist die Differenz zwischen den Stückkosten Typ Printus und Typ Copy zu erklären?

c) Wie hoch ist der Degressionseffekt und wie hoch ist der Komplexitätseffekt?

Lösungen

a) Stückkosten Typ „Printus" € 2,90 und Typ „Copy" € 2,59

b) Aus dem Degressionseffekt (bessere Verteilung der Rüst- und Fakturierungskosten) und dem Komplexitätseffekt (Brennen und Glasieren ist bei Copy aufwendiger)

c) Degressionseffekt: € 0,81, Komplexitätseffekt: € –0,50, Insgesamt € 0,31 = Differenz der Stückkosten zwischen Printus und Copy

3. Teilkostenrechnung

„Wer sich zu wichtig für kleine Arbeiten hält, ist meist zu klein für wichtige Aufgaben."

Jacques Tati
französischer Schauspieler, Filmkomiker, Produzent und Regisseur

Lernziele

Wenn Sie dieses Kapitel durchgearbeitet haben, sollten Sie

- das System der Teilkostenrechnung erläutern und skizzieren können
- Teilkosten- gegenüber Vollkostenrechnung abgrenzen können
- die Grenzen und Probleme der Vollkostenrechnung kennen
- Teilkostenrechnung im Kontext Kostenarten-, Kostenstellen- und Kostenträgerrechnung anwenden können
- die wesentlichen Methoden der Kostenauflösung kennen
- wissen, wo und wann man die Teilkostenrechnung am besten anwendet
- die Grenzen und Probleme der Teilkostenrechnung kennen
- spezifische Anwendungsgebiete der Teilkostenrechnung erörtern können
- die Gewinnschwellenanalyse sowohl im Einprodukt- als auch im Mehrproduktunternehmen umsetzen können
- Preisuntergrenzen für verschiedene Anwendungssituationen errechnen können
- die wichtigsten Verfahren der differenzierten Ergebnisermittlung erklären und anwenden können
- Engpassprobleme mit der Teilkostenrechnung lösen können
- eine Produktprogrammoptimierung durchführen können

Ex-Lufthansa-Chef Wolfgang Mayrhuber zum Thema „Break-even-Punkt" und „Sicherheitsspanne"

In einem Interview wurde Mayrhuber gefragt:

… „Wohin geht die Entwicklung der Luftfahrt allgemein?"

„Wir stehen erst am Anfang der Luftfahrt-Entwicklung. Die Zahl der Flüge wird sich in den nächsten 20 Jahren verdoppeln. Wir müssen heute wissen, wo das nächste Shanghai, der nächste boomende Ort entsteht."

„Sie fliegen heuer eine Milliarde Euro Ergebnis ein – kann man da nicht die Entwicklung beruhigt abwarten?"

„Eine Milliarde klingt viel. Aber wenn wir pro Passagier fünf Euro Preisnachlass gewähren, vier Passagiere weniger pro Flug haben und ein Prozent Stückkostenabweichung ist die Milliarde weg." … (Quelle: Sonntags Rundschau, 29.4.2007)

Die Lufthansa zählte 2008 zu den erfolgreichsten Airlines weltweit. Sie macht beträchtliche Gewinne und trotzdem spürte man bereits damals, wie vorsichtig der Vorstandsvorsitzende bei der Erfolgsprognose war. Er wusste genau wie groß sein Preisspielraum war, wie sich das Ergebnis verändert, wenn sich die Kosten erhöhen bzw. die Auslastung sinkt. Für diese Informationen benötigt man eine Teilkostenkostenrechnung bzw. Break-even-Analysen. Erst dadurch wird die Basis für richtige unternehmerische Entscheidungen geschaffen. Bei der Lufthansa hat sich der damalige Pessimismus im Jahr 2009 auf unangenehme Weise bewahrheitet als es zu einem massiven Ergebniseinbruch kam.

Im Folgenden wird auf die Besonderheiten der Teilkostenrechnung, aber auch die Probleme der Vollkostenrechnung und einige wichtige Anwendungsgebiete der Teilkostenrechnung näher eingegangen.

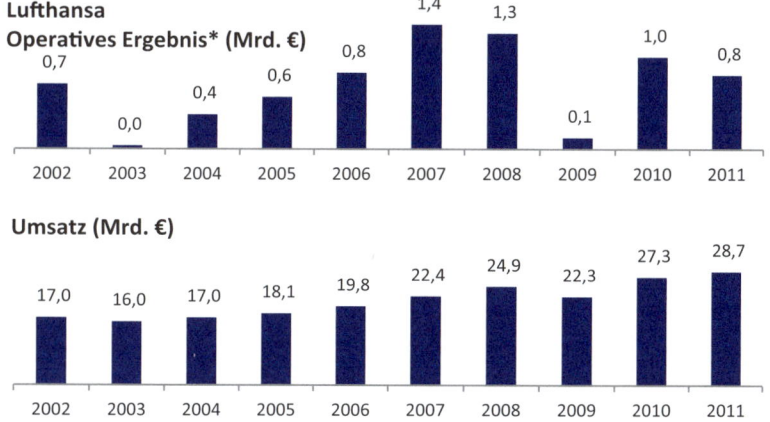

*) EBIT bereinigt um Nettobuchgewinne, aufgelöste Rückstellungen, außerplanmäßige Abschreibungen, Ergebnisse aus Finanzinvestitionen und aus der Stichtagskursbewertung von Finanzschulden.

Abbildung 73: LUFTHANSA – Ergebnis- und Umsatzentwicklung

3.1 Vollkostenrechnung (VKR) versus Teilkostenrechnung (TKR)

Vollkostenrechnung verrechnet alle Kosten.

Charakteristisch für die Vollkostenrechnung ist, dass die in einer Abrechnungsperiode anfallenden Kosten *in ihrer gesamten Höhe* auf die Kostenträger weiterverrechnet werden. Dies betrifft sowohl Einzel- als auch Gemeinkosten und variable und fixe Kosten. Für diese Verrechnung benötigt man Kostenschlüssel und Zuschlagssätze. Diese Art der Kostenüberwälzung hat den Vorteil, dass alle Kosten berücksichtigt werden (Vollkosten), aber den großen Nachteil, dass sie nicht verursachungsgerecht ist und deshalb oftmals zu Fehlkalkulationen und damit Fehlentscheidungen führt. Je größer der Anteil an Gemein- und Fixkosten, desto größer wird der Fehler.

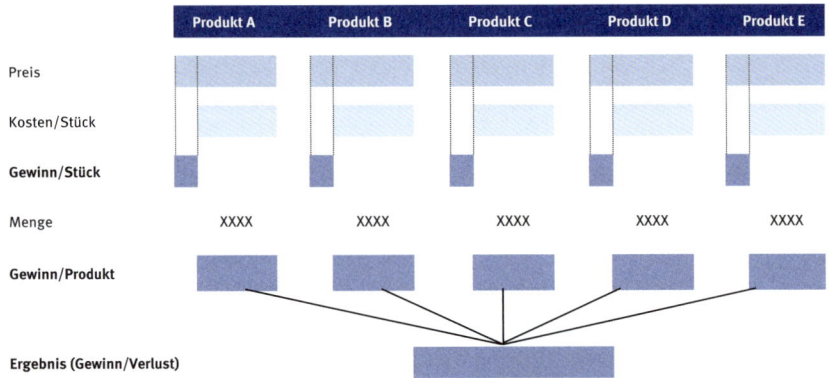

Abbildung 74: Das Prinzip der Vollkostenrechnung

Teilkostenrechnung zerlegt die Kosten in variable und fixe bzw. Einzel- und Gemeinkosten.

Die Teilkostenrechnung zerlegt die Kosten in fixe und variable bzw. Einzel- und Gemeinkosten und rechnet den zu kalkulierenden Produkten nur abgegrenzte Teile der Gesamtkosten zu, basierend auf dem Prinzip der Kostenverursachung.

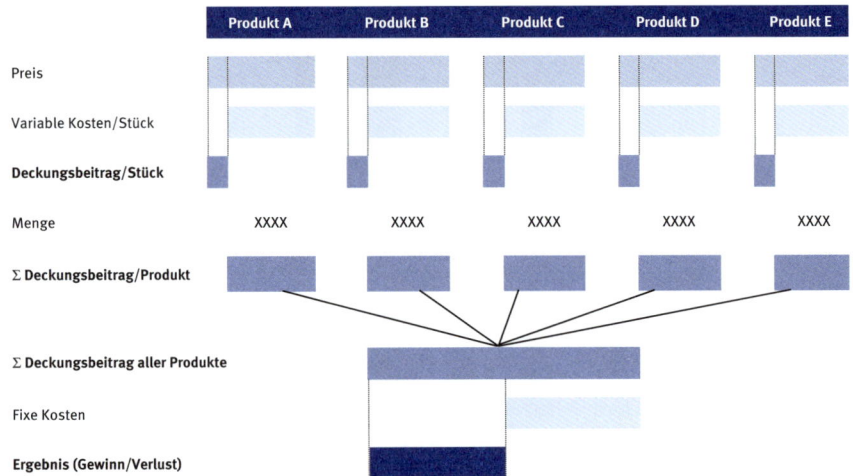

Abbildung 75: Das Prinzip der Teilkostenrechnung (Deckungsbeitragsrechnung)

Wenn man von den Erlösen die unmittelbar verursachten Kosten abzieht, bleibt ein sogenannter *Bruttogewinn* (Deckungsbeitrag), der die Restkosten zu decken hat. Diese Restkosten werden als Block von der Summe der Bruttogewinne abgezogen. Je nachdem, in welche Kostenblöcke die Gesamtkosten unterteilt werden, unterscheidet man zwischen:

- Deckungsbeitragsrechnung (Verwendung variabler und fixer Kosten) und
- Einzelkostenrechnung (Verwendung relativer Einzelkosten)

Nach Abzug der Teilkosten bleibt ein Bruttogewinn (Deckungsbeitrag) übrig.

3.2 Grenzen und Probleme der Vollkostenrechnung

3.2.1 Probleme mit den Fixkosten

Die traditionelle Vollkostenrechnung orientiert sich bei der Preisfindung an den Stückkosten. Dabei gilt:

$$\text{Stückkosten (k)} = \frac{\text{Gesamtkosten der produzierten Leistungseinheit (K)}}{\text{Anzahl der Leistungseinheiten (x)}} = \frac{K}{x}$$

Wenn die Stückkosten (k) < Preis (p) sind, ergibt sich ein positiver Stückgewinn. Wenn die Stückkosten (k) > Preis (p) sind, ergibt sich ein Stückverlust.

Mögliche Handlungsoptionen sind:

- eine Preiserhöhung,
- ein Verzicht auf die Produktion oder
- eine Stückkostensenkung.

Variante „Preiserhöhung"

Eine Preiserhöhung bringt nur eine kurzfristige Verbesserung beim Stückgewinn. Langfristig werden, wenn es sich um preissensible Produkte handelt, die Absatzmengen zurückgehen. Wenn die Absatzmengen sinken, sinken notwendigerweise auch die Produktionsmengen. Für den Vollkostenrechner ergibt sich durch die gesunkenen Produktionsmengen ein Dilemma, je weniger Menge, umso höhere Stückkosten erhält er und damit die Notwendigkeit, die Preise weiter zu erhöhen. Langfristig kalkuliert sich der Vollkostenrechner damit aus dem Markt.

Offensichtlich ist das Problem durch eine Preiserhöhung nicht zu lösen, da die Kunden preissensibel sind und die ohnedies schon zu geringen Absatzmengen sich noch mehr reduzieren. In diesem Fall wäre – so paradox das klingen mag – möglicherweise eine Preisreduktion ein besseres Mittel um wieder in die Gewinnzone zu kommen (Mengensteigerung).

Variante „Produktionsverzicht"

Nach Vollkostenrechnung eliminiert der Unternehmer systematisch jene Produkte, die nicht kostendeckend sind, d.h. wo der Preis niedriger ist als die vollen Selbstkosten. Er geht dabei davon aus, dass dadurch auch die Kosten verschwinden, was natürlich ebenso irreführend ist wie die vorhergehende Annahme. Durch das Auflassen verlustbringender Produkte reduzieren sich nur die variablen Kosten und nicht die Fixkosten. Es kommt sogar zum gegenteiligen Effekt. Die verbliebenen Fixkosten müssen von den anderen Produkten getragen werden, was wiederum bei diesen Produkten die Kosten erhöht. Es kann dazu kommen, dass plötzlich Produkte, die vorher kostendeckend waren, negativ sind. In weiterer Folge würden nach Vollkostenrechnung auch diese Produkte eliminiert, was wie vorher zu einer Negativspirale führt.

Der Teilkostenrechner hingegen wird ein Produkt solange weiterführen, solange ein positiver Deckungsbeitrag erbracht wird und er keine bessere Alternative hat.

Variante „Stückkostensenkung"

Die dritte Variante, um einen positiven Stückgewinn zu erzielen, ist eine Stückkostensenkung. Dabei muss man sich jedoch Gedanken über die Kostenstruktur machen. Die Stückkosten bestehen aus zwei Teilen:

- variable Kosten, das sind jene Kosten, die sich bei mehr Menge verändern, d.h. sich variabel bzw. proportional verhalten. Konkret sind dies in der Produktion Rohmaterialien, Zukaufteile, Betriebsstoffe; beim Transportdienstleister sind das Treibstoff, Reifen etc.
- fixe Kosten, die weniger von der Menge und mehr von der Zeit abhängig sind, wie z.B. Miete, Abschreibungen, Gebühren, Gehälter von leitenden Angestellten

Die Stückkosten ergeben sich folgendermaßen:

$$\text{Stückkosten (k)} = \frac{K_v + K_f}{x} = k_v + k_f$$

k = Kosten einer Leistungseinheit
x = Anzahl der Leistungseinheiten
K_v = Variable Gesamtkosten der produzierten Leistungseinheiten
K_f = Fixkosten
k_v = variable Kosten je Leistungseinheit
k_f = Fixkosten je Leistungseinheit

Der Vollkostenrechner schätzt die Fixkostenentwicklung falsch ein!

Der Vollkostenrechner geht davon aus, dass für die Stückkostenreduktion die ganzen Stückkosten zur Disposition stehen, während der Teilkostenrechner sehr schnell erkennt, dass er beim konkreten Produkt kurzfristig nur die variablen Kosten beeinflussen kann und die Fixkosten in gewissen Grenzen konstant bleiben.

Die Fixkosten entstehen durch Entscheidungen des Unternehmers in der Hoffnung, dass sich dadurch das Produktions- und Absatzprogramm langfristig positiv entwickelt (zusätzlicher Verkäufer, modernere Produktionsanlagen, eine zusätzliche Verkaufsfiliale etc.). Sie sind deshalb auch beeinflussbar und können wieder abgebaut werden.

Die anteiligen Fixkosten können durch eine Erhöhung der Leistungsmenge bzw. eine bessere Auslastung optimiert werden → Fixkostendegression.

Der Vollkostenrechner geht von falschen Kostenverläufen aus!

Das Hauptproblem des Vollkostenrechners ist, dass er die Kostenverläufe bei Mengenänderungen falsch einschätzt. Er geht davon aus, dass sich die Kosten proportional zur Menge verändern, d.h. bei einer Menge von Null berechnet der Vollkostenrechner keine Kosten. Er ignoriert damit aber, wie vorher dargestellt, dass die Fixkosten trotzdem bestehen bleiben.

Damit geht er auch von falschen Kostenverläufen aus.

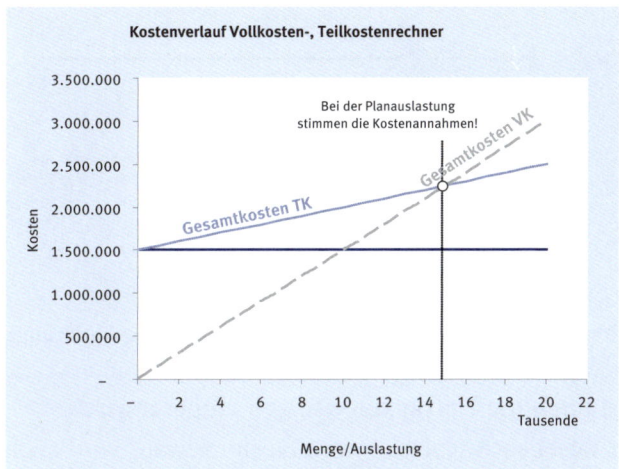

Abbildung 76: Kostenverlauf Vollkosten-, Teilkostenrechner

Die Stückkosten bleiben beim Vollkostenrechner konstant, während der Teilkostenrechner aufgrund der Fixkostendegression stark fallende Stückkosten berechnet.

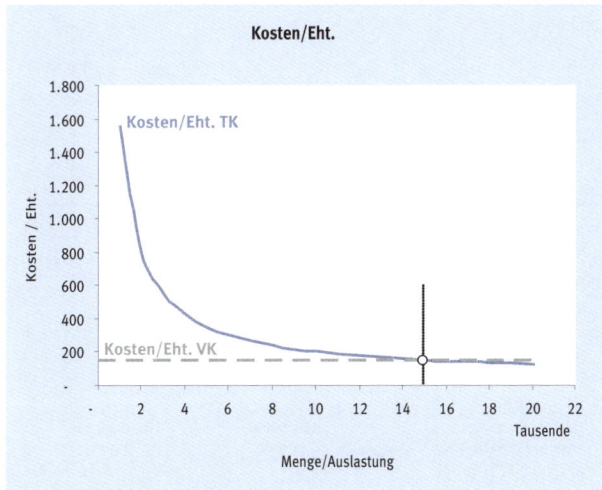

Abbildung 77: Stückkostenverlauf Vollkosten-, Teilkostenrechner

199

Der Vollkostenrechner schätzt die Kostenänderungen falsch ein!

Der Vollkostenrechner schätzt die Kostenänderungen falsch ein!

Wenn im Unternehmen die Auslastung zunimmt und mehr produziert wird, nimmt der Vollkostenrechner einen zu hohen Kostenanstieg an, während er in rezessiven Phasen den Kostenrückgang überschätzt.

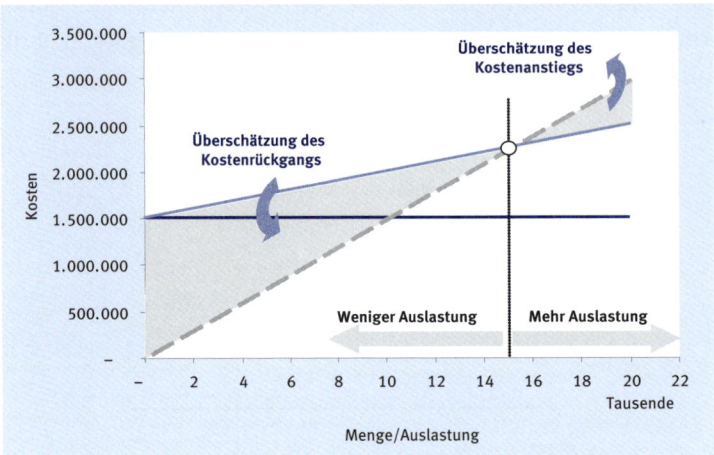

Abbildung 78: Kostenänderungen bei Auslastungsänderungen

Folglich wird auch die Ertragslage falsch eingeschätzt!

Folglich schätzt er bei Mengenänderungen auch die Ertragslage falsch ein.

Aufgrund der falschen Annahmen zum Kostenverlauf wird auch die Ertragslage falsch eingeschätzt. Bei besserer Auslastung als geplant, wird der erzielbare Gewinn unterschätzt. Bei schlechterer Auslastung tritt der gegenläufige Effekt ein – der Gewinn wird zu hoch eingeschätzt.

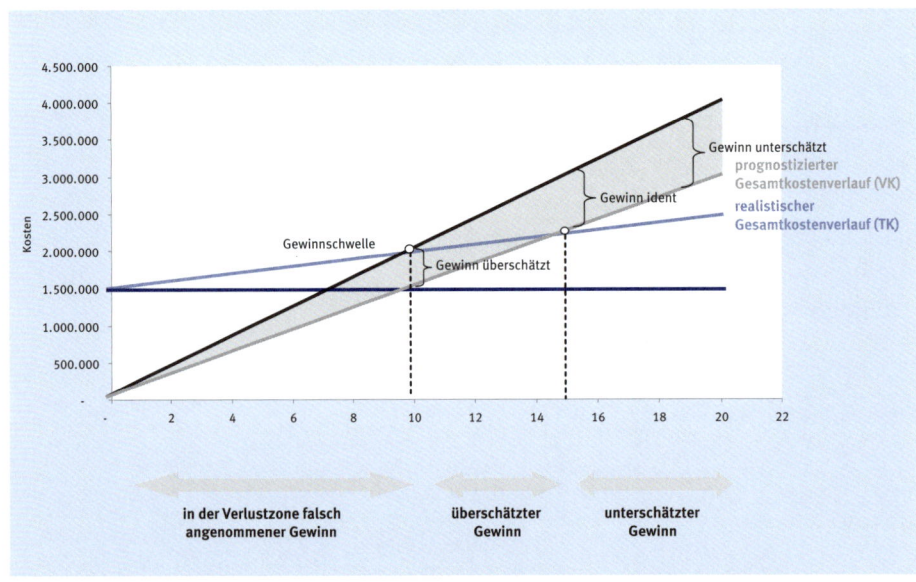

Abbildung 79: Falsche Einschätzung der Ertragslage durch den Vollkostenrechner

3.2.2 Probleme mit den Gemeinkosten

Wie in vorherigen Kapiteln bereits erörtert, ist die Ermittlung der Selbstkosten eines Produktes bzw. einer Leistung bei Mehrproduktunternehmen ziemlich problematisch. Der Versuch, die vollen Kosten einer Produkteinheit zu errechnen, führt zwangsläufig zur Gemeinkostenschlüsselung bzw. Proportionalisierung der Gemeinkosten über Zuschlagssätze. Diese Zuschlagssätze bzw. Schlüssel sind mehr oder weniger willkürlich und damit ist auch das Ergebnis der „Vollkostenkalkulation" ungenau, wenn nicht sogar falsch. Je höher der Gemeinkostenanteil, umso größer wird der Fehler, dies trifft insbesondere auf moderne Produktionsverfahren mit sehr hohen Kapitalkosten (Afa, Zinsen) zu.

Die Vollkostenrechnung ist nicht in der Lage, für die genannten Probleme, sowohl für Gemeinkostenverteilung als auch Fixkostenzurechnung, eine geeignete Lösung anzubieten. Will man diese Fehler vermeiden, so ist eine Teilkostenrechnung zu wählen. Die beiden bereits genannten Verfahren sind:

- Deckungsbeitragsrechnung (Verwendung variabler und fixer Kosten) und
- Einzelkostenrechnung (Verwendung relativer Einzelkosten)

Die beiden Verfahren unterscheiden sich im Wesentlichen dadurch, dass bei der Deckungsbeitragsrechnung variable Kosten verwendet werden, während die Einzelkostenrechnung mit verschiedenen Einzelkostenblöcken agiert. Größere Verbreitung hat allerdings die Teilkostenrechnung auf Basis variabler Kosten gefunden.

3.3 Mit Teilkosten bzw. variablen Kosten in der Kostenrechnung arbeiten

Am System der Kostenrechnung mit Kostenarten-, Kostenstellen- und Kostenträgerrechnung ändert sich durch die Verwendung variabler Kosten kaum etwas. Der Hauptunterschied ist, dass weitgehend mit variablen Kosten gerechnet wird. Der Hauptvorteil einer solchen Betrachtung liegt in einer besseren Entscheidungsqualität, da man auf die Proportionalisierung von Fixkosten verzichtet. Speziell bei kurzfristigen Entscheidungssituationen fährt man damit besser, da nur jene Kosten herangezogen werden, die auch kurzfristig veränderbar sind (variable Kosten).

Variable Kosten werden auch als Grenzkosten bezeichnet. Grenzkosten sind jene Kosten, die zusätzlich entstehen (entfallen), wenn die Ausbringungsmenge um eine Einheit erhöht (vermindert) wird.

3.3.1 Variable Kosten in der Kostenartenrechnung

Die Ausführungen zur Kostenartenrechnung, speziell zur Überleitung von der FIBU in die Kostenrechnung, gelten auch für die Teilkostenrechnung. Auch an der Aufteilung in Einzel- und Gemeinkosten ändert sich nichts. Die Kostenarten und hier insbesondere die Gemeinkosten sind jedoch in variable und fixe Bestandteile zu zerlegen. Dieser Vorgang wird auch Kostenauflösung genannt. Die Kostenauflösung einer Kostenart ergibt entweder:

Bei der Kostenauflösung spaltet man die Gesamtkosten in variable und fixe Anteile auf.

201

- Vollständig variable Kosten (100% variable Kosten)
- Vollständig fixe Kosten (100% fixe Kosten) oder
- Mischkosten (sowohl variable als auch fixe Kosten, der Mix ist zu ermitteln)

Die Variabilität drückt sich durch den Variator aus.

Die Variabilität bzw. die Mischung der Kosten drückt sich durch den sogenannten VARIATOR aus.

Variator = 10 = 100% variable Kosten
Variator = 0 = 100% fixe Kosten
Variator = 5 = 50% fixe und 50% variable Kosten

Für die Kostenspaltung stehen mehrere Methoden zur Verfügung, die zwei wesentlichsten sind:

- Buchtechnische Kostenauflösung (Schätzung, Erfahrungen)
- Mathematisch-statistische Kostenauflösung (Differenzquotient bzw. Regressionsanalyse)

Buchtechnische Kostenauflösung

Bei der buchtechnischen Kostenauflösung greift man auf Erfahrungswerte zurück.

Dabei erfolgt die Aufteilung der Kostenarten nach Erfahrungswerten und aufgrund von Beobachtungen der Kostenentwicklung bei verschiedenen Beschäftigungsgraden. Buchtechnisch heißt das Verfahren, weil alle verbuchten Kostenbelege von den Kostenrechnern daraufhin überprüft werden, ob fixe, variable oder gemischte Kosten vorliegen. Dieses Verfahren ist zwar sehr verbreitet, aber wenig genau. Bei einigen Kostenarten mögen die Ergebnisse durchaus plausibel sein, speziell bei den Kostenarten, die zum Teil variabel als auch fix sind (Mischkosten), ist die Aufteilung aber oftmals kaum mehr nachvollziehbar. Typisch hierfür ist die Kalkulatorische Abschreibung. Diese ist zu einem wesentlichen Teil eine Zeitabschreibung, d.h. der Wertverlust entsteht durch „Zeitablauf", aber auch eine Verbrauchsabschreibung, der Wertverlust entsteht durch Gebrauch der Anlage. Die Zeitabschreibung ist klassischerweise den Fixkosten zuzuordnen, während die Gebrauchsabschreibung durch die Anlagennutzung entsteht und damit ein variabler Kostenfaktor ist. Die Schwierigkeit besteht nun darin, rauszufinden, wie die Abschreibungskosten aufzuteilen sind, d.h. welche Abschreibungsursache in welchem Ausmaß zutrifft.

Für Anlagen, die nach einem bestimmten Zeitraum, unabhängig von der Nutzung, ersetzt werden, ist eher Zeitabschreibung anzunehmen, d.h. die Abschreibungskosten sind bspw. zu 90% fix und zu 10% variabel. Anlagen, die einer sehr intensiven Nutzung unterliegen und der Erneuerungszeitpunkt fast zur Gänze von der Nutzungsintensität abhängt, werden eher Gebrauchsabschreibung aufweisen und die Abschreibung ist dadurch zum größeren Teil variabel.

Mathematisch-statistische Kostenauflösung

Bei diesem Verfahren werden die variablen und fixen Bestandteile anhand einer Untersuchung bereits angefallener, historischer Kosten ermittelt. Im einfachsten Fall reichen hierzu zwei Gesamtkostenbeträge aus, die bei unterschiedlichen Beschäftigungsgraden angefallen sind. Die Kostenfunktion ergibt sich aus der Geraden, die durch beide Punkte gelegt wird.

Mathematisch-statistische Kostenauflösung.

Beispiel „Mathematische Kostenauflösung mit dem proportionalen Satz":

	Beschäftigungsgrad 1	Beschäftigungsgrad 2
Produktionsmenge	20	30
Gesamtkosten	2.000	2.500

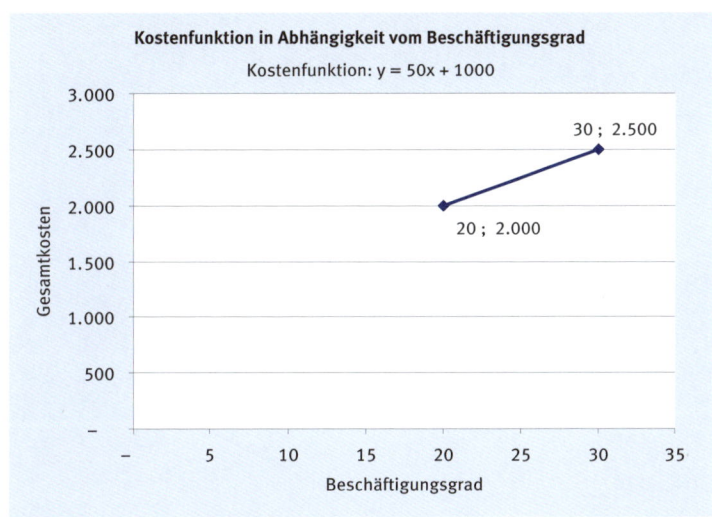

Abbildung 80: Mathematische Kostenauflösung „proportionaler Satz"

Bei diesem Beispiel wird die Kostenänderung von € 500,– durch eine zusätzliche Produktionsmenge von 10 Stück hervorgerufen. Wenn die Veränderung proportional angenommen wird, ergeben sich je Stück eine Änderung von:

€ 500,–/10 Stück = € 50,–/Stück

D.h. die variablen Kosten je Stück sind 50,–

$Kg = (k_v * x) + K_f$

Für Beschäftigungsgrad 1 ergibt sich dadurch:

$2.000 = (50 * 20) + K_f \rightarrow K_f = 2000 - (50*20) = 1.000$

Die Kostenfunktion lautet demnach:

$Kg = 50x + 1.000$

Für Beschäftigungsgrad 2 leitet sich aus der Kostenfunktion ab:

$Kg = (50*30) + 1.000 = 2.500$

Je mehr Messpunkte beim mathematisch-statistischen Verfahren existieren, umso exakter wird die Rechnung.

Hauptproblem dieser Methode ist, dass eine Beschränkung auf zwei Messpunkte nur eine sehr ungenaue Kostenfunktion ergibt, die durch Zufälligkeiten stark beeinflusst sein kann. Je mehr Messpunkte man hat (Gesamtkosten bei verschiedenen Beschäftigungsgraden), umso exakter wird die Kostenfunktion. Hierfür verwendet man mathematisch statistische Methoden, wie z.B. die lineare Regressionsrechnung.

Monat	produzierte Stück	Fertigungskosten
Jan	2.130	30.800
Feb	2.410	32.130
Mär	2.330	33.100
Apr	1.920	29.020
Mai	1.630	25.300
Jun	1.120	19.680
Jul	1.250	21.520
Aug	1.450	24.910
Sep	1.830	28.600
Okt	2.010	30.010
Nov	2.350	33.130
Dez	2.260	31.200

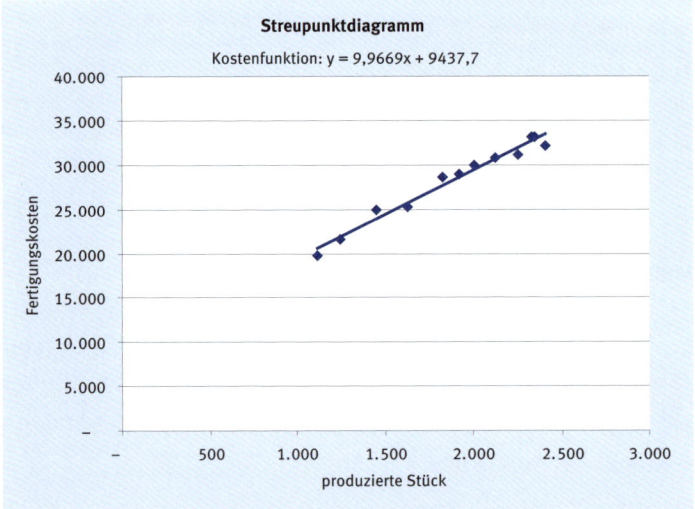

Abbildung 81: Kostenauflösung mittels Linearer Regressionsrechnung – Streupunktdiagramm

Auch wenn die Kostenauflösung hier in der Kostenartenrechnung behandelt wird, passiert die wirkliche Aufteilung erst bei der Kostenplanung je Kostenstelle. Jeder Kostenstellenleiter nimmt die Aufteilung in fixe und variable Kosten entsprechend den gewählten Bezugsgrößen vor. Nur die Kenntnis der Zusammenhänge zwischen Bezugsgrößenänderung (Maschinenstunden, Rüststunden, produzierte Menge etc.) und Kostenänderung ermöglicht eine Aufteilung der jeweiligen Kostenarten in fixe und variable Bestandteile.

3.3.2 Variable Kosten in der Kostenstellenrechnung

In der Kostenstellenrechnung auf Grenzkostenbasis wird ähnlich wie bei der Vollkostenrechnung vorgegangen. Auch hier werden Gemeinkosten möglichst verursachungsgerecht den Kostenstellen zugewiesen, die Kosten der Hilfskostenstellen werden entsprechend der Inanspruchnahme verteilt und es werden Zuschlags- bzw. Verrechnungssätze ermittelt. Der grundlegende Unterschied ist jedoch, dass hierfür nur die variablen Kosten herangezogen werden. D.h., es gibt in jeder Kostenstelle zwei oder manchmal auch drei Kostenspalten, in der die Kostenarten unterteilt nach variablen, fixen und Gesamtkosten dargestellt werden.

Für die Ermittlung der Verrechnungs- bzw. Zuschlagssätze werden jedoch nur die variablen Gemeinkosten herangezogen. Dadurch ergibt sich ein *variabler Zuschlags- oder Verrechnungssatz:*

$$\text{Zuschlagssatz variabel} = \frac{\text{Variable Gemeinkosten der Kostenstelle}}{\text{Einzelkosten (Wertgröße)}} * 100$$

$$\text{Verrechnungssatz variabel} = \frac{\text{Variable Gemeinkosten der Kostenstelle}}{\text{Bezugsgröße (Mengengröße)}}$$

Die fixen Anteile der Gemeinkosten werden zwar in der Kostenstellenrechnung mitgeführt, gehen aber nicht in die Kalkulation ein, sondern erst in die Betriebsergebnisrechnung.

Schematisch lässt sich das folgendermaßen darstellen:

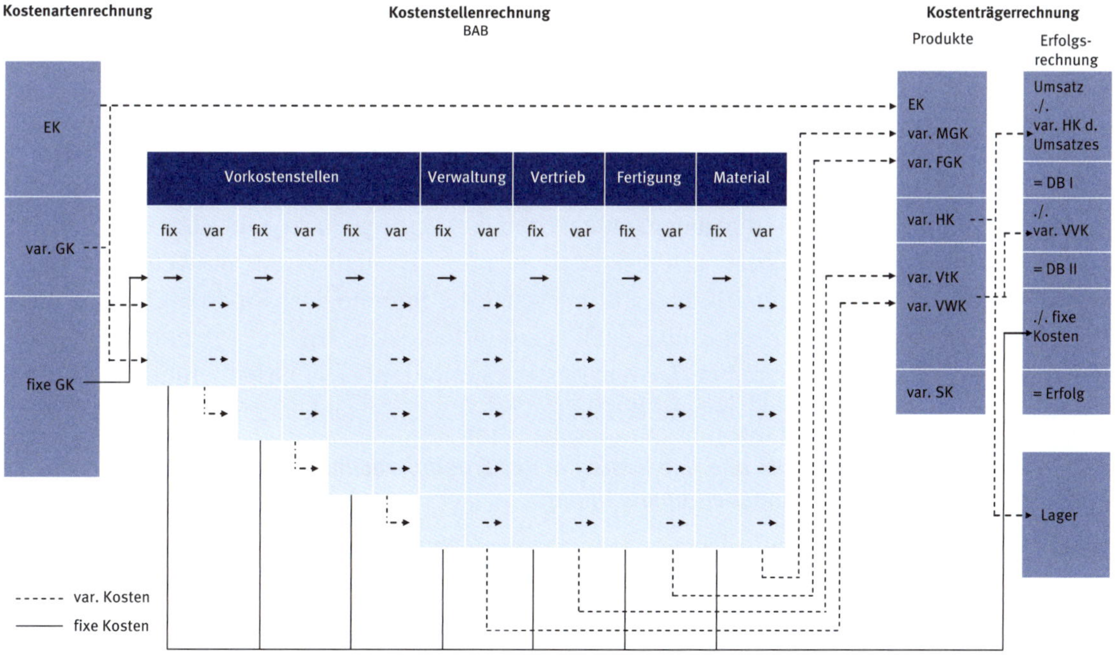

Die Kostenstellenrechnung auf Teilkostenbasis verwendet variable Kalkulationssätze.

Abbildung 82: Schema der Kostenstellenrechnung auf Basis variabler Kosten (Grenzkostenrechnung) (Quelle: Coenenberg, 2003, S. 99)

205

3.3.3 Variable Kosten in der Kostenträgerrechnung (Grenzkostenkalkulation)

Die Kostenträgerrechnung auf Teilkostenbasis ermittelt die variablen Selbstkosten.

Die Kalkulation der Leistungen erfolgt auch bei der Grenzkostenkalkulation nach den üblichen Kalkulationsverfahren. Es werden jedoch anstatt der Vollkosten nur die variablen Kosten herangezogen. Bei der Zuschlagskalkulation ergibt sich deshalb folgendes Schema:

	Fertigungsmaterial	var. Material-kosten		
+	var. Materialgemeinkosten-Zuschlag			
=	**var. Materialkosten**			
+	Fertigungslöhne	var. Fertigungs-kosten	var. Her-stellkosten	var. Selbst-kosten (Grenz kosten)
+	var. Fertigungsgemeinkosten-Zuschlag			
+	Sonder-Einzelkosten der Fertigung			
=	**var. Fertigungskosten**			
=	**var. Herstellkosten (var. Mat.+Fert.kosten)**			
+	var. Forschungs- u. Entwicklungskosten		var. F&E, Vw/Vt-Kosten	
+	var. Verwaltungsgemeinkosten-Zuschlag			
+	var. Vertriebsgemeinkosten-Zuschlag			
+	Sonder-Einzelkosten des Vertriebs			
=	**var. Selbstkosten = Grenz-Selbstkosten**			

Abbildung 83: Grenzkostenkalkulation

Die Kalkulation zu variablen Selbstkosten ersetzt nicht die Vollkostenkalkulation, sie ist als sinnvolle Ergänzung zu sehen. Die variablen Selbstkosten sind die entscheidungsrelevanten Kosten, sie erlauben Aussagen darüber, ob ein Produkt

- *voraussichtlich* einen Gewinn abwirft,
- lediglich einen Beitrag zur Deckung der fixen Kosten leistet oder
- nicht einmal die variablen Kosten decken kann.

Kurzfristig müssen die variablen Kosten der zuletzt hergestellten Produktionseinheit – die sogenannten Grenzkosten – gedeckt sein, d.h. ein positiver Deckungsbeitrag erwirtschaftet werden. Bezüglich der notwendigen Höhe des Deckungsbeitrages gilt nur, dass die Summe der „Produkt-Deckungsbeiträge" höher sein sollte als die Gesamtfixkosten. Hierin liegt eine der wesentlichen Gefahren der „Grenzkostenkalkulation". Die Orientierung am „positiven" Deckungsbeitrag erhöht das Risiko eines schleichenden Preisverfalls.

3.3.4 Variable und fixe Kosten in der Ergebnisrechnung – Deckungsbeitragsrechnung

Die Ergebnisrechnung zu variablen Kosten ermittelt den Deckungsbeitrag als Erfolgsindikator.

In der Ergebnisrechnung auf variabler Kostenbasis erfolgt keine Aufspaltung der Kosten in fixe und variable Kosten. Vielmehr werden in dieser Rechnung die variablen und fixen Kosten nur zusammengeführt. Die variablen Kosten stammen aus der variablen Selbstkostenkalkulation und die fixen Kosten fließen direkt aus der Kostenstellenrechnung ein, da sie bei der Kalkulation ignoriert wurden.

Die Ergebnisrechnung lässt sich dabei in einem ersten Schritt als Stücker-folgsrechnung oder als Artikelerfolgsrechnung aller Produkte einer Produkt-art in einem bestimmten Zeitraum (Monat, Quartal, Jahr) darstellen:

ein Produkt		alle Produkte einer Produktart einer Periode	
	Erlös je Produkt (Nettopreis)		Erlöse der Produktart
–	variable Kosten des Produktes (kv)	–	variable Kosten der Produktart (Kv)
=	**Deckungsbeitrag eines Produktes (dB)**	=	**Deckungsbeitrag der Produktart (DB)**

Wenn man alle Produktarten mit ihren jeweiligen Artikelergebnissen zusam-menführt und davon alle Fixkosten des Unternehmens (Fixkosten aller Kos-tenstellen) abzieht, erhält man das Periodenbetriebsergebnis.

Im zweiten Schritt werden vom Deckungsbeitrag die Fixkosten abgezogen.

Produkt A		Produkt B		Produkt C		Produkt D
Erlös (A)		Erlös (B)		Erlös (C)		Erlös (D)
– Kv (A)	–	Kv (B)	–	Kv (C)	–	Kv (D)
= DB (A)	=	DB (B)	=	DB (C)	=	DB (D)
Summe DB aller Produktarten						
– Fixkostenblock (Summe aller Fixkosten)						
Periodenbetriebsergebnis						

Abbildung 84: Grundstruktur der Deckungsbeitragsrechnung

Auf Unternehmensebene betrachtet, lässt sich das folgendermaßen darstellen:

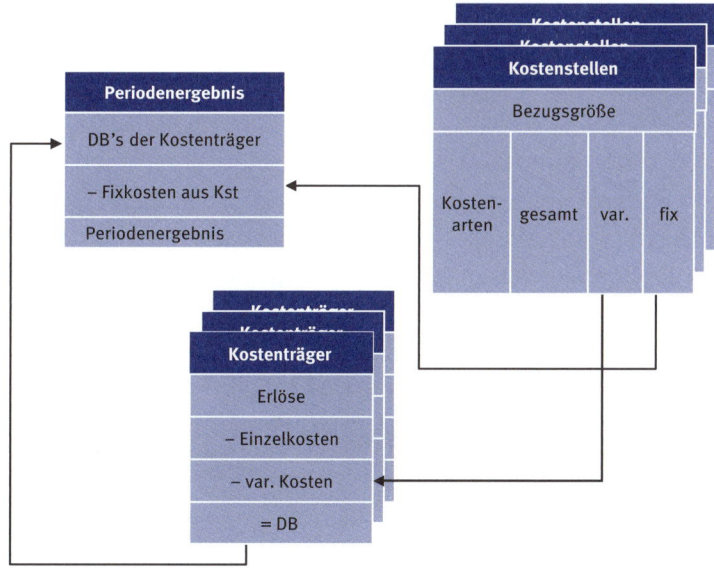

Abbildung 85: Deckungsbeitragsrechnung – Datenherkunft

Aus der obigen Darstellung wird erkennbar, dass jedes Produkt, jede Leistung seinen (Deckungs-)Beitrag zur Abdeckung der fixen Kosten leisten soll. Die Produkte sind dabei sowohl absolut (Deckungsbeitragsvolumen) als auch re-

Die Deckungsbeitragsrech-nung ermittelt den Erfolgs-beitrag verschiedener Leis-tungen zur Abdeckung der fixen Kosten.

lativ (Deckungsbeitrag/Umsatz) betrachtet unterschiedlich. Mindestziel ist die Erreichung eines positiven Deckungsbeitrages je Produktart. Wobei für die Periode erst durch die Zusammenführung aller Produktdeckungsbeiträge und der Unternehmensfixkosten erkennbar wird, ob das Unternehmen als Ganzes ein positives Betriebsergebnis erreicht hat.

Stahl (vgl. Stahl, 2006, S. 170 f.) spricht in diesem Zusammenhang vom sogenannten periodischen „Fixkostentopf", der sukzessive mit den Deckungsbeiträgen zu füllen ist. Erst wenn der „Topf" gefüllt ist, hat ein Unternehmen die Gewinnschwelle bzw. den Break-even-Punkt erreicht. Der Periodengewinn ist dort genau Null. Jeder weitere Deckungsbeitrag erzeugt dann bereits einen zusätzlichen Gewinn.

Differenzierte Fixkostenverrechnung

Bei der klassischen Deckungsbeitragsrechnung werden sämtliche Fixkosten aus den Kostenstellen in einem Block von der Summe der erwirtschafteten Deckungsbeiträge abgezogen. Durch die Veränderung der Kostenstrukturen mit zunehmend größeren Fixkostenanteilen ergibt sich das Problem einer unzureichenden Fixkostenzurechnung und damit mangelnder Entscheidungsgrundlagen.

Eine genauere Analyse des Fixkostenblockes zeigt häufig, dass Teile daraus einzelnen Produkten oder zumindest Produktgruppen zugeordnet werden können. D.h. der Fixkostenblock lässt sich nach verschiedenen Kriterien aufspalten und zuordnen. Mögliche Kriterien sind:

- Produkte, Produktgruppen
- Filialen
- Verkaufsgebiete, Regionen

Die Kriterien, nach denen die Fixkosten aufgeteilt werden, sind abhängig von der Branche und den gewünschten Steuerungsinformationen. So hat ein Handelsunternehmen wahrscheinlich großes Interesse, zu wissen wie hoch die Kosten und der Erfolg bestimmter Warengruppen bzw. Filialen sind. Die Kosten setzen sich dabei aus variablen Kosten und Fixkosten der Produktgruppe bzw. der Filiale zusammen. Der Erfolg drückt sich in unterschiedlichen Deckungsbeiträgen bzw. Deckungsbeitragsstufen aus.

„Der Fixkostentopf ist sukzessive mit Deckungsbeiträgen zu füllen, bis die Gewinnschwelle erreicht ist."

Durch die zunehmend höheren Fixkostenanteile verliert die einstufige Deckungsbeitragsrechnung an Aussagekraft!

Eine verursachungsgerechte Aufspaltung des Fixkostenblocks schafft mehr Ergebnistransparenz.

		Neuwagen	Gebraucht-wagen	Vorführ-wagen	Werkstatt	Total
	Nettoerlös	2.000	1.500	300	2.500	6.300
–	variable Kosten	1.800	1.350	280	1.300	4.730
=	Deckungsbeitrag 1	200	150	20	1.200	1.570
–	Fixe Kosten Abteilung			290	750	1.040
=	Deckungsbeitrag 2			80	450	530
–	Fixe Kosten Unternehmung					350
=	**Betriebsgewinn**					**180**

Abbildung 86: Stufenweise Fixkostendeckungsrechnung

Bei der Aufspaltung der Fixkostenblöcke muss man jedoch darauf achten, dass nur jene Fixkosten den einzelnen Unternehmensbestandteilen zugeordnet werden, die von diesen verursacht wurden. Überprüfbar ist das, indem man sich vorstellt, dass der betreffende Teil aus dem Unternehmen eliminiert wird. Entsprechend sollten dann auch diese Fixkosten wegfallen. Sollte dies nicht der Fall sein, wurde die Fixkostenzuteilung falsch vorgenommen. Damit werden aber u.U. falsche Entscheidungen getroffen.

3.4 Spezifische Anwendungsgebiete der Teilkostenrechnung

3.4.1 Gewinnschwellenanalyse

Die Gewinnschwellenanalyse wird in der Praxis auch als Break-even-Analyse bezeichnet. Eines der wesentlichen Ziele der Gewinnschwellenanalyse ist, zu ermitteln, bei welcher Menge oder bei welchem Umsatz erstmalig Gewinn erzielt wird. Dieser Punkt wird deshalb auch Break-even-Punkt (BEP) genannt.

Die Gewinnschwellenanalyse gibt Auskunft darüber, wann Gewinn erzielt wird.

Dieser Punkt liegt genau dort, wo die Erlöse der abgesetzten Leistungen den Gesamtkosten entsprechen oder, anders ausgedrückt, wo die Summe der erzielbaren Deckungsbeiträge genau der Summe der noch zu deckenden Fixkosten entspricht.

Bei der Errechnung der Gewinnschwelle (GS) ist zwischen

- „Ein-Produkt-Betrachtung" (ein einzelnes Produkt oder eine Produktgruppe wird analysiert) und
- „Mehr-Produkt-Betrachtung"(mehrere Produkte oder das Gesamtunternehmen werden analysiert)

zu unterscheiden.

Mathematisch lässt sich das folgendermaßen darstellen:

3.4.1.1 Gewinnschwellenanalyse Ein-Produkt-Betrachtung

Für die Gewinnschwellenanalyse benötigt man folgende Ausgangsdaten:

Gewinnschwellenanalyse Ein-Produkt-Betrachtung

E .... Erlöse

K_g .... Gesamtkosten

p .... Preis eines Produktes, Erlös je Stück

x .... Menge, Stückzahl

K_v .... variable Gesamtkosten

K_f .... fixe Kosten

k_v .... variable Stückkosten, Grenzkosten

db .... Deckungsbeitrag je Stück, $db = p - k_v$

Folgende Informationen werden ermittelt:

x_{BEP} ...... Menge wo $E = K_g$, d.h. Break-even-Punkt ist erreicht

U_{BEP} ...... Umsatz, wo Break-even-Punkt erreicht wird

Gewinnschwelle als Deckungsmenge (jene Menge, wo erstmalig Gewinn erzielt wird):

Die Gewinnschwelle kann als Menge dargestellt werden,

Die Gewinnschwelle wird dort erreicht, wo die Produkterlöse genau so groß wie die gesamten Produktkosten sind, d.h.:

Erlöse (E) = Kosten (K_g)

Preis (p) * Menge (x) = variable (K_v) + fixe (K_f) Kosten

$p * x = (k_v * x) + K_f$

Die *Menge x,* wo Kostendeckung vorliegt, errechnet sich damit folgendermaßen:

$p * x = (k_v * x) + K_f$

$\Rightarrow (p * x) - (k_v * x) = K_f$

$\Rightarrow (p - k_v) * x = K_f$

$\Rightarrow db * x = K_f$

$\Rightarrow x = X_{BEP} = \dfrac{K_f}{db}$

Gewinnschelle als Deckungsumsatz ($U_{BEP} \rightarrow$ jener Umsatz, wo erstmalig Gewinn erzielt wird):

aber auch als Gewinnschwellenumsatz (jener Umsatz, bei dem erstmalig Gewinn erzielt wird).

$U_{BEP} = x_{BEP} * p = \dfrac{K_f}{db} * p = \dfrac{K_f}{\left(\dfrac{db}{p}\right)}$ bzw. $\dfrac{K_f}{\dfrac{E - K_v}{E}}$

Bei x_{BEP} bzw. U_{BEP} hat das Unternehmen weder einen Verlust noch einen Gewinn.

Grafisch dargestellt sieht das folgendermaßen aus:

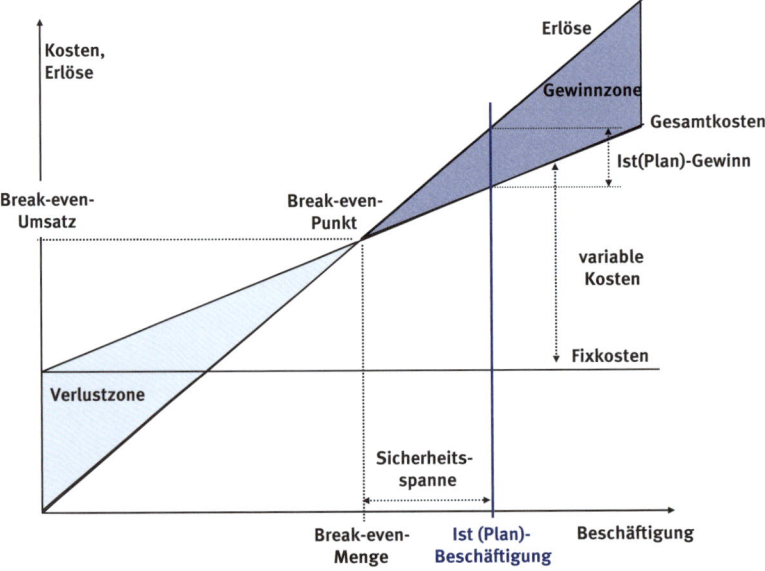

Abbildung 87: Gewinnschwellenmodell auf Basis Umsatz – Gesamtkosten

210

Aus diesem Modell lassen sich mehrere betriebswirtschaftliche Zusammenhänge ableiten:

- Solange das Unternehmen weniger als die Gewinnschwellen-Menge absetzt, befindet es sich in der Verlustzone. Jede darüber hinausgehende Menge bringt dem Unternehmen Gewinn.
- Diese Mehrmenge kann auch als Sicherheitsspanne interpretiert werden. In der Praxis wird diese auch „Mengenspielraum" bezeichnet, weil sich die Absatzmenge genau um diese Mehrmenge reduzieren darf, ohne dass Verluste erzielt werden.
- Je weiter die Schere zwischen Erlös- und Gesamtkostenlinie auseinander geht, desto größer wird die Gewinnchance, das Risiko einen großen Verlust zu erleiden (wenn man weniger als die Break-even-Menge absetzt) nimmt aber auch zu.

> Die Sicherheitsspanne wird auch „Mengenspielraum" genannt.

Die Sicherheitsspanne wird entweder als Absolutwert dargestellt oder häufiger als Relativwert:

Absolute Sicherheitsspanne (S) = $x_{ist} - x_{BEP}$

Relative Sicherheitsspanne (S) = $\dfrac{x_{ist} - x_{BEP}}{x_{ist}} * 100$

Eine zweite wichtige Größe ist der „Relativgewinn" oder die sogenannte „Umsatzrentabilität". Diese ergibt sich aus dem Quotienten von „Ist- bzw. Plangewinn" und dem dazugehörigen Umsatz.

> Der Relativgewinn wird auch „Preisspielraum" oder „Umsatzrentabilität" genannt.

Relativgewinn (Umsatzrentabilität (U_{Rent})) = $\dfrac{\text{Ist- bzw. Plangewinn}}{\text{Ist- bzw. Planumsatz}} * 100$

Die Umsatzrentabilität wird auch als „Preisspielraum" bezeichnet, weil bei einer Preisreduktion im Ausmaß der Umsatzrentabilität gerade noch kein Verlust entsteht. Diese Größe ist im Vertrieb für das Thema Preisnachlässe sehr wichtig.

Ein besonders krasses Beispiel für dieses Thema stellt Microsoft dar, dieses Unternehmen erzielte 2011 eine Umsatzrendite von 33% bei einem Umsatz von 70 Mrd. $. Diese exorbitant hohe Umsatzrendite ergibt sich aus einem Mix von sehr profitablen Produkten wir z.B. den Office Produkten und dem Betriebssystem Windows 7 und weniger ergebnisstarken Produkten wie z.B. der Spielkonsole Xbox.

Ein anderes Beispiel ist der amerikanische Ölkonzern Exxon Mobil. Dieses Unternehmen hat 2011 einen gigantischen Nettogewinn von 41 Mrd. Dollar erzielt. Der Relativgewinn beträgt jedoch angesichts der Umsatzhöhe von 453 Mrd. Dollar nur ca. 9%. D.h. wenn Exxon auf alle seine Produkte einen Preisnachlass von 9% gibt und die Menge sich nicht verändern würde, wäre der Gewinn von Exxon aufgezehrt.

Beispiel Gewinnschwellenanalyse:

Ein Unternehmen hat sich auf eine Serienproduktion und den Absatz eines Spezialprodukts spezialisiert.

Die Planung 20XX legt folgende Daten zugrunde:

Verkaufspreis:	€ 516,–/Stück
Stückkosten:	€ 414,–/Stück
Fixkosten:	€ 2.536.000,–/Jahr
variable Stückkosten:	€ 316,–/Stück
geplante Absatzmenge 2008:	22.000 Stück
Fertigungszeit:	19,40 Min./Stück
Kapazität bei Normalarbeitszeit:	600 Std./Monat

a) Wie hoch ist die Deckungsmenge bzw. die Break-even-Menge?

$$x_{BEP} = \frac{K_f}{db} = \frac{2.536.000}{516 - 316} = 12.680 \text{ Stück}$$

b) Wie hoch ist der Deckungsumsatz bzw. der Break-even-Umsatz?

$$U_{BEP} = X_{BEP} * p = 12.680 \text{ Stück} * € 516,– = € 6.542.880,–$$

c) Bei welcher Kapazitätsauslastung ist die Kostendeckung erreicht?

Theoretische mögliche Jahreskapazität = 600 h * 60 * 12 = 432.000 Min.

→ 432.000 Min./19,4 Min. = 22.268 Stück

→ Kapazitätsauslastung bei 12.680 Stück = 12.680 Stück * 100/22.268 Stück = 56,9%

d) Wie groß ist die Sicherheitsspanne in %?

$$\text{Sicherheitsspanne (S)} = \frac{x_{ist} - x_{BEP}}{x_{ist}} * 100 = \frac{22.000 - 12.680}{22.000} * 100 = 42,4\%$$

e) Wie hoch ist der Gewinn bei der Erreichung der Planabsatzmenge?

Gewinn = Planumsatz (Erlös) − (k_v * x_{Plan}) − K_{fix}

Gewinn = (22.000 * 516) − (316 * 22.000) − 2.536.000 = 1.864.000

oder einfacher

Gewinn = (db * x_{Plan}) − K_{fix} = (200 * 22.000) − 2.536.000 = 1.864.000

f) Wie hoch ist der Relativgewinn (Umsatzrentabilität) bei der Planabsatzmenge?

Relativgewinn (Umsatzrentabilität) =

$$\frac{\text{Ist(Plan)-Gewinn}}{\text{Ist(Plan)-Umsatz}} * 100 = \frac{1.864.000}{516 * 22.000} * 100 = 16,4\%$$

g) Wenn auf alle Produkte ein Preisnachlass in der Höhe der Umsatzrentabilität gegeben wird und die Verkaufsmenge gleich bleibt, welcher Gewinn wird dann erzielt?

Neuer Preis = 516 * (1 − 0,164) = 431,3

Neuer db = 431,3 – 316 = 115,3

$Gewinn_{neu} = (db_{neu} * 22.000) - K_f = 2.536.000 - 2.536.600 = 0$

D.h., wenn der Preis prozentuell um die Umsatzrentabilität (Preisspielraum) reduziert wird und die Menge unverändert bleibt, ergibt sich ein Gewinn von Null.

h) Welcher Anstieg der variablen Kosten, z. B. aus der Lohnerhöhung oder Materialpreiserhöhung, kann verkraftet werden, ohne Verlustentstehung?

Für den Null-Gewinn gilt:

Erlöse (E) = Kosten (K_g)

Preis (p) * Menge (x) = variable (K_v) + fixe (K_f) Kosten

$p * x = (k_v * x) + K_f$

$\Rightarrow (p * x) - (k_v * x) = Kf$

$\Rightarrow x * (p - k_v) = Kf$

$\Rightarrow p - \dfrac{Kf}{x} = k_v$

$k_v = p - \dfrac{K_f}{x_{Plan}} = 516 - \dfrac{2.536.000}{12.680} = 400,7$

Der maximale Anstieg der variablen Kosten ist damit:

400,7 – 316 = 84,7

(84,7/316) * 100 = 26,8% maximale Steigerung der variablen Kosten

i) Welcher Anstieg des Fixkostenblocks, z. B. aus der Erhöhung von Miete oder Gehaltssteigerungen, kann verkraftet werden, ohne dass Verluste entstehen?

Erlöse (E) = Kosten (K_g)

Preis (p) * Menge (x) = variable (K_v) + fixe (K_f) Kosten

$p * x = (k_v * x) + K_f$

$\Rightarrow (p * x) - (k_v * x) = Kf$

$\Rightarrow x * (p - k_v) = Kf$

$\Rightarrow x * db = Kf$

$Kf_{kritisch} = x * db = 22.000 * (516 - 316) = 4.400.000,-$

Der maximale Anstieg der Fixkosten ist damit:

4.400.000 – 2.536.000 = 1.864.000,–

(1.864.000/2.536.000) * 100 = 73,5%

Ermittlung Break-even-Punkt mit dem Deckungsbeitrags-Modell

Der Break-even-Punkt lässt sich auch mittels folgender Gleichung darstellen:

Gewinnschwellenermittlung mit dem Deckungsbeitrags-Modell

Deckungsbeitrag	=	Fixkosten
db * x	=	Kf

Grafisch umgesetzt ergibt sich ein einfacheres Bild der Gewinnschwelle. Diese Darstellung hat zwei Vorteile:

- Sie lässt sich einfacher interpretieren
- Mengen, Kosten- und Preisänderungen und ihre Wirkungen auf den Break-even-Punkt können besser gezeigt werden.

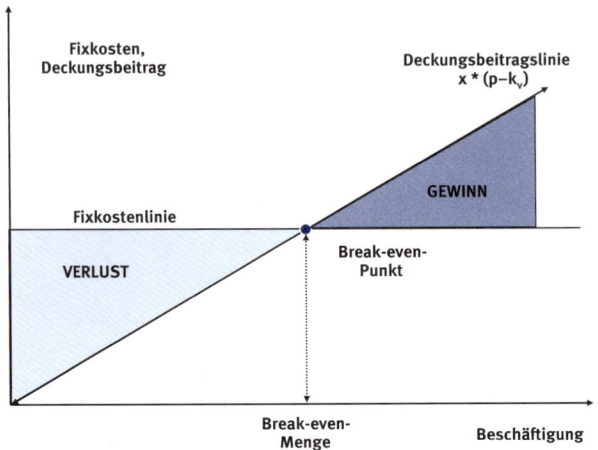

Abbildung 88: Gewinnschwellendarstellung mit dem Deckungsbeitrags-Modell

Veränderung verschiedener Parameter und ihre Wirkung auf die Gewinnschwelle

Eine Erhöhung der variablen Stückkosten verzögert das Erreichen des BEP

- Erhöhung der variablen Stückkosten
  Dadurch verringert sich der Deckungsbeitrag je Stück. Grafisch dargestellt wird die DB-Linie flacher und damit erreicht man den Break-even-Punkt später. Die Verlustzone erstreckt sich damit länger.

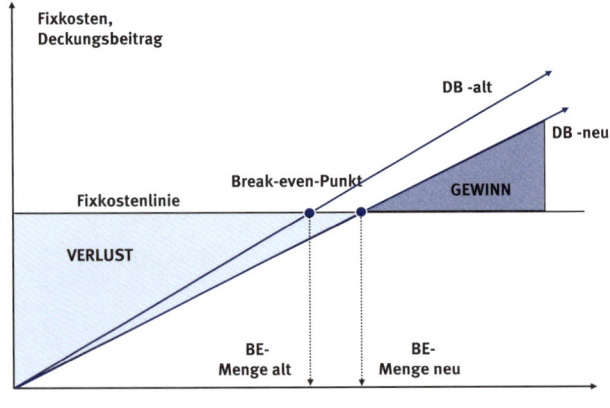

Abbildung 89: Auswirkung höherer variabler Stückkosten auf die Gewinnschwelle

Wenn die Fixkosten sinken, erreicht man den BEP früher.

- Senkung der Fixkosten
  Der Deckungsbeitrag je Stück bleibt gleich. Durch die Fixkostensenkung erreicht man den Break-even-Punkt früher. Die Verlustzone wird kürzer.

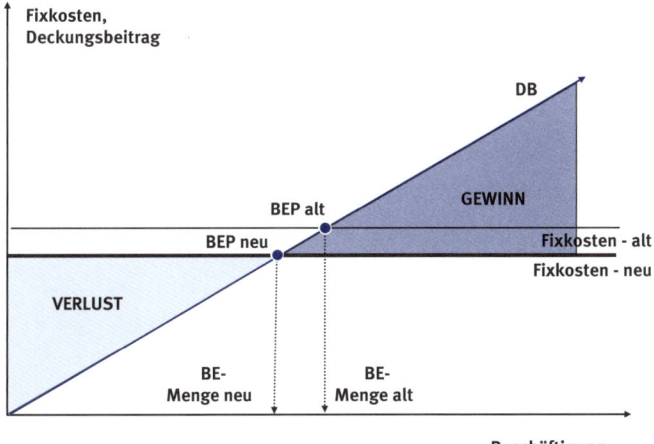

Abbildung 90: Auswirkung einer Fixkostensenkung auf die Gewinnschwelle

• Erhöhung der Absatzpreise
Dadurch erhöht sich der Deckungsbeitrag je Stück. Grafisch dargestellt wird die DB-Linie steiler und damit erreicht man den Break-even-Punkt früher. Die Verlustzone erstreckt sich damit kürzer.

Absatzpreissteigerungen wirken sich positiv auf den BEP aus.

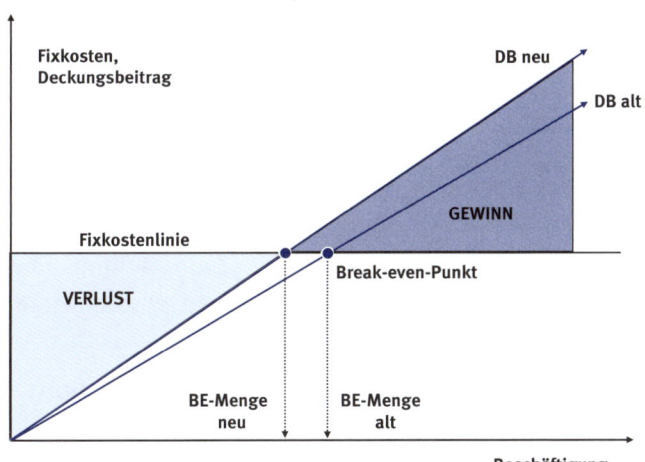

Abbildung 91: Auswirkung einer Absatzpreiserhöhung auf die Gewinnschwelle

3.4.1.2 Gewinnschwellenanalyse Mehr-Produkt-Betrachtung

Die vorher angestellten Überlegungen zum Break-even-Punkt lassen sich zwar für eine Ein-Produkt-Betrachtung gut verwenden, für ein Unternehmen mit mehreren Produkten mit jeweils unterschiedlichen Stückdeckungsbeiträgen ergeben sich damit jedoch beträchtliche Schwierigkeiten.

Bei Mehr-Produkt-Unternehmen kann man den BEP mit der traditionellen Formel (Kf/db) nicht mehr errechnen.

Die traditionelle Formel:

$$x_{BEP} = \frac{K_f}{db}$$

ist durch die unterschiedlichen Produkt-Deckungsbeiträge kaum anwendbar. Man würde abhängig vom verwendeten Stückdeckungsbeitrag unterschiedliche Break-even-Mengen erhalten.

Ein Ausweg aus dieser Problematik ergibt sich durch die Verwendung des sogenannten „Deckungsgrades".

Stattdessen verwendet man den „Deckungsgrad".

Der Deckungsgrad ist das Verhältnis von Stückdeckungsbeitrag zum Preis und wird auch als „Deckungsbeitragsintensität" bezeichnet.

$$\text{Deckungsgrad} = \frac{db}{p}$$

Der Gesamtdeckungsgrad aller Produkte ist:

Gesamtdeckungsgrad =

$$\frac{DB_{Produkt\,1} + DB_{Produkt\,2} + DB_{Produkt\,3} + DB_{Produkt\,4}}{U_{Produkt\,1} + U_{Produkt\,2} + U_{Produkt\,3} + U_{Produkt\,4}} = \frac{DB_{Gesamt}}{U_{Gesamt}}$$

Der Break-even-Umsatz errechnet sich durch Division der Fixkosten durch den Deckungsgrad.

Eine Division der Gesamtfixkosten durch den Gesamtdeckungsgrad ergibt den Break-even-Umsatz für das gesamte Produktprogramm.

$$U_{BEP} = \frac{K_f}{\dfrac{DB_{Gesamt}}{U_{Gesamt}}}$$

Eine andere Möglichkeit ist die Verwendung durchschnittlicher Stückdeckungsbeiträge bzw. durchschnittlicher Preise:

$$U_{BEP} = \frac{K_f}{\dfrac{\text{Ø}db}{\text{Ø}p}}$$

Dabei ist jedoch zu beachten, dass keinesfalls das arithmetische Mittel verwendet werden darf, sondern ein gewichteter Durchschnitt. Die Preise bzw. die Stückdeckungsbeiträge sind mit den jeweiligen Absatzmengen zu gewichten und daraus der Durchschnitt zu errechnen.

Grafische Darstellung Break-even-Punkt Mehrproduktunternehmen:

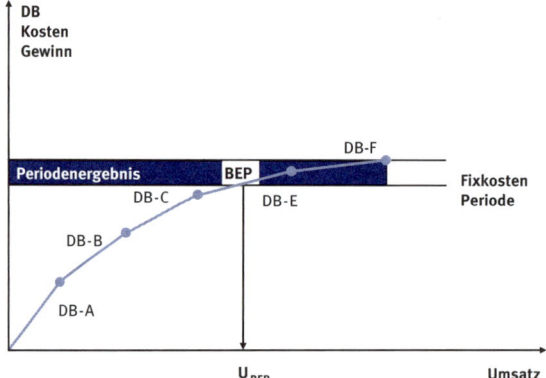

Abbildung 92: Grafische Darstellung Break-even-Punkt Mehrproduktunternehmen

Wenn ein Unternehmen mehrere Produkte absetzt, kann für jedes einzelne Produkt eine Deckungsbeitragskurve gezeichnet werden. Diese Kurven kann man aneinanderreihen und den fixen Kosten gegenüberstellen. Die Aneinanderreihung erfolgt in der Reihenfolge abnehmender Deckungsbeiträge.

Erkennbar ist, dass bereits beim Produkt E der Break-even-Punkt erreicht wird. Die Hälfte des Deckungsbeitrages E und der Deckungsbeitrag des Produktes F tragen daher bereits zum Gewinn des Unternehmens bei.

Für eine Rentabilitätsmaximierung sollten zuerst jene Produkte forciert werden, die überdurchschnittliche Deckungsbeiträge aufweisen. Dadurch erreicht man besonders rasch den Break-even-Punkt.

3.4.2 Ermittlung von Preisuntergrenzen

Eines der großen Probleme der Vollkostenrechnung ist die bedingte Eignung für die Ermittlung von Preisgrenzen. In der Vollkostenrechnung gilt als Entscheidungshilfe die Höhe der kalkulierten Selbstkosten eines Produktes. Ist der angebotene Preis niedriger als die vollen Selbstkosten, entsteht für den Vollkostenrechner ein Verlust. Der Teilkostenrechner betrachtet für die Preisuntergrenze die variablen Selbstkosten bzw. den Deckungsbeitrag. Für ihn ist der Preisspielraum bei Verhandlungen wesentlich größer.

Für den Vollkostenrechner liegt die Preisuntergrenze bei den kalkulierten Selbstkosten.

Preisgrenzen sind sowohl für den Einkauf von Produkten als auch für den Verkauf kritische Werte.

- Die beim Beschaffungsvorgang zu zahlenden Einkaufspreise stellen für das Unternehmen Kosten dar. Diese Kosten dürfen einen gewissen Wert nicht überschreiten, damit das Kostengefüge des Gesamtproduktes nicht aus den Fugen gerät. Man spricht deshalb bei Beschaffungsvorgängen von Preisobergrenzen.
- Im Absatzbereich dürfen die zu verkaufenden Produkte bestimmte Preise nicht unterschreiten, damit zumindest Kostendeckung und damit kein Verlust eintritt. Deshalb ist im Absatzbereich die Bezeichnung Preisuntergrenze üblich.

Die früher übliche gedankliche Vorstellung, dass man Kosten kalkuliert und entsprechend die Preise festlegt, ist in der heutigen Marktwirtschaft längst überholt. Preise bilden sich im freien Wettbewerb und die Unternehmen müssen trachten, dass ihre Kosten nicht höher sind als die erzielbaren Marktpreise. Gerade deshalb ist aber die Kostenkalkulation nicht aus den Unternehmen wegzudenken.

Für die Kalkulation von Kosten sind zwei Entscheidungssituationen besonders maßgeblich:

- Geht es um kurzfristige oder langfristige Kostendeckung?
- Liegt Unterbeschäftigung oder Vollbeschäftigung vor?

Zum anderen ist auch noch maßgeblich, welche Kosten gedeckt sein sollen. Hierfür ist zu unterscheiden zwischen:

a) Deckung der variablen Kosten (Mindestziel)
b) Deckung der variablen und der ausgabenwirksamen Fixkosten
c) Deckung der variablen und der gesamten Fixkosten (Vollkosten)
d) Deckung der Vollkosten und Gewinnerzielung (langfristige Ziele)

Abhängig von den Kosten, die über den Preis verdient werden müssen, erreicht man:

- Einen Nulldeckungsbeitrag → Zustand a)
- Liquiditätssicherung → Zustand b)
- Substanzerhaltung → Zustand c)
- Langfristige Existenzsicherung mit Wachstumsmöglichkeiten → Zustand d)

Diese Zusammenhänge lassen sich in folgender Grafik veranschaulichen:

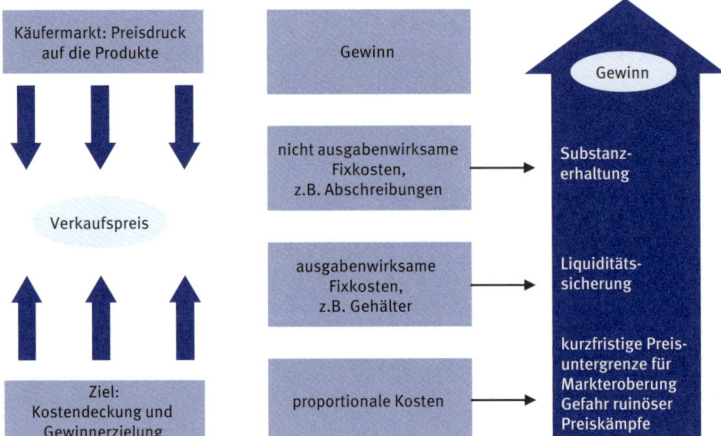

Abbildung 93: Preisbildung (Quelle: Horváth & Partner)

3.4.2.1 Kurzfristige Preisuntergrenze bei Unterbeschäftigung

Kurzfristig liegt die Preisuntergrenze bei Unterbeschäftigung bei den variablen Kosten.

Bei Unterbeschäftigung hat das Unternehmen freie Kapazitäten, d.h. es sind für eine etwaige Mehrproduktion keine zusätzlichen Investitionen notwendig.

In diesem Fall sind die Fixkosten bereits gegeben, neue Aufträge generieren nur mehr zusätzliche variable Kosten, d.h. aber, dass als Mindestziel der Preis höher sein muss als die variablen Kosten.

→ Bei Unterbeschäftigung ist ein Zusatzauftrag dann anzunehmen, wenn die variablen Kosten gedeckt sind, d.h. der erzielbare Deckungsbeitrag zumindest positiv ist.

3.4.2.2 Kurzfristige Preisuntergrenze bei Vollbeschäftigung

Kurzfristig liegt die Preisuntergrenze bei Vollbeschäftigung bei den variablen Kosten + Opportunitätskosten

Bei Vorliegen von Vollbeschäftigung können Zusatzaufträge nur durch einen Verzicht auf andere Aufträge abgewickelt werden. Damit verzichtet man aber auch auf deren Deckungsbeiträge. Neue Aufträge müssen deshalb zumindest den Deckungsbeitrag des entgangen Auftrages (Opportunitätskosten) erzielen, damit es sich lohnt auf einen bestehenden Auftrag zu verzichten.

→ Bei Vollbeschäftigung ist ein Zusatzauftrag dann anzunehmen, wenn der erzielbare Deckungsbeitrag größer ist als die Opportunitätskosten (Nutzenentgang durch Verlust des Alternativdeckungsbeitrags).

3.4.2.3 Langfristige Preisuntergrenze bei Vollbeschäftigung

Langfristig reicht es nicht, dass nur die variablen Kosten gedeckt sind, sondern es ist auch auf Fixkostendeckung zu achten. Damit liegt aber die Preisuntergrenze bei den vollen Selbstkosten. Für die Kostenkalkulation ist die klassische Zuschlagskalkulation anzuwenden.

Viele Unternehmen stellen für längerfristige Produktentscheidungen mit hohen Investitionen nicht nur einperiodische Kostenbetrachtungen, sondern mehrperiodische Kostenüberlegungen an. Dafür verwendet man die sogenannte Produkt-Life-Cycle-Rechnung (Lebenszykluskostenrechnung).

Langfristig betrachtet liegt die Preisuntergrenze bei den vollen Selbstkosten.

3.4.2.4 Langfristige Preisuntergrenze bei Unterbeschäftigung

Langfristige Unterbeschäftigung sollte jedes Unternehmen vermeiden, dies bedeutet, dass Kapazitäten langfristig nicht voll genutzt werden, d.h. es entstehen sogenannte Leerkosten (nicht gedeckte Fixkosten). Unternehmen, die versuchen, die Leerkosten auf ihre Produkte überzuwälzen, können sich rasch aus dem Markt kalkulieren. Es gilt folglich, alles zu tun um eine bessere Kapazitätsauslastung zu erreichen. Daraus leitet sich ab, dass auch hier die Preisuntergrenze bei den variablen Kosten liegen kann, jeder zusätzliche Deckungsbeitrag verringert das Problem. Trotzdem ist eine langfristige Lösung nur durch eine bessere Auslastung mit marktfähigen Produkten oder einem Kapazitätsabbau erzielbar.

3.4.2.5 Preisuntergrenze zur Liquiditätssicherung

Liquiditätssicherung bedeutet, dass alle Kosten, die mit einen Liquiditätsabfluss erzeugen, durch den Preis gedeckt sein müssen. Vereinfacht betrachtet sind dies die variablen plus die liquiditätswirksamen Fixkosten. Letztere wiederum beinhalten keine Kosten für Abschreibungen, Eigenkapitalzinsen oder auch kalkulatorische Wagnisse, vorausgesetzt, dass keine Zahlungen zu tätigen sind.

Für die kurzfristige Liquiditätssicherung liegt die Preisuntergrenze bei den liquiditätswirksamen Kosten.

Grundsätzliches zum Thema Preisuntergrenzen

Vielfach hat sich heute folgende Meinung durchgesetzt: Jeder zusätzliche Auftrag ist besser als kein Auftrag. Dadurch kommt es jedoch häufig zu einem Preisverfall. Solange noch ein positiver Deckungsbeitrag vorliegt, wird dies als nicht so problematisch angesehen. Man könnte fast meinen, der Deckungsbeitrag hat den Gewinn als Orientierungsgröße abgelöst. Wenn der Deckungsbeitrag positiv ist, dann ist alles in Ordnung. Es darf dabei aber nicht vergessen werden, dass das Deckungsbeitragsvolumen, und das ist bekanntlich: Menge * Stückdeckungsbeitrag, dafür verantwortlich ist, ob die Unternehmensfixkosten gedeckt sind. Wenn der Stückdeckungsbeitrag jedoch ständig reduziert wird, kann dies nur über mehr Menge oder durch eine längere Absatzzeit kompensiert werden. Die Folge ist, dass bspw. Ende Oktober die Jahresfixkosten gedeckt waren, durch Preiszugeständnisse verlängert sich dieser Zeitraum aber möglicherweise bis Mitte Dezember oder es kommt sogar zu keiner Fixkostendeckung.

Kurzfristige Nutzenmaximierung lässt es häufig aber trotzdem sinnvoller erscheinen, am Anfang des Jahres Aufträge zu etwas schlechteren Konditionen anzunehmen, damit die Auftragsstatistik stimmt. Im Prinzip kann das auch in Ordnung sein, solange man nicht später „gute Aufträge" mit besseren Deckungsbeiträgen ablehnen muss, weil die Kapazitäten bereits ausgelastet sind. Oftmals kommt das „böse Erwachen" mit Jahresende, wenn man feststellt, dass ein schlechtes Betriebsergebnis vorliegt.

Ist die Teilkostenkalkulation wirklich der „Tod" der Klein- und Mittelunternehmen?

Manche behaupten deshalb, die Teilkostenkalkulation ist der „Tod" der Klein- und Mittelunternehmen. Diese Aussage ist sicherlich überpointiert, soll aber nur darauf hinweisen, dass die klassische Vollkostenkalkulation als begleitendes Instrument nach wie vor ihre Bedeutung haben sollte.

3.4.3 Differenzierte Ergebnisermittlung

Den größten Nutzen aus der Aufspaltung in fixe und variable Kosten zieht man zweifellos in der Ergebnisrechnung. Die Ergebnisrechnung zu Teilkosten basiert auf folgender Grundrechnung:

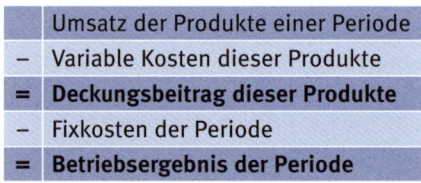

Diese Rechnung ist die Grundlage für viele weitere Ausprägungsformen, die im Folgenden näher erläutert werden.

3.4.3.1 Einstufige Deckungsbeitragsrechnung

Bei der einstufigen DB-Rechnung wird auf Produktebene der DB ermittelt und davon die Fixkosten abgezogen.

Bei dieser Art der DB-Rechnung werden von den Umsatzerlösen die variablen Kosten abgezogen, der sich dabei ergebende Deckungsbeitrag dient zur Abdeckung der gesamten Fixkosten und der Erzielung eines gewünschten Betriebsergebnisses. Bei Aufgliederung nach Produktarten liegt eine Produkterfolgsrechnung mit Deckungsbeiträgen je Produktart und einem kalkulatorischem Periodenerfolg vor. Im folgenden Beispiel sei dies dargestellt (Quelle: Schweitzer/Küpper, 1995, S. 433):

	Produkte	I	II	III	IV	V
	Bruttopreis je Produkteinheit	42,50	20,00	37,50	30,00	25,00
−	Erlösschmälerungen (20% für Rabatte und Skonti)	8,50	4,00	7,50	6,00	5,00
=	**Nettopreis**	**34,00**	**16,00**	**30,00**	**24,00**	**20,00**
	Nettoerlös der Periode je Produktart	14.960,00	5.760,00	13.800,00	12.840,00	9.800,00
−	Variable Kosten je Produktart	10.259,00	2.257,00	9.278,00	8.021,00	4.791,00
=	**Deckungsbeitrag je Produktart**	**4.701,00**	**3.503,00**	**4.522,00**	**4.819,00**	**5.009,00**
	(in % des Nettoerlöses)	(31,42%)	(60,82%)	(32,77%)	(37,53%)	(51,11%)
	Gesamtdeckungsbeitrag der Unternehmung	22.554,00				
−	Fixe Kosten	10.280,00				
=	**Kalkulatorischer Periodenerfolg**	12.274,00				

Abbildung 94: Einstufige Deckungsbeitragsrechnung

Noch detaillierter zeigt dies das folgende Beispiel. Darin wird als erstes Zwischenergebnis (DB1) der Überschuss der Nettoerlöse über die variablen Herstellkosten dargestellt. Dieser Überschuss dient zur Abdeckung der variablen Verwaltungs- und Vertriebsgemeinkosten, der Sondereinzelkosten des Vertriebs sowie der gesamten fixen Kosten. Das zweite Zwischenergebnis der Deckungsbeitrag 2 ist nur mehr für die Deckung der fixen Kosten verantwortlich.

	Produkte	I	II	III	IV	V
	Bruttoerlöse	18.700	7.200	17.250	16.050	12.250
-	Erlösschmälerungen (20% für Rabatte und Skonti)	3.740	1.440	3.450	3.210	2.450
=	**Nettoerlöse je Produktart**	**14.960**	**5.760**	**13.800**	**12.840**	**9.800**
-	Variable Herstellkosten je Produktart	9.269	1.919	8.370	6.968	4.062
=	**Deckungsbeitrag 1**	**5.691**	**3.841**	**5.430**	**5.872**	**5.738**
-	**Variable VwGK**	**92**	**19**	**84**	**164**	**96**
-	Variable VtrGK	149	31	135	246	144
-	Sondereinzelkosten des Vertriebs	748	288	690	642	490
=	**Deckungsbeitrag 2**	**4.702**	**3.503**	**4.521**	**4.820**	**5.008**
	Gesamtdeckungsbeitrag	22.554				
-	Fixe Herstellkosten	5.570				
-	Fixe Verwaltungskosten	2.225				
-	Fixe Vertriebskosten	1.295				
-	Fixe Werbungskosten	500				
-	Unternehmensfixkosten	690				
=	**Kalkulatorischer Periodenerfolg**	12.274				

Abbildung 95: Einstufige Deckungsbeitragsrechnung in Produktionsunternehmen

Exkurs Deckungsbeitragsspanne:

Die Deckungsbeitragsspanne ist das Verhältnis von Deckungsbeitrag zu Umsatz.

Der absolute Deckungsbeitrag ist hinsichtlich seiner Aussagekraft nur begrenzt tauglich. Wesentlich mehr Nutzen erhält man, wenn der Deckungsbeitrag je Produktart in das Verhältnis zu den Nettoerlösen gesetzt wird. Man spricht dann von der Deckungsbeitragsspanne oder von der Deckungsbeitrags-Umsatz-Quote (DBU-Quote). Im Handel ergibt sich der Deckungsbeitrag durch eine Subtraktion der Einstandspreise von den Nettoerlösen. Den dabei ermittelten Überschuss nennt man Handelsspanne, Rohgewinn oder auch Bruttogewinn.

Wenn man diese Spanne ins Verhältnis zu den Nettoerlösen setzt, dann ergibt sich ebenfalls eine Deckungsbeitragsspanne, die im Handel als „Handelsabschlag" oder auch „Rohabschlag" bezeichnet wird. Das Pendant zum Rohabschlag ist der sogenannte „Rohaufschlag". Dabei wird die Differenz zwischen Nettoverkaufspreis und Einkaufspreis (im weiteren Sinn der Deckungsbeitrag) ins Verhältnis zum Einkaufspreis gesetzt. Ergebnis ist der prozentuelle Rohaufschlag.

$$\text{Rohaufschlag (\%)} = \frac{\text{Nettoverkaufspreis} - \text{Einkaufspreis}}{\text{Einkaufspreis}} * 100$$

3.4.3.2 Mehrstufige Deckungsbeitragsrechnung

Bei der mehrstufigen Deckungsbeitragsrechnung werden die Fixkosten den Verursachern so gut wie möglich zugeordnet.

Die einstufige Deckungsbeitragsrechnung ist für die Unternehmenssteuerung nur begrenzt tauglich. Insbesondere, wenn die variablen Kosten eher gering sind und der Fixkostenblock einen sehr großen Anteil an den Gesamtkosten hat, stößt man mit dieser Rechnung schnell an seine Grenzen, da der dabei ermittelte Deckungsbeitrag für Unternehmensentscheidungen kaum verwendbar ist.

Eine erhebliche Verbesserung tritt ein, wenn es gelingt den „großen" Fixkostenblock den Verursachern zuzuordnen. Dafür ist zu hinterfragen, wer für die Entstehung der Fixkosten verantwortlich ist. Die Fixkosten lassen sich unter dem Gesichtspunkt der „Verantwortlichkeit" in Teilblöcke zerlegen und zuordnen. So gesehen sind die Teilfixkosten „Einzelkosten", die nur anfallen, solange der Verursacher existiert und auch wieder abbaubar sind, wenn der Verursacher, wie z.B. eine Produktgruppe, eliminiert wird.

Als Ergebnis erhält man mehrere Deckungsbeitragsebenen.

Oft können die Fixkosten jedoch nicht einem Produkt direkt zugeordnet werden, sondern erst der nächsten Ebene, wie z.B. einer Produktgruppe, einer Filiale oder einer Unternehmenssparte. Für die Fixkosten, für die es keine Untereinheit des Unternehmens als Verursacher gibt, bleibt nur mehr die Zuordnung auf das Gesamtunternehmen. Beispiele sind Kosten des Geschäftsführers oder der Buchhaltung. Diese Restfixkosten werden daher von allen Produkten getragen.

Durch die schichtweise oder auch stufenweise Verteilung der Fixkosten erhält man Stufendeckungsbeiträge, mit denen man den jeweiligen Ergebnisbeitrag sehr gut darstellen kann.

Anhand eines einfachen Beispieles soll dies verdeutlicht werden:

	Motorrad	Auto A	Auto B	LKW A	LKW B	Gesamt
Umsatzerlöse	€ 50.000	€ 100.000	€ 150.000	€ 75.000	€ 95.000	€ 470.000
variable Kosten	€ 10.000	€ 50.000	€ 100.000	€ 45.000	€ 80.000	€ 285.000
Deckungsbeitrag I	**€ 40.000**	**€ 50.000**	**€ 50.000**	**€ 30.000**	**€ 15.000**	**€ 185.000**
produktfixe Kosten	€ 10.000	€ 30.000	€ 35.000	€ 10.000	€ 20.000	€ 105.000
Deckungsbeitrag II	**€ 30.000**	**€ 20.000**	**€ 15.000**	**€ 20.000**	**€ −5.000**	**€ 80.000**
bereichsfixe Kosten	€ 20.000		€ 20.000		€ 10.000	€ 50.000
Deckungsbeitrag III	**€ 10.000**		**€ 15.000**		**€ 5.000**	**€ 30.000**
unternehmensfixe Kosten						€ 9.000
Betriebsergebnis						**€ 21.000**

Abbildung 96: Mehrstufige Deckungsbeitragsrechnung (Quelle: http://www.controllingportal.de/Fachinfo/Grundlagen/Deckungsbeitragsrechnung.html)

Die mehrstufige Deckungsbeitragsrechnung ist ein Instrument zur verantwortungsgerechten Zuordnung von Kosten und Erlösen auf die jeweiligen Verursacher. Sie ist ein Verfahren der kurzfristigen Erfolgsrechnung, das sehr zeitnah die Leistungsfähigkeit der einzelnen Unternehmensteile abbildet. Es ergibt sich dadurch eine Reihe von Möglichkeiten zur kurz- und mittelfristigen Unternehmenssteuerung, wie z.B.:

- Veränderung des Produktprogramms in Richtung eines Gesamtoptimums
- Informationen für alle verantwortlichen Personen auf den einzelnen DB-Stufen über ihre Ergebnisbeiträge. Das sind z.B. Profit-Center-Verantwortliche, Spartenverantwortliche, Filialleiter, Betriebs- oder Werksverantwortliche, Regionalverantwortliche, Länderverantwortliche, Konzernführung etc.
- Soll-Ist-Vergleiche auf den genannten Ebenen
- Benchmarking innerhalb der Filialen, Länder etc.
- Konkurrenzvergleiche
- etc.

Mehrstufige Deckungsbeitragsrechnung – Konzeption

Voraussetzung für die Erreichung der vorher genannten Ziele ist jedoch, dass das Unternehmen in sinnvolle Einheiten aufgegliedert wird. Das heißt aber, man sollte zuerst darüber nachdenken:

- Für welche Ebenen benötigt man Ergebnisinformationen bzw. Steuerungsmöglichkeiten?
- Wie weit lassen sich die Kosten auf diese Ebenen zuordnen?

Anschließend ergeben sich folgende weitere Arbeitsschritte:

1. Definition des Abrechungszeitraumes (Monat, Quartal)
2. Festlegung der Bezugsebenen bzw. kostenrechnerische Gliederung des Unternehmens in eine sinnvolle Hierarchie

3. Unterteilung bzw. Erfassung des Fixkostenblocks nach der Zurechenbarkeit zu den einzelnen Hierarchiestufen und „Ästen" innerhalb dieser Stufe.

4. Ermittlung des Restfixkostenblocks, der keiner Kategorie mehr zugeordnet werden kann.

5. Ermittlung von Deckungsbeiträgen auf jeder Hierarchiestufe und in jedem „Ast"

6. Summierung der „Astdeckungsbeiträge" zu DB1, DB2, DB3 etc.

Bezugsebene	Dazugehörige Fixkosten
Produkt	Patent-, Lizenzkosten, Kosten für Spezialmaschinen, Spezialwerkzeuge, Kosten für Produktwerbeaktivitäten etc.
Produktgruppe	Betrifft nur jene Fixkosten, die durch die Produktgruppe entstehen, wie z.B. Patentkosten, Kosten für gemeinsam genutzte Gebäude, Maschinen, Personalkosten des Produktgruppenverantwortlichen, Vertriebskosten für die Produktgruppe
Kostenstelle	Hier sind nur jene Fixkosten zu erfassen, die nicht ohnedies schon dem Produkt bzw. der Produktgruppe zugeordnet werden konnten. Beispiel sind: Meisterlöhne, Raumkosten. Seicht sieht dies eher kritisch, da sich dabei erhebliche Abgrenzungsprobleme zu Produkt- und Produktfixkosten ergeben (vgl. Seicht, 2001, S. 189)
Bereichsfixkosten (Betriebe, Werke), Divisions- u. Spartenfixkosten	Fixe Kosten, die sich speziell für diese Hierarchieebenen ergeben, wie z.B.: Verwaltungs-, Vertriebsgemeinkosten der jeweiligen Organisationseinheit
Konzern- bzw. Unternehmensfixkosten	Hier werden alle „Restfixkosten", erfasst, die nicht schon vorher den jeweiligen Hierarchieebenen zugeordnet werden konnten, wie z.B. Beiträge, Gebühren, Kosten der Geschäftsführung, Personalverwaltung

Abbildung 97: Mögliche Bezugsebenen bzw. Hierarchien in der mehrstufigen Deckungsbeitragsrechnung

3.4.3.3 Mehrdimensionale Deckungsbeitragsrechnung

Die mehrdimensionale Deckungsbeitragsrechnung unterteilt die Fixkosten nach mehreren Dimensionen.

Die Aussagefähigkeit der mehrstufigen Deckungsbeitragsrechnung lässt sich noch zusätzlich verfeinern, wenn Fixkosten nicht nur nacheinander, sondern auch nebeneinander verschiedenen Bezugsgrößen zurechenbar sind. Als Ergebnis erhält man eine mehrdimensionale Erfolgsrechnung.

Beispielsweise kann man für einen Automobilhersteller die Bezugsgrößen Produktgruppen, Absatzgebiete und Kundengruppen unterscheiden. Entsprechend gibt es dann Fixkosten, die z.B. nur für die Produktgruppe P2 im Absatzgebiet A1 für die Kundengruppe K2 entstehen. Ein konkretes Beispiel ist eine spezielle Werbeeinschaltung für P2 in A1 für K2. Es kann aber auch Fixkosten geben, die zwar das Segment K1 und P1 betreffen, aber das gesamte Absatzgebiet A (Werbeaktivität über alle Absatzgebiete) oder nur mehr einzelne Produktgruppen betreffen (P1-P3), aber für alle Absatzgebiete (A_{gesamt}) und Kundengruppen (K_{gesamt}) gelten, wie bspw. spezifische Lagerkosten für eine einzelne Produktgruppe.

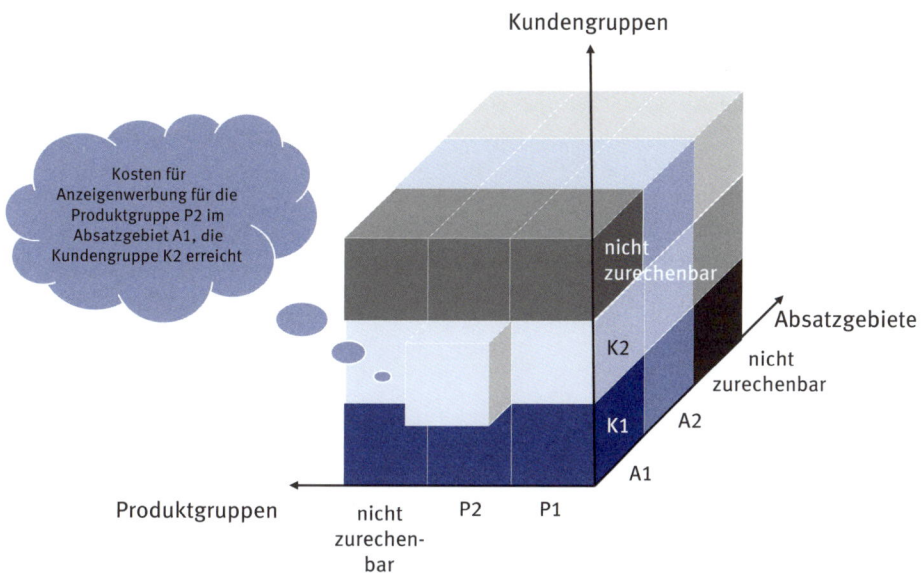

Aus der Kombination der einzelnen Dimensionen lassen sich verschiedenste Auswertungen erstellen. Bei drei Bezugsgrößen mit jeweils 2 Varianten ergeben sich 3! (drei Faktorielle) = 6 mögliche Deckungsbeitragsrechnungen, die jeweils den gleichen Umsatzwert je Kombination ausweisen. Im Folgenden sei dies dargestellt:

Dadurch kann man verschiedenste Auswertungen erstellen.

Absatzgebiete	A1				A2			
Kundengruppen	K1		K2		K1		K2	
Produktgruppen	P1	P2	P1	P2	P1	P2	P1	P2
Umsatz	136.700	61.400	73.300	24.780	73.400	65.000	13.900	6.300
Variable Kosten	72.000	28.000	33.000	14.000	38.000	29.000	8.200	2.000
DB I	**63.000**	**31.500**	**39.430**	**9.960**	**34.510**	**34.220**	**5.530**	**4.150**
Beratung	9.000		4.500		1.000		10.200	
DB II	**85.000**		**44.890**		**67.730**		**−520**	
Agenturen	12.000				7.000			
Verkaufs-sachbearbeiter	90.000				60.000			
DB III	**28.390**				**210**			
Montage	12.600							
Unternehmensfixe Kosten	16.800							
Gewinn/Verlust	**−800**							

Abbildung 98: Mehrdimensionale Deckungsbeitragsrechnung Auswertung 1 (Quelle: Schweitzer/Küpper, 1995, S. 438)

Produktgruppe	P1				P2			
Absatzgebiete	A1		A2		A1		A2	
Kundengruppen	K1	K2	K1	K2	K1	K2	K1	K2
Umsatz	136.700	73.300	73.340	13.900	61.400	24.780	65.000	6.300
Variable Kosten	72.000	33.000	38.000	8.200	28.000	14.000	29.000	2.000
Versand-Ek.	1.700	870	890	170	1.900	820	1.780	150
DB I	**63.000**	**39.430**	**34.510**	**5.530**	**31.500**	**9.960**	**34.220**	**4.150**
Verkaufssach-bearbeiter	48.000		27.000		42.000		33.000	
DB II	**54.430**		**13.040**		**−540**		**5.370**	
Montage	3.200				9.400			
DB III	**64.270**				**−4.570**			
Agenturen	19.000							
Beratung	24.700							
Unternehmensfixe Kosten	16.800							
Gewinn/Verlust	**−800**							

Abbildung 99: Mehrdimensionale Deckungsbeitragsrechnung Auswertung 2 (Quelle: Schweitzer/ Küpper, 1995, S. 439)

In den zwei von sechs möglichen Deckungsbeitragsrechnungen ist erkennbar, dass im ersten Fall auf der DB II-Ebene für die Kundengruppe K2 im Absatzgebiet A2 ein negativer Deckungsbeitrag erscheint. Gleiches gilt für die zweite Auswertung, wo in der Kombination P2-A1 für beide Kundengruppen ein Verlust erscheint. Zusätzlich ist erkennbar, dass für die Produktgruppe 2 nicht nur auf Absatzgebiet A1, sondern für beide Absatzgebiete ein Verlust ausgewiesen wird.

Der Vorteil dieser Auswertungsmöglichkeiten ist, dass der Fixkostenblock wie durch einen „Scheinwerfer" durchleuchtet wird und dadurch Einsichten gewonnen werden, wo Probleme bzw. Stärken in den einzelnen Bereichen existieren.

Im Handel wird diese mehrdimensionale Rechnung als „Marktsegmentrechnung" bezeichnet. Durch die Weiterentwicklung der Informationstechnologien sind diese Auswertungen in vielen Managementinformationssystemen Standard und daher auch in anderen Branchen als im Handel weitverbreitet.

Im Handel heißt die mehrdimensionale DB-Rechnung „Marktsegmentrechnung".

3.4.4 Behandlung von Engpassproblemen – Produktionsprogrammoptimierung

Mittels Produktionsprogrammoptimierung soll das Absatz- und Produktionsprogramm hinsichtlich Menge und Art der Erzeugnisse so gut gestaltet werden, dass der Gewinn (das Betriebsergebnis) ein Maximum erreicht.

Die Programmoptimierung kann dabei sowohl langfristig als auch kurzfristig betrachtet werden.

Bei Langfristbetrachtung sind wesentlich mehr Parameter gestaltbar, nämlich sowohl das Produktspektrum als auch die Produktionsmöglichkeiten. Relevante Steuerungsinstrumente sind Investitionsrechnungen und die Produktlebenszyklusrechnung.

Bei Kurzfristbetrachtung erfolgt die Programmoptimierung hauptsächlich im Bereich des Produktprogramms. Die Kapazitäten werden als gegeben angesehen.

Für die kurzfristige Produktionsprogrammplanung bei ausreichender Kapazität sind die absoluten Stückdeckungsbeiträge (db) die wesentliche Steuergröße. Produkte mit positivem Stückdeckungsbeitrag verbessern mit jedem zusätzlichen Stück den Gewinn. Produkte mit negativem Stückdeckungsbeitrag schmälern hingegen den Gesamtdeckungsbeitrag und damit auch den Gewinn. Die Handlungsoptionen sind: Produkte mit positivem db werden, soweit es absatzseitig möglich ist, in die Produktion eingeplant. Produkte mit negativem db werden eliminiert oder nur in der Menge im Unternehmen angeboten, soweit es aus Sortimentsgründen oder wegen bestehender Lieferverträge mindestens erforderlich ist.

Wenn hingegen die Produkte um knappe Kapazitäten konkurrieren und dabei genau ein gemeinsamer Engpass vorliegt, orientiert sich die Programmentscheidung an den relativen Deckungsbeiträgen der Produktarten. Die knappe Kapazität wird dann in der Reihenfolge abnehmender relativer Deckungsbeiträge verplant.

Der relative Deckungsbeitrag (db_{rel}) gibt den Stückdeckungsbeitrag (db) bezogen auf die Engpassbelastung je Stück des Produkts wieder.

$$db_{rel} = \frac{\text{Stückdeckungsbeitrag (db)}}{\text{Engpassbelastung pro Stück des Produkts}} = \text{€ / Engpasseinheit}$$

Die Engpassbelastung wird je nach Kapazität unterschiedlich ermittelt, z.B. in Minuten/Produkteinheit für Maschinen und Mitarbeiter sowie in Quadratmeter je Stück für Lagerraum.

Für die kurzfristige Produktionsprogrammoptimierung ohne Engpass ist der Stückdeckungsbeitrag das geeignete Steuerungsinstrument!

Bei Vorliegen eines Engpasses ist der relative db (db/Engpassbelastung) heranzuziehen.

Entscheidungssituationen der Produktprogrammoptimierung.

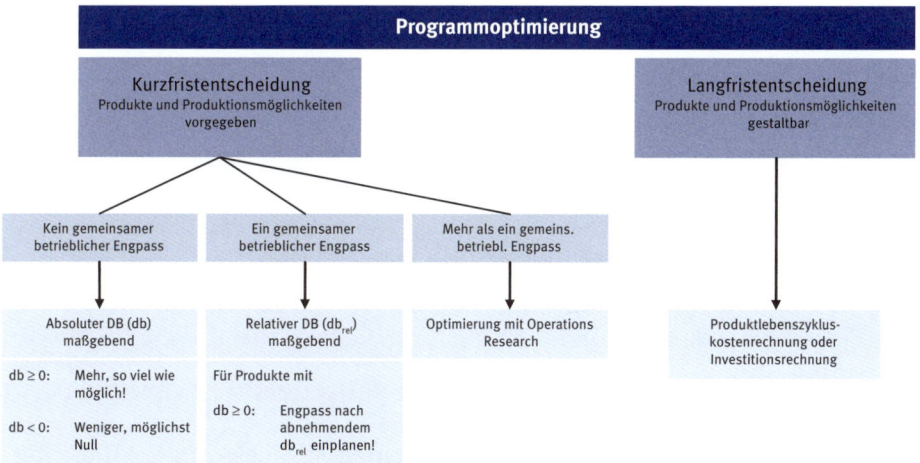

Abbildung 100: Mögliche Entscheidungssituationen der Produktprogrammoptimierung

Der Vorgang der Produktionsprogrammoptimierung läuft schrittweise folgendermaßen ab:

a) Berechnung der Stückdeckungsbeiträge. Für Produkte mit negativem Deckungsbeitrag wird die Menge auf null festgelegt. Die anderen Produkte werden wie folgt behandelt:

b) Ermittlung der relativen Stückdeckungsbeiträge. Festlegung einer Rangfolge nach abnehmenden relativen Stückdeckungsbeiträgen.

c) Die verfügbare Kapazität wird entsprechend der festgelegten Reihenfolge unter Berücksichtigung der Absatzhöchstmengen auf die Produkte verteilt, bis die Kapazität erschöpft ist.

d) Auf Basis der optimalen Produktionsmengen wird die Ergebnisrechnung in Form einer Deckungsbeitragsrechnung erstellt und das (maximale) Betriebsergebnis ausgewiesen.

Beispiel:

Ein Unternehmen plant sein Produktionsprogramm zu optimieren. Das Unternehmen erzeugt vier verschiedene Produkte (A, B, C, D). Folgende weitere Informationen liegen vor. In der Erstbetrachtung geht man von keinem gemeinsamen Engpass aus. Die einzige Beschränkung ergibt sich durch die Absatzhöchstmengen.

	A	B	C	D	Gesamt
Produktions-/Absatzmenge	3.400	500	2.000	500	
Verkaufspreis (€/Stück)	900	500	1.300	600	
Variable Kosten (€/Stück)	600	400	900	700	
Deckungsbeitrag (€/Stück)	**300**	**100**	**400**	**– 100**	
Deckungsbeitrag (€)	1.020.000	50.000	800.000	– 50.000	1.820.000
Fixkosten (€)					1.550.000
Gewinn (€)					**270.000**

Keine Beschaffungsengpässe, jedoch Absatzhöchstmengen

	A	B	C	D
Absatzhöchstmengen	3.400	800	2.100	900

ZIEL GEWINNMAXIMIERUNG ⇒ **D eliminieren**

	A	B	C	D	Gesamt
Absatzhöchstmenge	3.400	800	2.100	900	
Optimale Menge	3.400	800	2.100	–	
Deckungsbeitrag (€/Stück)	**300**	**100**	**400**	**–**	
Deckungsbeitrag (€)	1.020.000	80.000	840.000	–	1.940.000
Fixkosten (€)					1.550.000
Gewinn (€)					**390.000**
Gewinnsteigerung					**44%**

Da Produkt D einen negativen Deckungsbeitrag je Stück von € –100,– aufweist, entschließt sich das Unternehmen, diese Produktart aus dem Sortiment zu nehmen und stattdessen die anderen Produkte bis zur maximal möglichen Absatzmenge zu produzieren. Insgesamt ergibt sich durch diese Veränderung eine Steigerung des Gewinnes von € 270.000,– auf € 390.000,–, also um 44%.

Eine genauere Analyse der Produktionskapazität zeigt, dass von den drei gemeinsam beanspruchten Maschinen, Maschine 3 nicht ausreichend Kapazität aufweist, um die maximal mögliche Absatzmenge produzieren zu können. Das Produktionsprogramm ist dahingehend zu optimieren, dass ein möglichst hoher Gewinn erzielt wird.

Folgende Informationen liegen vor:

	A	B	C	D
Maximale Absatzmenge	3.400	800	2.100	900
Beanspruchung Maschine 1 in Min.	70	30	50	40
Beanspruchung Maschine 2 in Min.	60	30	60	20
Beanspruchung Maschine 3 in Min.	80	20	40	50

Maximale Kapazität Maschine 1	370.000
Maximale Kapazität Maschine 2	360.000
Maximale Kapazität Maschine 3	362.000

Kapazitätsabgleich

Kapazitätsbelastung der Maschinen					Differenz
Maschine 1	238.000	24.000	105.000	367.000	**3.000**
Maschine 2	204.000	24.000	126.000	354.000	**6.000**
Maschine 3	272.000	16.000	84.000	372.000	**- 10.000**

Ermittlung relative DB				
db in €/Stck.	300	100	400	– 100
Rangfolge nach db/Stck.	*2*	*3*	*1*	*4*
Belastung im Engpass Maschine 3	80	20	40	
Relativer db/EE	**3,75**	**5,00**	**10,00**	
Rangfolge nach db/EE	*3*	*2*	*1*	

Sukzessive Aufnahme der Produktarten in das optimale Produktionsprogramm bis zur Kapazitätsgrenze des Engpasses								
	A	B	C	Summe verbrauchte Kapazität	Max. Kapazität	Rest	Mögl. Anzahl bis zur Kap.grenze	Produkt
Beanspruchung Maschine 3 in Min.			84.000	84.000	362.000	278.000	2.100	C
Beanspruchung Maschine 3 in Min.		16.000		100.000	362.000	262.000	800	B
Beanspruchung Maschine 3 in Min.	272.000			372.000	362.000	– 10.000	3.275	A

DB-Volumen:	840.000
	80.000
	982.500
DB	**1.902.500**
– Fixkosten	1.550.000
Betriebsergebnis	**352.500**

Wie das Beispiel zeigt, geht man dabei folgendermaßen vor:

Schritt 1: Ermittlung der Stückdeckungsbeiträge (ist bereits in der Rechnung zuvor geschehen) und der Maximalkapazität inklusive Kapazitätsabgleich (von Maschine 3 fehlen 10.000 Min.)

Schritt 2: Ermittlung der relativen Stückdeckungsbeiträge mit der Festlegung einer Rangfolge (Rang 1: Produkt C, Rang 2: Produkt B, Rang 3: Produkt A)

Schritt 3: Aufteilung der vorhandenen Kapazität analog zur Rangfolge, bis die Kapazität erschöpft ist. (Produkt C → 84.000 Min., Produkt B → 16.000 Min., Produkt A → 362.000 Min. anstatt 372.000 Min.). Entsprechend der Kapazitätszuweisung ergeben sich neue Stückzahlen (Produkt C → 2.100 Stück, Produkt B → 800 Stück, Produkt A → 3.275 Stück anstatt 3.400 Stück).

Schritt 4: Ermittlung des neues Deckungsbeitragsvolumens bzw. Betriebsergebnisses. Unter Berücksichtigung des Kapazitätsengpasses ergibt sich ein Betriebsergebnis von € 352.500,–.

3.5 Blick in die Praxis

Mit der Teilkostenrechnung lassen sich verschiedene Entscheidungsprobleme wesentlich besser lösen als mit der Vollkostenrechnung. Dies vor allem wegen der wahrheitsgerechteren Kostenzuordnung. Es werden keine Fixkosten geschlüsselt, diese werden nur den Bereichen zugerechnet, die diese auch verursacht haben. Wenn sich die Auslastung ändert, werden nur jene Kosten mit verändert, die auch tatsächlich variabel sind. Als Zwischenergebnis erhält man den sogenannten Deckungsbeitrag, aus dem die fixen Kosten zu decken sind. Fälschlicherweise wird dieser Deckungsbeitrag häufig als Gewinnbeitrag interpretiert mit entsprechend negativen Konsequenzen auf die Preisbildung. Speziell in gesättigten Märkten und bei Überkapazitäten kommt es deshalb tendenziell zu ruinösem Wettbewerb.

Trotz dieses Nachteils ist der Deckungsbeitrag eine wesentliche Orientierungsgröße z.B. für Produktprogrammoptimierung. Im Handel wird der Deckungsbeitrag auch Handelsspanne oder Rohgewinn genannt. Die Beurteilung, welche Produkte oder welche Produktgruppen „gut" oder „schlecht" sind, erfolgt kurzfristig fast ausschließlich über den prozentuellen Rohgewinn, den man in anderen Branchen als Deckungsbeitragsquote (= Stückdeckungsbeitrag / Nettoverkaufspreis * 100) kennt. Je höher diese Quote ist, umso erfolgreicher wird ein Produkt eingestuft.

Insbesondere in der Industrie ist aber eine Orientierung allein am Produktdeckungsbeitrag kontraproduktiv, wenn z.B. Produkte auf Aggregaten erzeugt werden, die hinsichtlich der Kapazität Engpässe aufweisen. Produkte, für deren Erzeugung dieses Engpassaggregat benötigt wird, beurteilt man besser anhand des sogenannten „relativen Deckungsbeitrags". Der relative Deckungsbeitrag ergibt sich aus Produktdeckungsbeitrag durch Engpassbelastung (z.B. Maschinenminuten). Ein konkretes Beispiel hierfür liefert die voestalpine Stahl GmbH. Dieses Unternehmen liefert Stahlprodukte aller Art, wie z.B. feuerverzinkte Bleche. Diese Bleche durchlaufen bei der Produktion verschieden Aggregate, wie z.B.:

- Stranggießanlagen (Brammenherstellung)
- Warmwalzstraßen (Warmbandherstellung)
- Kaltwalzstraßen (Kaltbandherstellung)
- Verzinkungsanlagen (Herstellung von verzinkten Bändern)
- Beschichtungsanlagen (Herstellung beschichteter Bänder)

Diese Aggregate werden von den verschiedenen Aufträgen unterschiedlich in Anspruch genommen. Wobei sich die Aufträge hinsichtlich:

- Produktmerkmalen
  - Produkt (z.B. Feuerverzinkte Blechbänder – FVB)
  - Länge
  - Breite (FVB 800 – 1600 mm)
  - Dicke (FVB 0,45 – 3,00 mm)
  - Stahlsorte
  - Oberfläche
  - Beizausführung
  - Glühroute
  - etc.
- Kundenmerkmalen
  - Besteller
  - Warenempfänger
  - Empfängerland und
  - Verkaufsbüro

unterscheiden.

Die voestalpine Stahl GmbH orientiert sich bei der Beurteilung der Produkte an fakturierten Mengen, Herstellkosten, Umsatzselbstkosten, Deckungsbeitrag und Deckungsbeitrag je Auftrag. Aufgrund von Kapazitätsengpässen wird seit längerem auch der „relative Deckungsbeitrag" für die Steuerung und Optimierung der Engpassaggregate verwendet. Ziel ist, eine deckungsbeitragsoptimale Auslastung der Engpassaggregate zu erreichen. Dafür werden die Anlagenleistungen je Produkt berücksichtigt. Da ein Produkt jedoch mehrere Aggregate durchläuft, errechnet sich der relative DB je Auftrag aus:

DB/Leistung je Aggregat (normiert und summiert über alle Aggregate)

Das Ziel ist eine Maximierung des DB durch Simulation von Mengenverschiebungen unterschiedlicher Produktspezifikationen und einer Darstellung der Mengenauswirkungen auf die Aggregate. Hierfür wird eine mehrstufiges Simulationsmodell verwendet, bei dem alle Hauptaggregate und Produkte berücksichtig werden.

Konkret hat sich dadurch ergeben, dass eine Mengenverschiebung von eher schmäleren hin zu breiteren Bändern passiert ist und zwar vor allem deshalb, weil diese Bandsorten Aggregate weniger beanspruchen als schmale und sehr dünne Bandabmessungen. Für diese Mengenverschiebung benötigt der Vertrieb jedoch Informationen über den relativen Deckungsbeitrag bzw. das genannte Simulationsmodell, um eine Deckungsbeitragsoptimierung vornehmen zu können. Natürlich ist es nicht mit jedem Kunden möglich, Änderungen der Bestellungen in Richtung einer aggregatbezogenen Deckungsbeitragsoptimierung zu erreichen, schon gar nicht kurzfristig. Sofern es aber technisch möglich ist und man dies auch entsprechend vorbereitet, kann durch eine Änderung der Blechbandbreite für beide Seiten ein Vorteil entstehen. Der Kunde erhält einen attraktiveren Preis und der Hersteller entlastet seine Anlagen und kann dafür eine höhere Menge bei den anderen Produkten erzeugen.

Das genannte Beispiel soll vergegenwärtigen, dass die in den Lehrbüchern oftmals genannte Produktprogrammoptimierung tatsächlich in Betrieben angewendet wird. Die klassische Anwendung mit einem Aggregat und einem Engpass kommt jedoch in der Unternehmenspraxis nicht so häufig vor, stattdessen existieren häufig mehrere Engpässe und viele Aggregate, für die eine Produktprogrammoptimierung nur mittels mathematischer Simulationsmodelle durchgeführt werden kann.

3.6 Zusammenfassung

Die Teilkostenrechnung versucht die Mängel der Vollkostenrechnung durch eine Trennung der Kosten in beschäftigungsabhängige (variable) und beschäftigungsunabhängige Kosten zu vermeiden.

Grundsätzlich ist ein Teilkostenrechnungssystem ähnlich aufgebaut wie ein Vollkostenrechnungssystem. Die Bestandteile Kostenarten-, Kostenstellen- und Kostenträgerrechnung kommen in der Teilkostenrechnung ebenso vor. Die einzelnen Kostenarten sind aber zusätzlich in variable und fixe Teile aufgesplittet. Für die Aufspaltung benötigt man Kostenauflösungsverfahren, wie z.B. das buchtechnische oder das mathematisch-statistische Verfahren. Ergebnis dieser Kostenauflösung sind sogenannte Variatoren, die ausdrücken, wie viel Prozent der jeweiligen Kostenart variabel und fix sind.

In der Kostenstellenrechnung findet man je Kostenstelle zwei zusätzliche Kostenspalten (variable und fixe Kosten) und variable Zuschlags- bzw. Verrechnungssätze. Dadurch ist es möglich, dass in der Kostenträgerrechnung variable Herstell- und Selbstkosten kalkuliert werden. Ansonsten besteht in der Kostenkalkulation kein großer Unterschied zur Vollkostenrechnung.

Größere Unterschiede ergeben sich hingegen bei der Kostenträgerzeitrechnung, also der Ergebnisermittlung. Die Aufteilung der Kosten in variable, fixe und Einzel- bzw. Gemeinkosten ermöglicht die Ermittlung eines vorzeitigen Ergebnisses, dem sogenannten Bruttogewinn, der auch Deckungsbeitrag genannt wird. Vom Bruttogewinn sind alle restlichen Kosten (Fixkosten) und ein eventueller Gewinn zu decken. Aufgrund der zunehmenden Fixkostenanteile in den Unternehmen leidet bei der klassischen einstufigen Deckungsbeitragsrechnung die Aussagefähigkeit. Ein Ausweg ergibt sich durch eine verursachungsgerechte Aufspaltung des Fixkostenblockes und eine mehrstufige Ergebnisermittlung in Form verschiedener Deckungsbeitragsebenen.

Die Teilkostenrechnung ist für die Lösung bestimmter Entscheidungsprobleme besonders gut tauglich, dazu zählt die Ermittlung der Gewinnschwelle, das Errechnen von Preisuntergrenzen, die Unterstützung bei Make-or-buy-Entscheidungen und die Ermittlung von gewinnoptimalen Produktionsprogrammen.

Insgesamt betrachtet ist die Teilkostenrechnung für Entscheidungssituationen wesentlich besser geeignet als die Vollkostenrechnung, andererseits benötigt man die Informationen aus der Vollkostenrechnung ebenfalls und zwar für Kontrollrechnungen bzw. die Feststellung von kostendeckenden Preisen. Gerade für Letzteres ist die Teilkostenrechnung nur begrenzt verwendbar.

3.7 Tutorials

Beispiel T13: Gegenüberstellung Vollkostenrechnung Teilkostenrechnung

Schwierigkeitsgrad: ••

Ein Unternehmen führt vier Produkte und überlegt, welche in der Zukunft verstärkt am Markt angeboten werden sollen bzw. welche eliminiert werden sollten. Folgende Daten liegen vor (Betragsangaben in €):

Produkt	A	B	C	D	Gesamt
Absatzmenge	1.000	1.500	800	900	4.200
Preis/Stück	60	50	70	80	
Einzelkosten/Stück	30	20	50	40	

Die Gemeinkosten in den Material- und Produktionskostenstellen betragen im Verhältnis zu den Einzelkosten 50%. Die Vertriebskosten betragen € 40.800,–, sie können den einzelnen Produkten nicht zugeordnet werden.

Der Unternehmer entschließt sich alle Produkte zu eliminieren, die ein negatives Ergebnis aufweisen.

Aufgabenstellung

Aufgabe a) Welches Produkt ist zu eliminieren und welches Bruttoergebnis (Betriebsergebnis vor Vertriebskosten) bzw. welches Betriebser-

233

gebnis liegt nach Vollkostenrechnung vor (vor und nach Eliminierung des Produktes)? Welchen Fehler macht der Vollkostenrechner dabei?

Eine genauere Analyse der Kostenstrukturen hat ergeben, dass sämtliche Einzelkosten variabel sind und dass das Verhältnis der Gemeinkosten zu den Einzelkosten 50% beträgt und davon 2/5 variabel sind. Von den € 40.800,– Vertriebskosten sind € 10.200,– variabel.

Aufgabe b) Was ändert sich durch die neuen Erkenntnisse an der Produktprogrammentscheidung? Wie hoch sind der Deckungsbeitrag 1 (Ergebnis vor Vertriebskosten und Fixkosten), der Deckungsbeitrag 2 (Ergebnis vor Fixkosten) und das Betriebsergebnis?

Lösungen

Aufgabe a)

- Produkt C
- Bruttoergebnis vorher 59.000,–, Betriebsergebnis vorher 18.200,– Bruttoergebnis nachher 63.000,–, Betriebsergebnis nachher 22.200,– Fehler: Vermeintliche Reduktion aller Kosten von C

Aufgabe b)

- Durch Streichung von C wird ein Deckungsbeitrag von 8.000,– eliminiert, daher keine Streichung!
- Ohne Streichung: DB1 99.800,–, DB2 89.600,–, BE 18.200,–

Schwierigkeitsgrad: ●

Beispiel T14: Kalkulation zu Voll- und Teilkosten

Das Produktions-Unternehmen TMW erzeugt Heizplatten für Wärmekabinen. Für die beiden hergestellten Modelle „Intense" und „Soft" sind folgende Daten gegeben. Die gesamte Produktionsmenge wird auch verkauft.

	Intense	Soft
Erzeugte Menge (Stück)	2.400	1.500
Fertigungsmaterial	60.000,–	30.000,–
Fertigungslöhne	36.000,–	21.000,–
Nettoerlös (Stück)	95,–	75,–

Gemeinkostensätze	Vollkosten	Variable Kosten
Mat-GK	8%	3%
Fert.-GK	180%	120%
Vw-GK	10%	4%
Vt-GK	15%	5%

Aufgabenstellung

Berechnung der Herstell- und Selbstkosten sowie der Nettoergebnisse je Stück

a) mit Hilfe der Vollkostenrechnung
b) mit Hilfe der Teilkostenrechnung

Lösungen

	Vollkosten		Teilkosten	
	Intense	Soft	Intense	Soft
Herstellkosten/Stück	69,00	60,80	58,75	51,40
Selbstkosten/Stück	86,25	76,00	64,04	56,03
Nettoergebnis/Stück	8,75	− 1,00	30,96	18,97

Beispiel T15: Gewinnschwelle

Schwierigkeitsgrad: •

Für eine bestimmte Abrechnungsperiode liegen bei einer Absatzmenge von 10.200 Stück über ein Produkt folgende Informationen vor (Werte in €):

Nettoerlös pro Stück	36,—
variable Selbstkosten pro Stück	21,—
Fixkosten	42.000,—

Aufgabenstellung

a) Berechnen Sie den Break-Even-Point (Menge) und das Betriebsergebnis der betrachteten Abrechnungsperiode.
b) Welche Veränderung der Absatzmenge müsste erfolgen, wenn dasselbe Betriebsergebnis erzielt werden soll, wobei die Fixkosten unverändert bleiben, jedoch die variablen Selbstkosten auf 24,– ansteigen?
c) Die Unternehmensleitung plant eine Preiserhöhung des Produktes auf 42,– pro Stück, wobei die Gesamtkosten konstant gehalten werden könnten (Angaben lt. Punkt a). Wie viel Stück müssten mindestens abgesetzt werden, um ein Betriebsergebnis von 126.000,– zu erzielen?

Lösungen

a) 2.800 Stück, € 111.000,–
b) 12.750 Stück
c) 8.000 Stück

Beispiel T16: Periodenerfolgsrechnung und Gewinnschwelle

Schwierigkeitsgrad: •

Der Controlling-Abteilung eines Produktionsbetriebes liegen für die Planperiode 2008 folgende Daten vor:

		Produkt		
		X	Y	Z
Erwarteter Absatz	[Stück]	36.000	50.000	27.500
Verkaufspreis netto	[€/Stück]	24,00	22,00	38,00
Fertigungszeit	[min]	15	12	18
Fertigungsmaterial	[kg]	1,20	2,20	3,40

Material	[€/kg]	3,50
Stundensatz der variablen Fertigungskosten	[€/Std.]	50,00
Var. Vertriebskosten		11% v. Umsatzerlös
Fixkosten	[€]	370.000,00

Aufgabenstellung

a) Ermitteln Sie das geplante Betriebsergebnis in Form einer Deckungsbeitragsrechnung.

b) Bei welcher Umsatzhöhe wird die Gewinnschwelle erreicht?

c) Wie hoch ist die Sicherheitsspanne? Erläutern Sie die Bedeutung/Aussagekraft.

d) Wie hoch müsste der Umsatz sein, um ein Betriebsergebnis in Höhe von € 120.000,00 zu erwirtschaften?

Lösungen

a) BE: € 82.060,–.

b) € 2.462.793,–

c) 18,15%

d) € 3.261.536,–

Schwierigkeitsgrad: ●

Beispiel T17: Ermittlung der Preisuntergrenze

Aus der Kostenrechnung der Hobal GmbH, Produktion von Klimaanlagen, Wels, ergeben sich aus den einzelnen Kostenstellen für das vergangene Kalenderjahr 20.. folgende Kosten und Bezugsgrößen. Diese sind die Basis für die Kostenträgerrechnung im 1. Quartal des kommenden Jahres.

Kostenstelle	Material	Fertigung 1	Fertigung 2	Verwaltung & Vertrieb
Variable Gemeinkosten	547.200,–	1.350.000,–	1.871.100,–	317.700,–
Fixe Gemeinkosten	480.000,–	1.950.000,–	3.300.000,–	678.000,–
Bezugsgröße	Materialeinzelkosten 4.200.000,–	Fertigungsstunden 2.500 h	Fertigungslöhne 1.400.000,–	Variable Herstellkosten

Ein Kunde bitte um ein Angebot für folgenden Auftrag:

Materialeinzelkosten	6.200,–
Fertigung 1	78 h Arbeitszeit
Lohnsumme – Fertigung 2	4.000,–

Der Kunde hat bereits andere Angebote eingeholt. Das günstigste Angebot liegt bei € 65.000,– Soll man den Auftrag annehmen, welcher Deckungsbeitrag würde sich ergeben, wenn man um € 64.000,– anbieten würde? Kapazitäten sind ausreichend vorhanden.

Aufgabenstellung

- Wie weit könnte man mit dem Preis theoretisch noch runtergehen?
- Wie hoch ist der Deckungsbeitrage bei einem Preis von 64.000,–. Welche DBU-Quote ergibt sich dabei?
- Soll man den Kundenauftrag überhaupt annehmen?

Lösungen

- Preisuntergrenze = variable Selbstkosten: € 60.456,75
- Deckungsbeitrag = € 3.543,25; DBU-Quote = 5,54%

Beispiel T18: Einstufige, mehrstufige Deckungsbeitragsrechnung

Schwierigkeitsgrad: •

Ein Lebensmittelerzeuger produziert die Produkte Spicy und Salty, welche die Produktgruppe Snacks bilden, und die Produkte Sweet und Creamy, die sich zur Produktgruppe Sweets bündeln lassen.

	Snacks		Sweets	
	Spicy	Salty	Sweet	Cream
Erlös/Stk.	€ 6,50	€ 7,50	€ 5,90	€ 6,80
Variable Kosten/Stk.	€ 4,00	€ 5,00	€ 3,50	€ 3,20
Produzierte/abgesetzte Menge in Stk.	50.000	32.000	48.000	9.000

Für Spicy existieren bedingt durch eine eigene Fertigungsanlage Fixkosten in Höhe von € 40.000,–. Bei Salty fallen aufgrund besonderer Zertifizierungen Fixkosten von € 28.000,– an. Sweet wird in Lizenz hergestellt, wodurch Fixkosten in Höhe von € 78.500,– anfallen. Creamy erfordert kleinere Verpackungsgrößen und dadurch fallen Fixkosten in der Höhe von € 25.000,– an.

Die Produktgruppe Snacks wird mit dem firmeneigenen Transporter ausgeliefert, wodurch fixe Kosten in Höhe von € 17.500,– entstehen.

Da die sich Produktgruppe Sweets in der Markteinführungsphase befindet, sind Werbekosten von € 45.000,– zuzurechnen.

Die restlichen Unternehmensfixkosten betragen € 85.000,–.

Aufgabenstellung

Ermitteln Sie das Betriebsergebnis mittels der einstufigen Deckungsbeitragsrechnung und der stufenweisen Fixkostendeckungsrechnung und interpretieren Sie jeweils das Ergebnis. Welche Entscheidungsmöglichkeiten zur Ergebnisoptimierung haben Sie mit den beiden Verfahren?

Lösungen

Betriebsergebnis bei beiden Verfahren: € 33.600,–

Produktgruppe Sweets weist einen negativen DB3 auf, dieser ist nur bei der stufenweisen Fixkostendeckungsrechnung erkennbar.

Schwierigkeitsgrad: ●●

Beispiel T19: Produktionsprogrammoptimierung

Für die Herstellung der drei Produkte TS101, TS102 und TS103 ist ein aufwändiger Prüfprozess notwendig. Bei der dafür benötigten Maschine ist es in letzter Zeit immer wieder zu Kapazitätsengpässen gekommen. Die monatliche Maximalkapazität beträgt 300 Stunden. Die Monatsfixkosten (Bedienungspersonal, Kapitalkosten etc.) betragen € 85.000,– Die Betriebsleitung denkt über eine Optimierung des Produktionsprogrammes nach.

Folgende zusätzliche Informationen stehen ihnen zur Verfügung:

Produkt	Erlöse/Stk.	Var. Kosten/Stk.	Prüfzeit/Stk.
TS101	€ 480,–	€ 240,–	24 Minuten
TS102	€ 420,–	€ 300,–	6 Minuten
TS103	€ 540,–	€ 342,–	18 Minuten

Für TS101 gibt es bereits einen Fixkunden, der auf eine pünktliche Lieferung besteht. Die Abnahmemenge ist 140 Stück. Dies wurde auch zugesagt, bei Nichtlieferung oder verspäteter Lieferung drohen Strafzahlungen.

Insgesamt wurden von der Marktforschungsabteilung folgende maximal mögliche Absatzmengen mitgeteilt: TS101: 1200 Stück; TS102: 1000 Stück; TS103: 800 Stück. Die Produktionsabteilung ist aufgefordert auf Basis dieser Angaben ein gewinnoptimales Produktionsprogramm zu erstellen.

Aufgabenstellung

a) Welche Mengen sind von den einzelnen Produkten zu erstellen um ein Gewinnoptimum zu erreichen? Welcher Gesamtdeckungsbeitrag ergibt sich dadurch?

b) Der Unternehmer möchte sich die Möglichkeit offen lassen das Programm völlig neu zu gestalten, er zieht dafür sogar eine Kündigung des Auftrages über 140 Stück TS101 in Erwägung. Wie hoch dürfte die dafür fällige Strafzahlung sein, wenn man die freiwerdenden Kapazitäten stattdessen für die Produktion eines deckungsbeitragsstärkeren Produktes nützen könnte?

Lösungen

a) Produktionsprogramm und Gesamt DB (in €):

TS101	140 Stk.	33.600,–
TS102	1.000 Stk.	120.000,–
TS103	480 Stk.	95.040,–
Σ DB		**248.640,–**

b) € 3.228,–

3.8 Übungsbeispiele und -aufgaben

Beispiel U16: Deckungsbeitragsrechnung

Schwierigkeitsgrad: ●

Der Waschmittelproduzent „Persol" hat aufgrund einer Fabrikerweiterung noch freie Kapazitäten für Zusatzaufträge. Die Fixkosten betragen in der betreffenden Periode € 50.000,–. „Persol" könnte zusätzlich 10.000 kg Waschmittel absetzen. Bei diesem Zusatzauftrag würde ein Bruttoverkaufspreis von € 5,16 / kg erzielt werden.

Aufgabenstellung

a) Soll „Persol" den Zusatzauftrag (10.000 kg) annehmen, wenn die variablen Herstell- und Vertriebskosten für 10 kg Waschmittel bei € 40,– liegen?

b) Wie wäre zu entscheiden, wenn beim Zusatzauftrag ein um 10% niedriger Nettoverkaufspreis zu erzielen wäre?

Lösungen

- Aufgabe a) Deckungsbeitrag je kg € 0,30
- Aufgabe b) Deckungsbeitrag je kg € –0,13

Beispiel U17: Deckungsbeitragsrechnung

Schwierigkeitsgrad: ●

Das Skierzeugungsunternehmen „Huber Sports GmbH" bietet zurzeit den Kinderski „Worldcup - Best Speed" zu einem Preis von € 199,99 Paar an. Die variablen Materialeinzelkosten betragen € 50,–/Paar und der variable Anteil der Materialgemeinkosten liegt bei 30 %. Die variablen Fertigungseinzelkosten belaufen sich auf 62,50 €/Stunde und die Fertigungszeit/Paar beträgt 32 Minuten. Weiteres fallen variable Fertigungsgemeinkosten von 12 % an.

Aufgrund der geringen Absatzmenge in der Höhe von 3.220 Paar überlegt man, den Preis um 6 % zu senken.

Laut sämtlichen Marketingexperten des Unternehmens würde dies eine Steigerung des Absatzes auf 4.000 Paar ermöglichen.

Aufgabenstellung

- Entscheiden Sie, ob eine Preissenkung durchgeführt werden soll und begründen Sie Ihre Antwort!

Lösung

- Durch die Maßnahme ergibt sich ein Deckungsbeitragsgewinn von € 28.174,60,–

Schwierigkeitsgrad: ●

Beispiel U18: Deckungsbeitragsrechnung

Die HOFFMANN GmbH, ein Erzeuger von Wintersportgeräten, führt über ihre Sparten gesonderte Kostenrechnungsaufzeichnungen. Darin wird unterschieden zwischen abbaubaren und nicht abbaubaren Fixkosten.

Für die Sparte Eissportgeräte, die das Produkt „Eisstock Olympiasieger" erzeugt und absetzt, werden abbaubare Planfixkosten von € 126.500,– ausgewiesen.

Da diese Sparte in den letzten Jahren regelmäßige Absatzrückgänge verzeichnete und langfristig nur mehr mit einem Jahresabsatz von 11.000 Stück gerechnet werden kann, denkt die Unternehmensleitung an eine Stilllegung dieser Sparte.

Aufgabenstellung

a) Soll die Sparte stillgelegt werden, wenn je Produkt variable Selbstkosten von € 60,– anfallen und zukünftig ein Absatzpreis von € 70,– je Stück erzielbar sein wird?

b) Welcher Stückpreis würde für Kostendeckung sorgen?

c) Soll die Sparte stillgelegt werden, wenn erwartet werden kann, dass durch eine massive Werbekampagne im Ausmaß von € 60.000,– der Jahresabsatz auf 15.000 Stück gesteigert werden könnte (Gesamtkapazität 16.000 Stück)?

Lösungen

Aufgabe a) Ja, durch die Stilllegung verbessert sich der Gesamtdeckungsbeitrag um € 16.500,–.

Aufgabe b) € 71,50

Aufgabe c) Ja trotzdem, denn ohne die Werbekampagne würde sich der Gesamtdeckungsbeitrag noch einmal verschlechtern (statt € –16.500 nun –€ 36.500).

Schwierigkeitsgrad: ●●

Beispiel U19: Kalkulation zu Voll- und Teilkosten

Die Oups AG produziert Modellautos mit Elektromotoren. Für die drei verschiedenen Modelle werden folgende Werte (Werte in €) ermittelt:

	Porsche	Audi	BMW
Erzeugte und abgesetzte Menge	50.000	20.000	100.000
Fertigungsmaterial	1.250.000	1.000.000	3.500.000
Fertigungslöhne	1.000.000	800.000	2.100.000
Nettoerlös je Stück	300	220	360

Aus den Kostenstellen ergeben sich folgende Zuschlagssätze:
Gemeinkostensätze zu variablen Kosten: MGK 5%, FGK 105%, Vw-Vt-GK 10%
Gemeinkostensätze zu Vollkosten: MGK 9%, FGK 230%, Vw-Vt-GK 24%

Aufgabenstellung

a) Berechnen Sie bitte die variablen und die vollen Herstellkosten – analog dazu die variablen und vollen Selbstkosten sowie die Nettoergebnisse je Modell.

b) Der Kunde Müller würde 10.000 Stück des Modells Audi abnehmen, wenn die Oups AG den Preis pro Stück auf € 210,– senken würde. Die nötigen Kapazitäten für diesen Auftrag stünden zur Verfügung. Ist es klug den Auftrag anzunehmen? Wenn ja, wie groß wäre der zusätzliche Ergebnisbeitrag?

c) Wie verändert sich der prozentuelle Rohgewinn für das Produkt Audi nach der Preissenkung? (Stück-DB / Nettoerlös je Stück * 100 = Rohgewinn in %)

Lösungen

a)

	Vollkosten			Teilkosten		
	Porsche	Audi	BMW	Porsche	Audi	BMW
Herstellkosten/Stück	93,25	186,50	107,45	67,25	134,50	79,80
Selbstkosten/Stück	115,63	231,26	133,24	73,98	147,95	87,78
Nettoergebnis/Stück	184,37	– 11,26	226,76	226,03	72,05	272,22

b) Ja, da variable Selbstkosten niedriger als der Preis
   Zusätzlicher Gewinn: € 620.500,–

c) von 32,75% auf 29,55%

Beispiel U20: Kalkulation zu Voll- und Teilkosten

Schwierigkeitsgrad: ●●

In einem Industriebetrieb werden die Produkte AT147 und BT277 erzeugt. Aus der unten angeführten Kostenstellenrechnung können die Kosten entnommen werden:

Die Hilfskostenstelle 1 erbringt ihre Leistungen an die anderen Kostenstellen wie folgt:

- Materialstelle: 35%
- Mechanische Fertigung (MF): 15%
- Montage (Mon): 10%
- Verwaltung: 40%

In der Montage werden 180 Leistungsstunden erbracht.

Für die beiden Produkte AT147 und BT277 sind aus der Arbeitsvorbereitung folgende Daten bekannt:

	AT147	BT277
Fertigungsmaterial in €	525	300
Fertigungslöhne MF in €	300	600
Fertigungslöhne Mon in €	180	780
Leistungsstunden in der Montage	0,075	0,3

Kostenarten	Kostenstellen (Angaben in € 1.000)									
	Materialstelle		Mechanische Fertigung		Montage		Verwaltung		Hilfskostenst.1	
	K_f	K_v	K_f	K_v	K_f	K_v	K_f	K_v	K_f	K_v
Einzelkosten:										
Fertigungslöhne			900,0		750,0					
Fertigungsmaterial		1.200,0								
Gemeinkosten:										
Gehälter	18,0		30,0		30,0		18,0		6,0	18,0
Hilfslöhne	12,0	7,5	30,0	30,0	22,5	15,0	7,5	5,0		12,0
lohn- u. gehaltsabhängige Kosten	24,0	6,0	48,0	744,0	42,0	612,0	20,4	6,0	4,8	24,0
Hilfsmaterial			7,5	15,0	1,5	4,5				
Energie	3,0	9,0	6,0	30,0	9,0	32,5	3,0	1,5	3,0	3,0
Abschreibungen	6,3		27,0	7,5	22,5		1,5		3,8	6,3
Zinsen	1,5	7,5	11,7		6,6		0,9		0,5	1,5
Sonstiges							86,7	22,0		
Bezugsgrößen für die variablen bzw. die vollen Gemeinkosten	Fertigungs-material		Fertigungslöhne in der mechanischen Fertigung		Leistungs-stunden Montage		volle bzw. variable Herstellkosten		Erbrachte Leistung	

Aufgabenstellung

- Ermitteln Sie die variablen sowie die vollen Selbstkosten von AT147 und BT277.

Lösungen

- Volle Selbstkosten: Produkt AT147: 1.803,–, Produkt BT277: 3.881,–
- Variable Selbstkosten: Produkt AT147: 1.608,–, Produkt BT277: 3.414,–

Schwierigkeitsgrad: •

Beispiel U21: Gewinnschwelle Computerhandel

Eine Bürokauffrau möchte mit einem Bekannten ein Computergeschäft eröffnen. Von einem Freund, der sein Unternehmen verkaufen möchte, erhalten Sie folgende Daten (Werte in €):

1. Für die Verkaufsräume fällt eine monatliche Miete von 1.200,– an.
2. Für das Lager muss eine Monatsmiete von 250,– bezahlt werden.
3. Die Zinsbelastung für das Fremdkapital beträgt jährlich 5.400,– (Eigenkapitalkosten können vernachlässigt werden).
4. Die im Geschäft angestellte Arbeitskraft kostet pro Monat 2.400,– (14 Gehälter).
5. Im Einkauf kostet ein PC netto 250,–; offizieller Bruttoverkaufspreis (inkl. 20% USt) 480,–, durchschnittlich werden 5% Rabatt gegeben.
6. Pro Monat können 65 PCs abgesetzt werden (im Juli ist Betriebsurlaub, im Dezember wird erfahrungsgemäß die doppelte Monatsmenge verkauft).
7. An sonstigen Fixkosten fallen monatlich € 2.200 an.

Aufgabenstellung

a) Prüfen Sie, ob sich die Übernahme des Computergeschäfts rentiert. Ermitteln Sie zunächst rechnerisch und zeichnerisch die Gewinnschwelle in Stück.

b) Bestimmen Sie anschließend, welches Ergebnis vor Steuern (EBT) bei den geplanten Stückzahlen erreicht wird.

c) Errechnen Sie die Umsatzrendite auf Basis Betriebsergebnis (EBIT) und Ergebnis vor Steuern (EBT).

Lösungen

a) 637 PCs.

b) € 18.600,–.

c) Umsatzrendite auf Basis EBIT: 8,1%, auf Basis EBT: 6,28%

Beispiel U22: Gewinnschwelle Geschäftslokal

Schwierigkeitsgrad: ●●

Die Einzelhandelskette Bipo will in Wels eine neue Filiale eröffnen. Laut Unternehmensplanung wären vier Mitarbeiter notwendig. Je Mitarbeiter sind inklusive Lohnnebenkosten € 25.000,– pro Jahr an Personalkosten zu veranschlagen. Zwecks besserer Motivation wird den Mitarbeitern eine Verkaufsprovision von 1,5% vom erzielten Umsatz zugesagt.
Der Handelswarenaufschlag beträgt 80%.
Für Geschäftsmiete, Werbeaktionen, diverse Versicherung Zinsen und sonstige Kosten fallen voraussichtlich fixe Kosten von € 160.000,– pro Jahr an.

Aufgabenstellung

a) Wo liegt der Gewinnschwellenumsatz für das neue Geschäftslokal. Wie hoch ist der Wareneinsatz?

b) Der Unternehmer möchte zumindest eine Umsatzrendite (Betriebsergebnis x 100 / Umsatz) von 3% erzielen. Bei welchem Umsatz wird diese erreicht?

c) Nachdem er Variante b) durchgerechnet hat, ist der Unternehmer mit der Ergebnissituation nicht zufrieden, er beschließt den Warenaufschlag auf 100% zu erhöhen. Wie hoch ist das Betriebsergebnis, wenn der Wareneinsatz voraussichtlich € 320.000,– beträgt? Provisionsregelung und Fixkosten bleiben unverändert. Wie verändert sich die Umsatzrendite?

Lösungen

a) Gewinnschwellenumsatz: € 605.433,–; HW-Einsatz: € 345.433,–

b) € 650.904,–

c) € 50.400,–; 7,88%

Beispiel U23: Gewinnschwelle und Liquiditätspunkt

Schwierigkeitsgrad: ●●

Für die Produktion eines Produktes „p1234", das in Großserie hergestellt wird, liegen folgende Kalkulationsdaten vor (€/Stück):

Materialeinzelkosten:	€ 4,–
Var. Fertigungskosten:	€ 12,–

Fertigungsgemeinkosten (fix):

Kostenstelle 3246	100.000,–
Kostenstelle 3282	80.000,–
Kostenstelle 6112	90.000,–
Variable Vertriebskosten (Prov./Stück):	2% vom Verkaufspreis
Verwaltungsfixkosten:	90.000,–
Vertriebsfixkosten:	130.000,–
Entwicklungsfixkosten	80.000,–

Der Nettoverkaufspreis je Stück beträgt € 20,–

Aufgabenstellung

a) Wie viel Stück müssen abgesetzt werden um die Gewinnzone zu erreichen? Wie hoch ist der notwendige Umsatz?

b) Der Unternehmer möchte zumindest ein Vorsteuergewinn von 100.000,– erzielen, wie viele Einheiten müssen abgesetzt werden?

c) Eine Konkurrenzanalyse hat ergeben, dass am Markt eine Umsatzrendite von 5% erzielbar ist. Wie hoch müsste dafür der notwendige Umsatz sein?

d) Für die Entwicklung wird vom Forschungsförderungsfonds eine Förderung € 100.000,– gewährt? Wie verändert sich dadurch die notwendige Absatzmenge um kostendeckend zu sein?

e) Eine Analyse der Fixkosten hat ergeben, dass die nicht zahlungswirksamen Kosten sich wie folgt zusammensetzen:

AfA:	€ 140.000,–
Eigenkapitalzinsen:	€ 30.000,–
Sonst. nicht ausgabenwirksame Fixkosten:	€ 80.000,–

Der Unternehmer möchte wissen, wie viel Stück er verkaufen muss um zumindest kurzfristig seinen unmittelbaren Zahlungsverpflichtungen nachkommen zu können? Errechnen Sie hierfür den Liquiditätspunkt (Stück).

Lösungen

a) Umsatz: € 3.166.667,–. Menge: 158.334 Stück

b) 186.111 Stück

c) € 4.384.615,–; 219.231 Stück

d) 130.556 Stück

e) 88.889 Stück

Schwierigkeitsgrad: ●●

Beispiel U24: Gewinnschwelle – Mehrproduktunternehmen, mehrstufige Deckungsbeitragsrechnung

In Puchkirchen gibt es seit zwei Jahren keinen Nahversorger mehr. Seit kurzem gibt es jedoch hierfür einen Interessenten. Herr Huber holt vorab einige

Informationen ein und zwar von einer großen Einzelhandelskette (MEGRO) und aus diversen öffentlich zugänglichen Statistiken.

Laut statistischem Bundesamt ist die Bruttogewinnspanne ((Nettoumsatz abzüglich Wareneinsatz/Nettoumsatz)*100) im „Einzelhandel mit Waren verschiedener Art (in Verkaufsräumen)" 2010 (letzte erhältliche Information) 23,1%.

Von der Einzelhandelskette MEGRO erhält er folgende Prognosen bezüglich der zukünftigen Umsatzstruktur und der Bruttogewinnspannen für den Standort in Puchkirchen:

	Umsatzanteil	Bruttogewinnspanne
Alkoholfreie Getränke	5%	10%
Alkoholische Getränke	7%	8%
Fertigprodukte	12%	15%
Gesichts- und Körperpflege	10%	20%
Konserven	5%	18%
Molkereiprodukte	8%	25%
Obst- und Gemüse	4%	17%
Süßigkeiten und Snacks	8%	35%
Tiefkühlkost	12%	26%
Tiernahrung	4%	30%
Wasch-, Putz- und Reinigungsmittel	10%	18%
Wurst und Fleisch	15%	20%

Eine weitere Information des Bundesverbandes der Gemischtwarenhändler besagt, dass im Durchschnitt folgende prozentuelle Handlungskosten anfallen

Handlungskosten in % vom Nettoumsatz	20xx
Personalkosten	13,5%
– Direkte Löhne	9,9%
– Unternehmerlohn	3,6%
Miete oder Mietwert	3%
Sachkosten	1,5%
Kosten für Werbung	0,7%
Div. Steuern	0,2%
Kfz.-Kosten	0,3%
Zinsen für Fremdkapital	0,5%
Abschreibungen	0,9%
Übrige Kosten	2,6%
Gesamt	**23,2%**

Aufgabenstellung

a) Wie schätzen Sie die Erfolgsaussichten von Herrn Huber in Puchkirchen ein? Begründen Sie Ihre Antwort.

b) Herr Huber geht davon aus, dass seine gesamten Handlungskosten in der Planperiode maximal T€ 474 betragen werden (inkl. T€ 72 kalk. Unternehmerlohn). Berechnen Sie den notwendigen Nettoumsatz um gerade noch kostendeckend zu sein. Verwenden Sie die Bruttogewinnspannen von MEGRO.

c) In einer optimistischeren Betrachtung geht der Unternehmer davon aus, dass die Bruttogewinnspanne des statistischen Bundesamtes zu schaffen sein sollte. Wie verändert sich dadurch der notwendige Umsatz?

d) In den Handlungskosten von T€ 474 sind T€ 270 Personalkosten enthalten (inkl. T€ 72 kalkulatorischer Unternehmerlohn). Die Personalkosten ohne den kalk. Unternehmerlohn verteilen sich auf die einzelnen Warengruppen folgendermaßen:

	Produktgruppe	Personalkosten
Alkoholfreie Getränke	PG1	10%
Alkoholische Getränke		
Fertigprodukte	PG2	20%
Gesichts- und Körperpflege		
Konserven		
Molkereiprodukte	PG3	20%
Obst- und Gemüse		
Süßigkeiten und Snacks	PG4	20%
Tiefkühlkost		
Tiernahrung		
Wasch-, Putz- und Reinigungsmittel		
Wurst und Fleisch	PG5	30%

Die sonstigen Handlungskosten und der kalk. Unternehmerlohn werden als Unternehmensfixkosten betrachtet. Der Gesamtumsatz soll € 2,5 Mio. betragen. Verwenden Sie die Bruttogewinnspannen von MEGRO. Erstellen Sie eine mehrstufige Deckungsbeitragsrechnung. Wie hoch ist die Umsatzrendite

e) Wie hoch ist das Betriebsergebnis wenn der geplante Umsatz € 2,5 Mio. beträgt und die Handlungskosten weiterhin T€ 474,– betragen aber die Bruttogewinnspanne auf 25% gesteigert wird

Lösungen

a) Geschäft ist nicht rentabel, da gewichteter Bruttogewinn 20,4% geringer als die Handlungskosten von 23,2%

b) Notwendiger Umsatz: T€ 2.328,–

c) Notwendiger Umsatz: T€ 2.052,–

		DB1	DB2	DB3 = BE
PG1	Alkoholfreie Getränke	12,5	6,7	
	Alkoholische Getränke	14,0		
PG2	Fertigprodukte	45,0	77,9	
	Gesichts- und Körperpflege	50,0		
	Konserven	22,5		
PG3	Molkereiprodukte	50,0	27,4	35,0
	Obst- und Gemüse	17,0		
PG4	Süßigkeiten und Snacks	70,0	183,4	
	Tiefkühlkost	78,0		
	Tiernahrung	30,0		
	Wasch-, Putz- und Reinigungsmittel	45,0		
PG5	Wurst und Fleisch	75,0	15,6	

d) Mehrstufige DB-Rechnung
   Umsatzrendite: 1,4%
e) Betriebsergebnis: T€ 151,–

Beispiel U25: Ermittlung der Preisuntergrenze

Schwierigkeitsgrad: ●●

In einem mittelständischen Unternehmen wird u.a. folgendes Produkt „R9876" erzeugt:

Rohmaterial je Stück	€ 1,50
Zukaufteile	€ 3,50
Fertigungslöhne je Stück	€ 6,20
Erzeugte und abgesetzte Menge im Inland (Stk.)	8.000
Nettoverkaufspreis	€ 32,–
Gemeinkostensätze zu var. Kosten: Gemeinkosten aus Kostenstelle „Beschaffung"	5%
Gemeinkosten aus den Fertigungskostenstellen	145%
Verwaltungs- und Vertriebsgemeinkosten	7%

Aufgabenstellung

a) Wie hoch ist der Deckungsbeitrag je Stück?
b) Aufgrund der schlechten Auslastung wird versucht in Auslandsmärkten Fuß zu fassen. Für den Anfang könnte man dort noch zusätzlich 2.000 Stück absetzen. Man müsste allerdings erheblich Preiszugeständnisse machen, der Preis auf dem Auslandsmarkt wäre € 25,–. Vorläufig erscheint der Preis am Inlandsmarkt nicht gefährdet. Soll man den Auslandsmarkt bearbeiten? Welches zusätzliche Betriebsergebnis würde sich dadurch ergeben?
c) Ein Vertriebspartner würde zusätzlich weitere 8.000 Stück zum Preis von € 25,– absetzen, er verlangt aber dafür eine Händlerspanne von 10% vom Nettolistenpreis. Ist dieser Vertriebsweg sinnvoll. Welcher zusätzliche Deckungsbeitrag würde sich dadurch ergeben?

d) Wahrscheinlich würde sich Preis im Inlandsmarkt durch Maßnahme b) und c) nicht mehr halten lassen, um wie viel könnte der Preis sinken, damit das gleiche Ergebnis wie ohne Auslandsmarktbearbeitung erzielt wird?

Lösungen

a) DB je Stück: € 10,13
b) Zusatz-DB(BE): € 6.258,40;
c) Zusätzliches DB(BE): € 5.034,–
d) Reduzierter Preis am Inlandsmarkt: € 30,59

Schwierigkeitsgrad: ●●

Beispiel U26: Mehrstufige Deckungsbeitragsrechnung

Ein BMW-Händler möchte für das kommende Geschäftsjahr eine Ergebnisplanung in Form einer mehrstufigen DB-Rechnung erstellen.

Folgende Informationen liegen vor (Werte sind Nettowerte in €):

Neufahrzeuge:

	Kleinfzg.	Mittelklassefzg.	Luxusfzg.
Marktvolumen Neuwagen (Stück)	2.140	794	50
Marktanteilsprognose	7,00%	17,00%	30,00%
Nettolistenpreis (€)	35.680	46.385	62.450
Händlerspanne (Rohabschlag)	16%	17%	19%
Rabatt vom Listenpreis	7,00%	8,50%	10,00%

Kleinfahrzeuge: Marktsegment, wo alle 1er- und 3er-BMW inklusive der relevanten Konkurrenzprodukte im betreffenden Verkaufsgebiet enthalten sind
Mittelklassefzg.: 5er BMW plus relevante Konkurrenzprodukte
Luxusfahrzeuge: 6er+7er BMW plus relevante Konkurrenzprodukte

NW = Neuwagen
GW = Gebrauchtwagen

Gebrauchtfahrzeuge:

Hierbei ist davon auszugehen, dass das Verhältnis verkaufte Neuwagen zu verkaufte Gebrauchtwagen 1:1 beträgt.

Durchschnittlicher Verkaufspreis je GW	19.170
Händlereinkaufspreis je GW	17.189
Aufbereitungskosten je GW	800
Die Stufenfixkosten für das Profit Center Neuwagen sind geplant mit	420.900
Die Stufenfixkosten für das Profit Center Gebrauchtwagen sind geplant mit	340.000

Gesamtbetrieb:

Die geplanten Kosten für den Gesamtbetrieb sind als fix angenommen und setzen sich folgendermaßen zusammen:

Verwaltungskosten	170.000
Afa	150.000
Sonstige Betriebskosten	90.000

Aufgabenstellung

Planen Sie für das kommende Jahr folgende Größen:

a) den DB1 (Bruttogewinn)

b) den DB2

c) das Betriebsergebnis

d) Ermitteln Sie folgende Kennzahlen:

- DB1-Quote (Bruttogewinnspanne)
- DB2-Quote
- Umsatzrendite (Betriebsergebnis/Nettoumsatz)

Lösungen

a) DB1 Neuwagen: € 1.098.255, DB1 Gebrauchtwagen: € 354.300,–

b) DB2: € 691.655,–

c) BE: € 281.655,–

d) Kennzahlen

- DB1-Quote: 1er/3er: 9,7%, 5er: 9,3%, 6er/7er: 10%, GW: 6,2%
- DB2-Quote: NW: 5,9%, GW: 0,2%
- Umsatzrendite: 1,6%

Beispiel U27: Produktionsprogrammoptimierung und Preisuntergrenze

Schwierigkeitsgrad: ●●

Die Hofer KG erzeugt und vertreibt fünf verschiedene Produkte.

Das Unternehmen hat eine durchaus zufriedenstellende Auslastung. Bei einer Maschine kommt es jedoch zunehmend zu Kapazitätsengpässen, sodass über das Produktionsprogramm nachgedacht wird. Aufgrund der großen Engpassbelastung neigt der Produktionsleiter dazu vom Produkt Alpha weniger zu produzieren. Der Controller meint jedoch, dass es darum ginge das gewinnmaximale Produktionsprogramm zu finden und dabei nach anderen Kriterien gewählt werden müsste. Folgende Daten liegen vor:

Produktart	Absatzober- grenze Stück/Monat	Verkaufspreis €/Stück	Var. Selbst- kosten €/Stück	Engpass- belastung Min./Stück
Alpha	5.000	17,5	10	5
Beta	7.500	15	10	2
Gamma	10.000	13,8	7,50	3
Delta	6.000	10,25	5	3
Epsilon	5.000	8	4	4

Die Engpasskapazität (Fertigung) beläuft sich auf 95.000 Maschinenminuten.

Aufgabenstellung

a) Geben Sie dem Produktionsleiter bekannt wie sich das gewinnoptimale Produktionsprogramm zusammensetzt.

b) Wo liegt die die Preisuntergrenze eines Zusatzauftrags „Zeta", für den folgende Daten gelten:

Grenzselbstkosten	8,00 EUR/Stück
Engpassbelastung	2 Minuten/Stück
Stückzahl	2.500 Stück

Lösungen

a) Gewinnoptimales Produktionsprogramm

Produktart	Menge (Stück)	DB (€)
Beta	7.500	37.500
Gamma	10.000	63.000
Delta	6.000	31.500
Alpha	5.000	37.500
Epsilon	1.750	7.000
Deckungsbeitragssumme €		176.500

b) Preisuntergrenze:

Grenzselbstkosten € 8,00 + Opportunitätskosten (Epsilon) € 2,00 = € 10,00

Schwierigkeitsgrad: ●●

Beispiel U28: Produktionsprogrammoptimierung

Herr Huber, der Leiter einer Möbelproduktion steht vor einem Problem. Aufgrund der ausgezeichneten Konjunktur ist es in den letzten Monaten zu einer sehr guten Auftragslage gekommen. Eine computergesteuerte Holzzuschneidemaschine wird für die Auftragsbearbeitung jedoch zunehmend zum Problem. Sie wird von allen nachfolgend angeführten Produkten in unterschiedlichem Ausmaß in Anspruch genommen. Die Maschinenkapazität beträgt maximal 210h pro Monat. Derzeit zeichnet sich ab, dass nicht alle Aufträge gefertigt werden können. Das Unternehmen steht nun vor dem Problem eine geeignete Reihung der Aufträge vorzunehmen um ein Gewinnmaximum zu erzielen und die Konsequenzen einer verspäteten oder Nichtproduktion von Produkten zu ermitteln.

Folgende Informationen stehen zur Verfügung:

Produkt	Verkaufs-preis (netto)	Variable Kosten pro Stk.	Bearbeitungs-zeit pro Stück (Maschinenstd.)	Absetzbare Menge pro Monat
Kasten „Vimodo"	570,–	390,–	0,4	140
Schubladenkasten „Tiesta"	300,–	170,–	0,2	270
Wohnzimmertisch „Akaba"	420,–	320,–	0,1	450
Bücherregal „Melibros"	120,–	90,–	0,075	750
Eckbank „Landira"	270,–	190,–	0,1	170

Aufgabenstellung

a) Berechnen Sie den Deckungsbeitrag pro Stück.

b) Wie soll Herr Huber sein Produktionsprogramm gestalten, damit er mit der möglichen Kapazität das maximale Ergebnis erzielen kann? Um wie viele Stunden übersteigt eine Produktion aller Produkte die Kapazität der Maschine?

c) Ermitteln Sie den Gesamtdeckungsbeitrag den das von Ihnen zusammengestellte Produktionsprogramm bringt.

d) Welche monatlichen Fixkosten dürfte eine Kapazitätserweiterung verursachen, damit alle Aufträge abgewickelt werden können. Welche Einschränkungen gibt es bei dieser Berechnung?

Lösungen

a)

Produkt	db
Kasten „Vimodo"	180,–
Schubladenkasten „Tiesta"	130,–
Wohnzimmertisch „Akaba"	100,–
Bücherregal „Melibros"	30,–
Eckbank „Landira"	80,–

b)

Produkt	Stück
Kasten „Vimodo"	140
Schubladenkasten „Tiesta"	270
Wohnzimmertisch „Akaba"	450
Bücherregal „Melibros"	506
Eckbank „Landira"	170

Fehlende Kapazität 18,25 h

c) Gesamt-DB: 134.080,–

d) Monatliche Fixkosten: 7.300,–

Beispiel U29: Produktionsprogrammoptimierung

Schwierigkeitsgrad: ●●●

Das Unternehmen ISO-Fix erzeugt Metallbeschläge. Hierfür wird eine Produktionsanlage benötigt, die pro Monat maximal 900h genutzt werden kann. Die Fixkosten (AfA, Versicherungen, Instandhaltung etc.) betragen monatlich € 510.000,–.

Folgende Produkte werden gefertigt

Produkte	AX 11	BX 12	CX 13
Maximale Absatzmenge	144.000	60.000	105.000
Nettostückpreis	6,50	5,00	6,00
Grenzkosten je produzierter Einheit	3,50	2,60	3,20
Kapazitätsbelastung/Stück (Min.)	0,25	0,15	0,20

Aufgabenstellung

a) Wie hoch sind der Gesamtdeckungsbeitrag und das Betriebsergebnis im Monat.

b) Wenn man ausreichend Kapazität zur Verfügung hätte, wie würde sich das Betriebsergebnis verändern?

c) Aufgrund neuer Marktchancen denkt der Unternehmer über eine Produktionserweiterung nach. Man könnte dadurch die Kapazität um 570 Stunden auf 1.470 Stunden steigern. Durch das Investment würden sich jedoch die Fixkosten auf € 820.400,– erhöhen. Der positive Effekt wäre, dass man alle drei bestehenden Produkte erzeugen könnte und auch noch die Neuentwicklung DX 14. Dieses Produkt könnte man am Markt zu einem Preis von € 6,80 absetzen, die variablen Kosten je Stück sind € 3,60, die Maschinenbeanspruchung je Stück beträgt 0,2 Min. Die Marktforschungsabteilung prognostiziert eine Absatzmenge von 90.000 Stück je Monat.

- Die Geschäftsleitung möchte von der Controllingabteilung wissen ob sich die Investition rechnet, d.h. welches Betriebsergebnis sich dadurch ergeben würde, vorausgesetzt dass alle absetzbaren Mengen auch gefertigt werden. Außerdem möchte man gerne erfahren, wo die Break-even-Menge von DX 14 liegt (alle anderen Produkte werden bis zur maximalen Absatzmenge gefertigt).
- Welche Restkapazität existiert noch, wenn die maximalen Absatzmengen gefertigt werden?

d) Die Vertriebsabteilung sieht im Export noch zusätzliche Absatzmöglichkeiten von DX 14. Der Preis bliebe gleich, allerdings würden Vertriebssondereinzelkosten (Versicherung, Fracht etc.) von € 1,50 je Stück anfallen. Die Absatzmenge wäre 18.000 Stück.

- Könnte dieser Auftrag noch gefertigt werden?
- Wie würde sich das Betriebsergebnis dadurch verändern?

Lösungen

a)

Produkt	Absoluter dB je Stück	Zeitbedarf für ein Stück in Minuten	Relativer dB je Minute	Rang
AX 11				
BX 12				
CX 13				

	Gesamtkapazität	
−	Zeitbedarf für Produktion von Produkt BX 12	
=	**Verbleibende Kapazität**	
−	Zeitbedarf für Produktion von Produkt CX 13	
=	**Verbleibende Kapazität für Produktion von Produkt AX11**	

	DB BX 12		
+	DB CX 13		
+	DB AX 11		
=	**DB insgesamt**		
–	Kf		
=	**Betriebsgewinn**		216.000,–

b)

=	**Neuer Betriebsgewinn**		360.000,–

c)

Break-even-Point: $\dfrac{\text{Fixkosten}}{\text{dB Prod. DX14}} \quad \dfrac{\text{........}}{\text{........}} = 52.000 \text{ Stk.}$

	DB BX 12		
+	DB CX 13		
+	DB AX 11		
+	DB DX 12		
=	**DB insgesamt**		
–	Kf		
=	**Betriebsgewinn**		337.600,–

	Gesamtkapazität		
–	Zeitbedarf für Produktion von Produkt DX 14		
=	**Verbleibende Kapazität**		
–	Zeitbedarf für Produktion von Produkt BX 12		
=	**Verbleibende Kapazität**		
–	Zeitbedarf für Produktion von Produkt CX 13		
=	**Verbleibende Kapazität**		
–	Zeitbedarf für Produktion von Produkt AX 11		
=	**Restkapazität**		**70 Stunden**

d)

Zeitbedarf für 18.000 FE		

Zusätzlicher Deckungsbeitrag	30.600,—
Auftragsannahme lohnt sich!	

253

Literaturverzeichnis

Adam, D. (1997): Philosophie der Kostenrechnung oder Der Erfolg des F. S. Felix, Stuttgart

Becker, W./Ferstl. O.K. (2000): Kostenrechnug (BWL Lernsoftware Interaktiv), Stuttgart

Coenenberg, A.G. (2003): Kostenrechnung und Kostenanalyse, 5. Aufl., Stuttgart

Däumler, K.D./Grabbe, J. (2003): Kostenrechnung 1 Grundlagen, 9. Aufl., Berlin

Däumler, K.D./Grabbe, J. (2006): Kostenrechnung 2 Deckungsbeitragsrechnung, 8. Aufl., Berlin

Deimel, K./Isemann, R./Müller, S. (2006): Kosten- und Erlösrechnung, München

Haberstock, L. (2008): Kostenrechnung I Einführung, 10. Aufl., Berlin

Haberstock, L. (2008): Kostenrechnung II (Grenz-) Plankostenrechnung, 13. Aufl., Berlin

Holzwarth, J. (1990): Wie Sie aus Ihrem Kostenrechnungssystem eine Prozesskostenrechnung ableiten, KRP 6/90, S. 368 ff.

Hommel, M. (2005): Kostenrechnung: learning by stories, Frankfurt am Main

Horváth, P. (1993): Target Costing, Stuttgart

Horváth, P. (1998): Controlling, 7. Aufl., München

Horváth, P./Mayer, R. (1993): Prozesskostenrechung – Konzeption und Entwicklung, in Männel, W. (Hrsg.): Prozesskostenrechnung, krp Sonderheft 2/93, S. 15ff

Hummel, S./Männel, W. (1990): Kostenrechnung 1, Grundlagen, Aufbau und Anwendung, 4. Aufl., Wiesbaden

Kemmetmüller, W./Bogensberger, S. (2002): Handbuch der Kostenrechnung, 7. Aufl., Wien

Kemmetmüller, W./Bogensberger, S. (2004): Kostenrechnung 1 Übungsbeispiele für Einsteiger, 7. Aufl., Wien

Kemmetmüller, W./Bogensberger, S. (2004): Kostenrechnung 2 Übungsbeispiele für Fortgeschrittene, 5. Aufl., Wien

Kilger, W./Pampel, J./Vikas, K. (2007): Flexible Plankostenrechnung und Deckungsbeitragsrechnung, 12. Aufl., Wiesbaden

Schaur, E./Moser, G. (2007): Kosten- und Leistungsrechnung, 3. Aufl., Linz

Scheld, G. A. (2004): Das Interne Rechnungswesen im Industrieunternehmen, Band 1: Istkostenrechnung, 4. Aufl., Büren

Scheld, G. A. (2005): Das Interne Rechnungswesen im Industrieunternehmen, Band 2: Teilkostenrechnung, 3. Aufl., Büren

Schmidt, A. (2005): Kostenrechnung, Grundlagen der Vollkosten-, Deckungsbeitrags- und Plankostenrechnung sowie des Kostenmanagements, 4. Aufl., Stuttgart

Schuh, G./Kaiser, A. (1994): Kostenmanagement in Entwicklung und Produktion mit der ressourcenorientierten Prozesskostenrechnung, in: krp, Sonderheft, 1, S. 76-82

Schweitzer, M./Küpper, H.U. (1995): Systeme der Kosten- und Erlösrechnung, 6. Aufl., München

Seicht, G. (2001): Moderne Kosten- und Leistungsrechnung, 11. Aufl., Wien

Siegwart, H./Bartel, H./Schultheiss, L. (1998): Kalkulation, Köln

Siegwart, H./Raas, F. (1991): CIM-orientiertes Rechnungswesen, Bausteine zu einem System-Controlling, Düsseldorf/Stuttgart

Stahl, H.W. (2006): Schnelleinstieg Kostenrechnung, München

Weber, J./Weißenberger, B.E. (2006): Einführung in das Rechnungswesen, 7. Aufl., Stuttgart

Autorenbeschreibung

FH-Prof. Mag. Dr. Albert Mayr ist Professor für Controlling im Studiengang Controlling, Rechnungswesen und Finanzmanagement (CRF) an der Fachhochschule Oberösterreich, Fakultät für Management in Steyr und Lektor an der Johannes Kepler Universität Linz. Schwerpunkte seiner Lehr- und Forschungstätigkeit sind die Bereiche Kostenrechnung/Kostenmanagement, Controlling und Krisenfrüherkennung. Er ist Regionalleiter des Internationalen Controller Vereins (ICV) für Österreich. Berufliche Stationen: Vertriebscontroller BMW Austria, Assistenzprofessor an der JKU Linz.

Stichwortverzeichnis